图 1-29　2020 珠峰高程测量登山队队员在峰顶开展测量工作

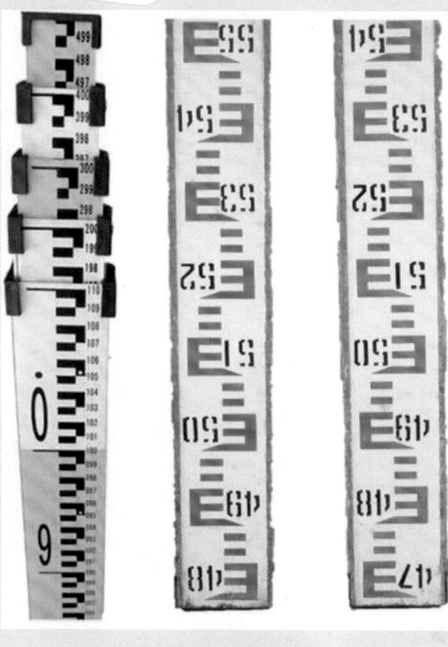

图 2-7　水准尺

图 2-18　自动安平水准仪

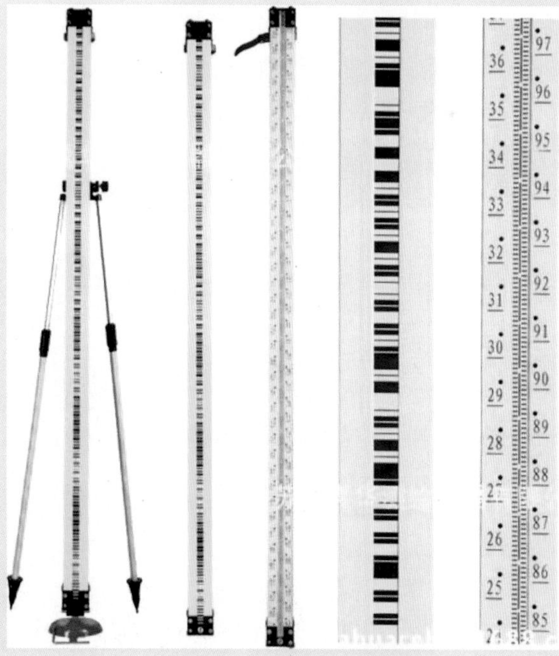

图 2-21　条码因瓦水准尺

图 4-17　球形标靶摆放

图 4-18　校园雕塑

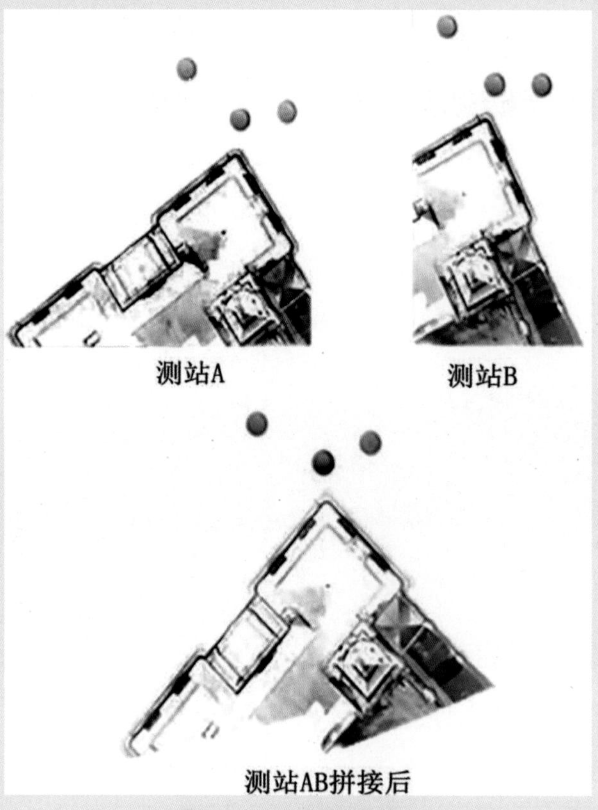

图 4–25　标靶拼接演示

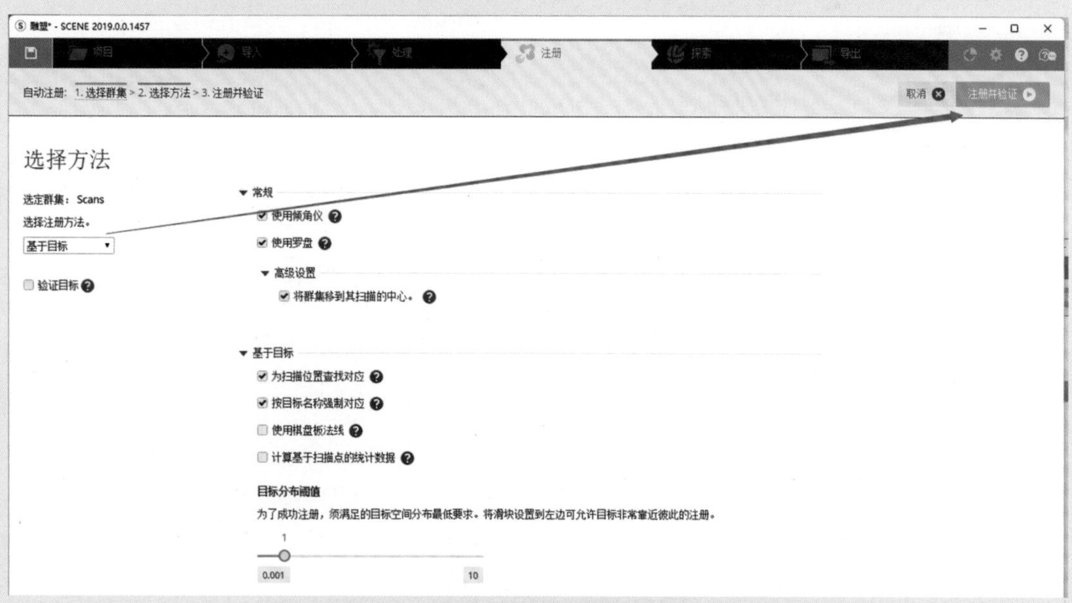

图 4–32　注册方法选择及参数设置 (一)

图 4–33　注册方法选择及参数设置（二）

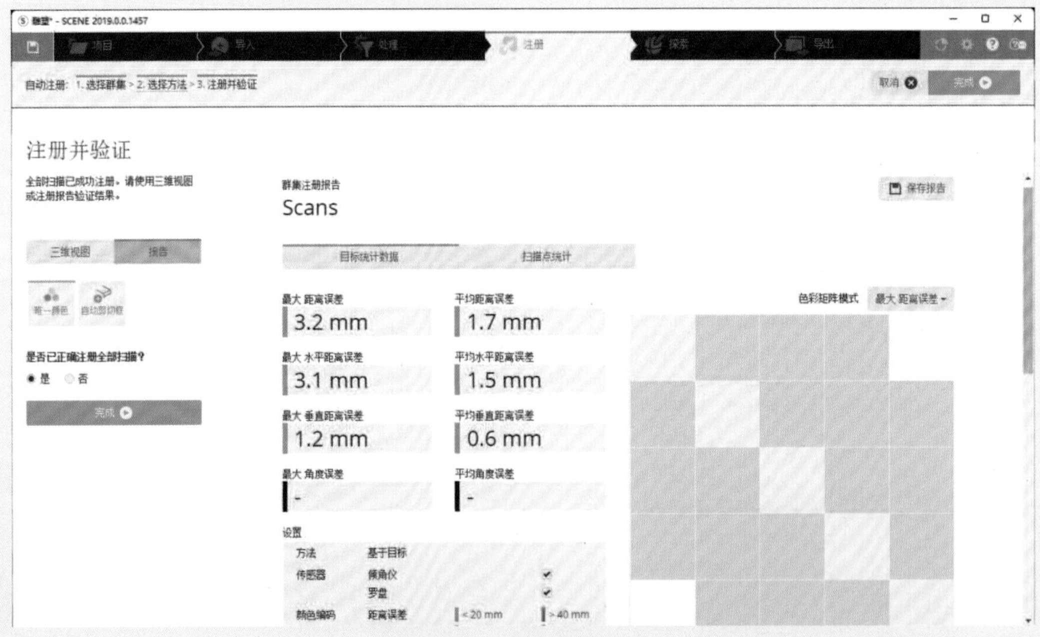

图 4–34　注册精度报告

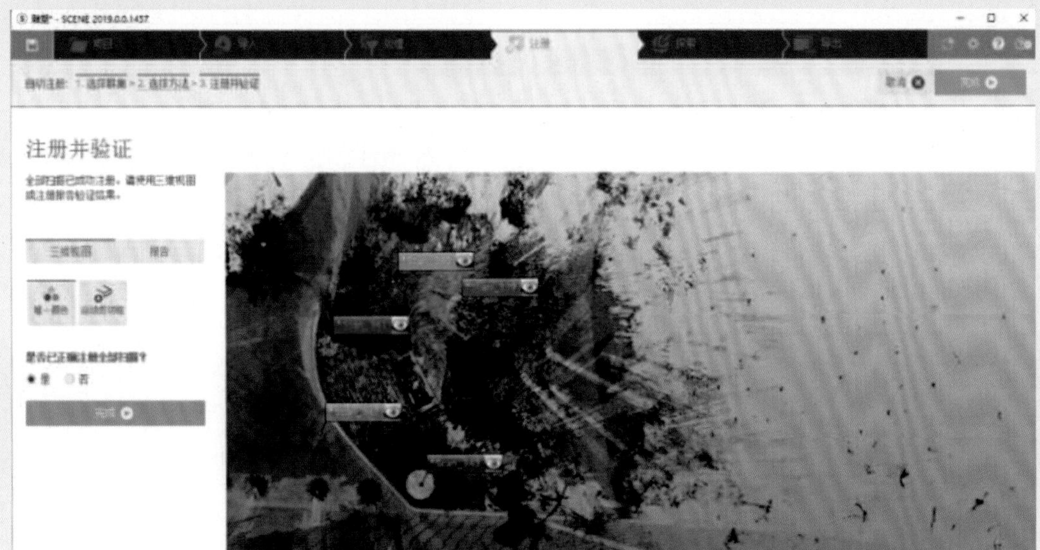

图 4–35　完成注册

图 4–36　“探索”选项卡

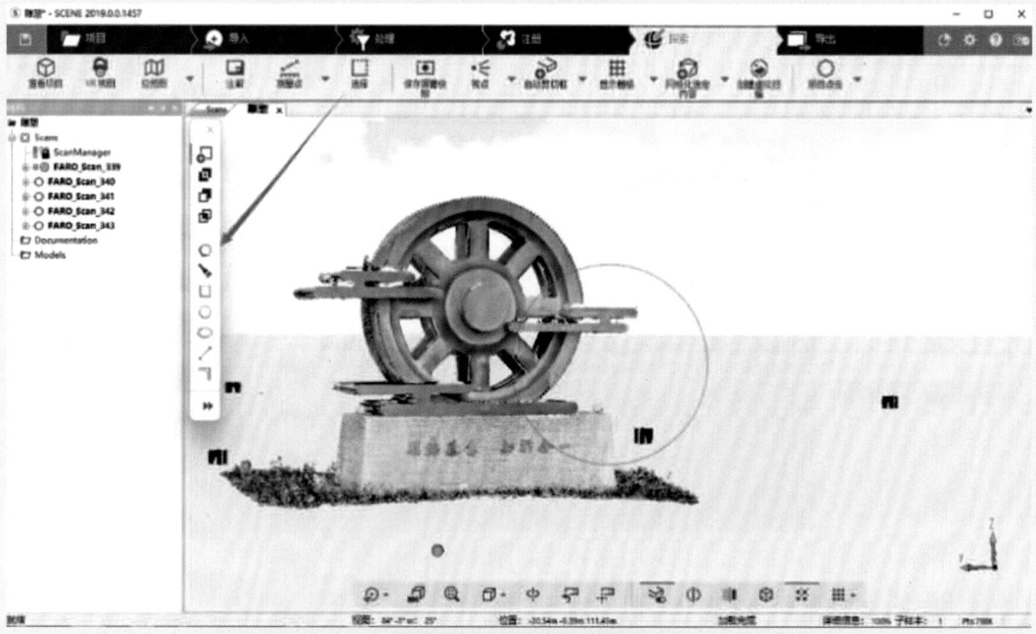

图 4–37　多余点云删除

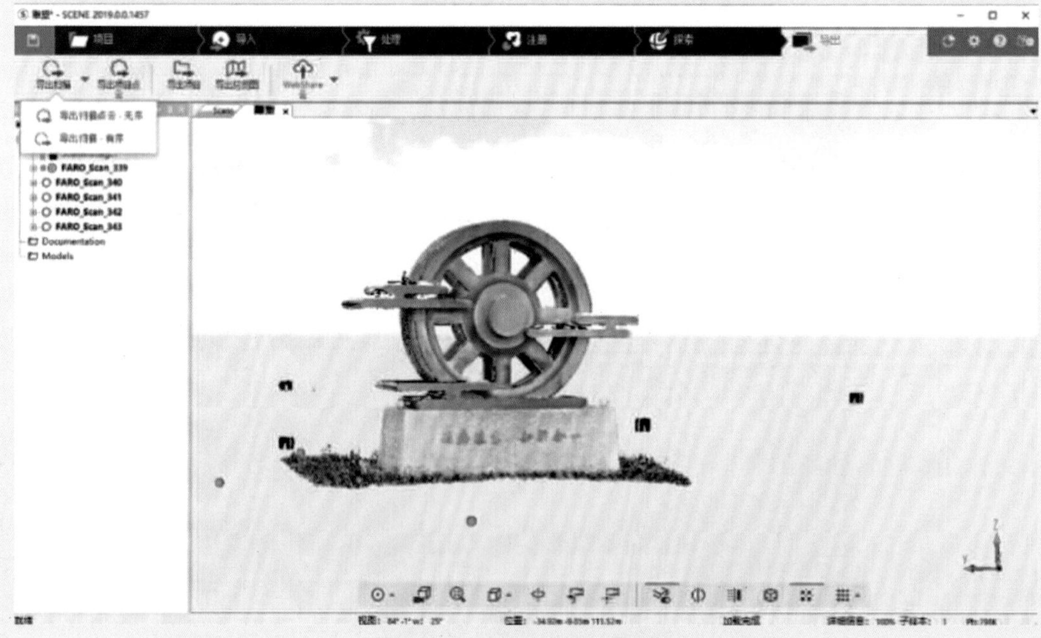

图 4–38　“导出”选项界面

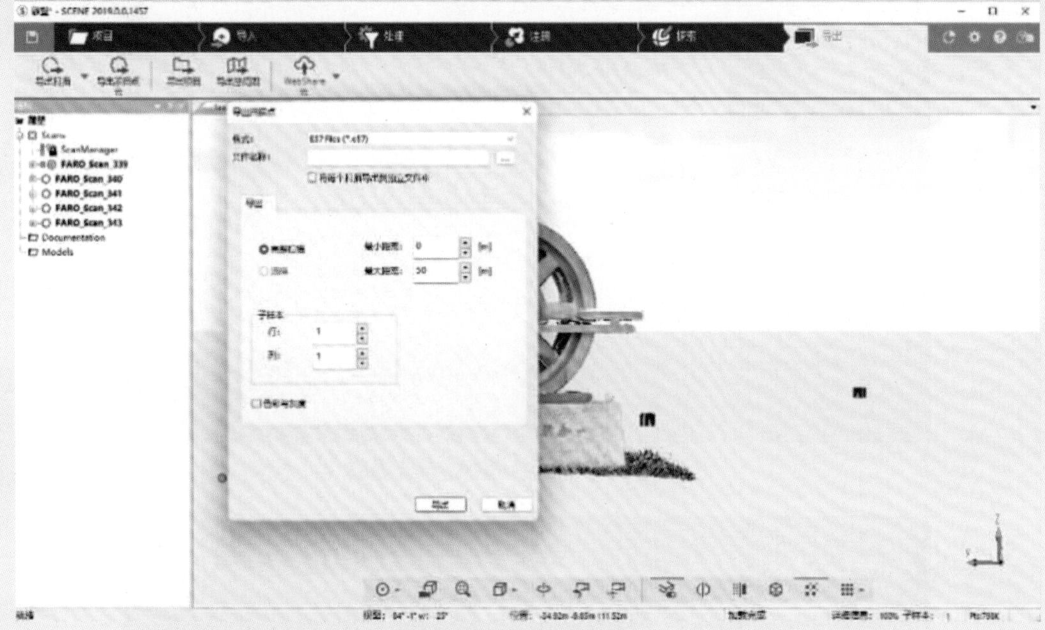

图 4–39　点云导出设置

图 4–40　敦煌洞窟彩塑

图 4-41　莫高窟三维激光点云提取

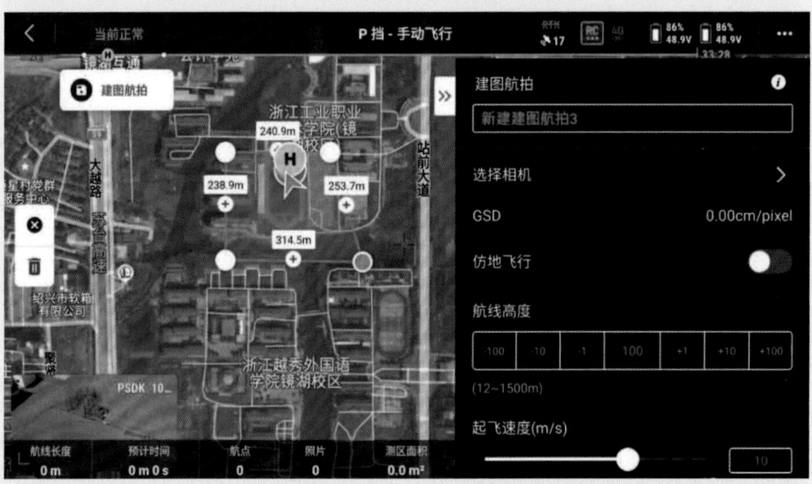

图 5-11　航测区域划分

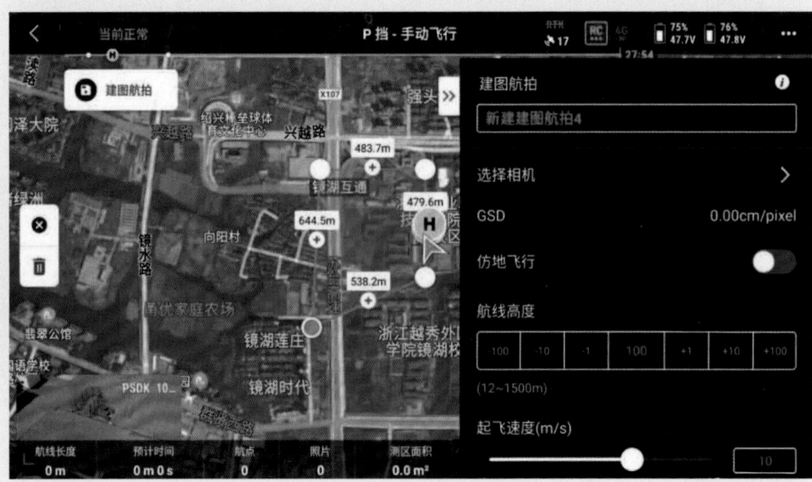

图 5-12　航测区域调整

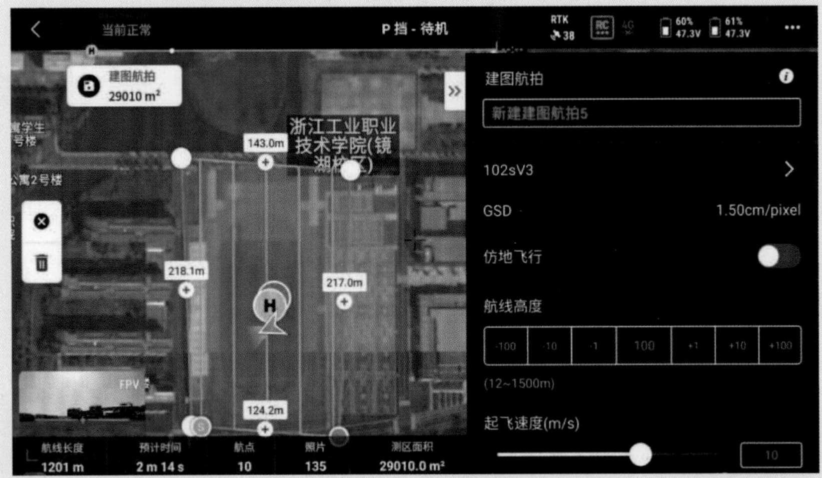

图 5–13　航线敷设

图 5–17　模式选择

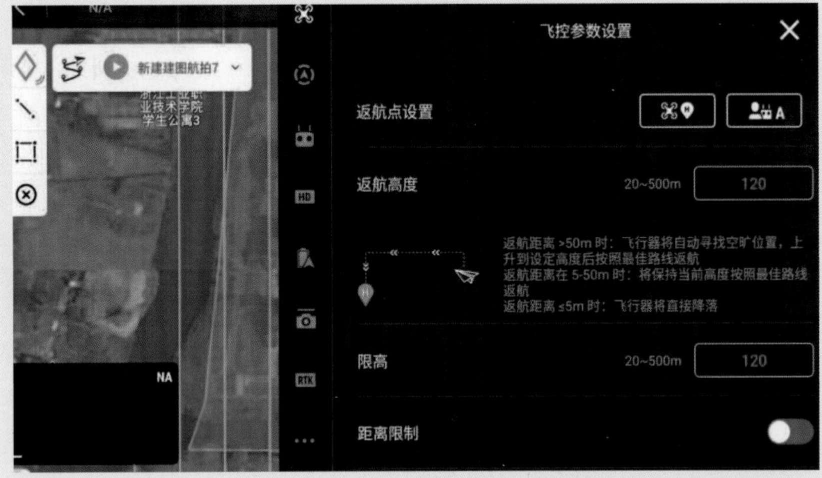

图 5–18　“飞控参数设置”界面

图 5-21　航线飞行监控界面

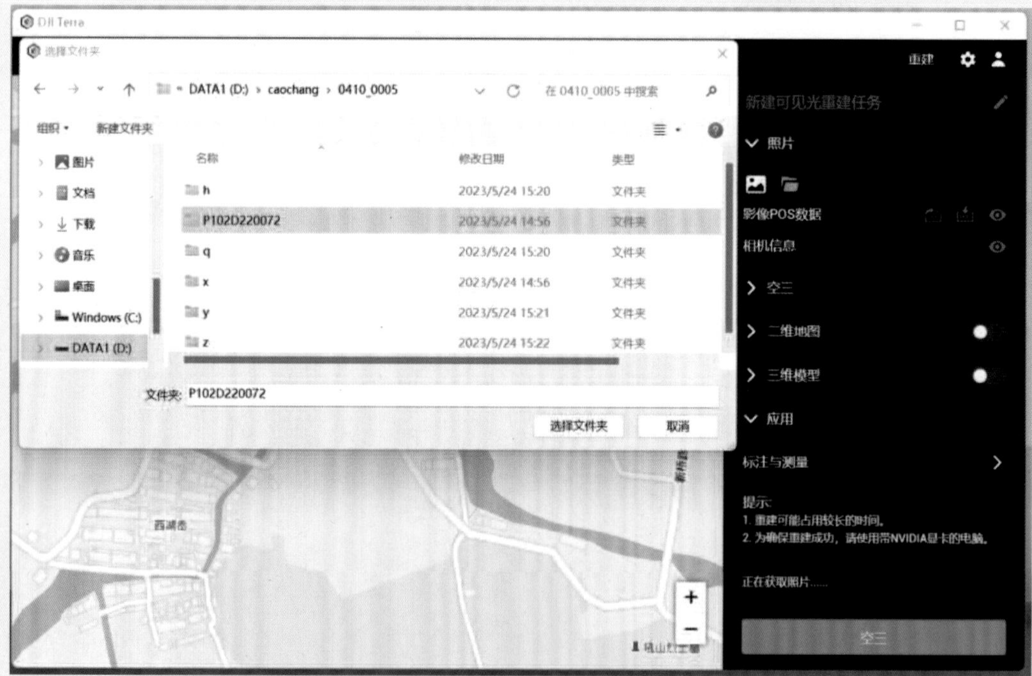

图 5-30　POS 数据导入界面

图 5-32 “控制点管理”界面

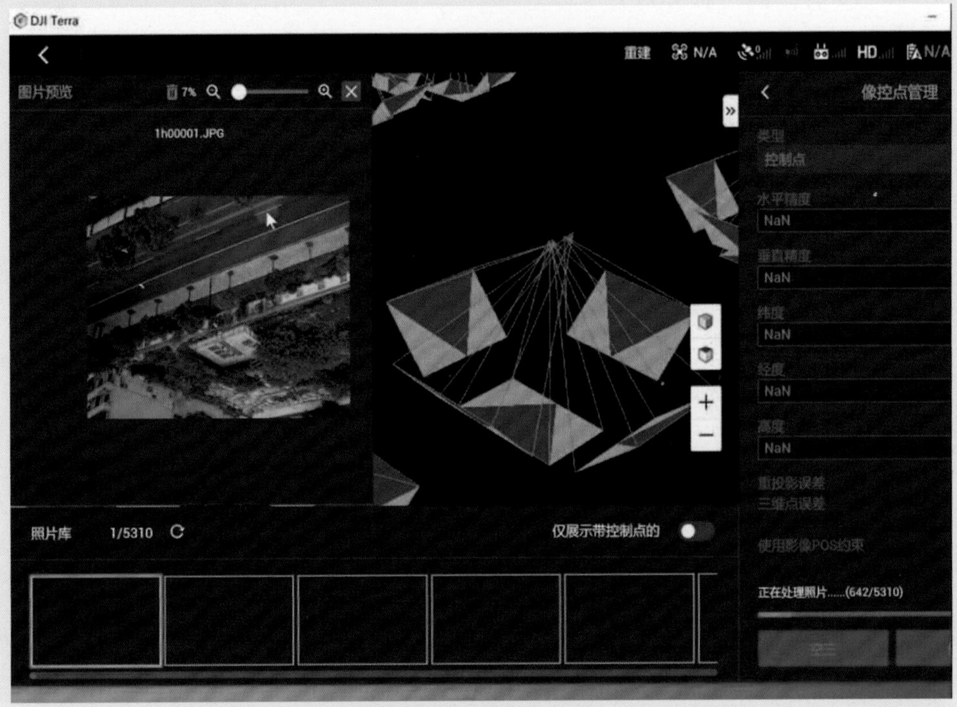

图 5-33 刺点匹配界面

图 5-34　软件自动生成实景三维模型

图 5-35　大势智慧软件进行模型尺寸测量

图 5-36　大势智慧软件进行纹理贴图检查

图 5-37　运河园古台门群航拍图

图 5–46　运河园倾斜摄影模型

图 5–48　运河园台门群模型尺寸测量

图 5-49　大势智慧软件进行纹理贴图检查

图 5-52　金长岭 29 号、30 号敌台模型

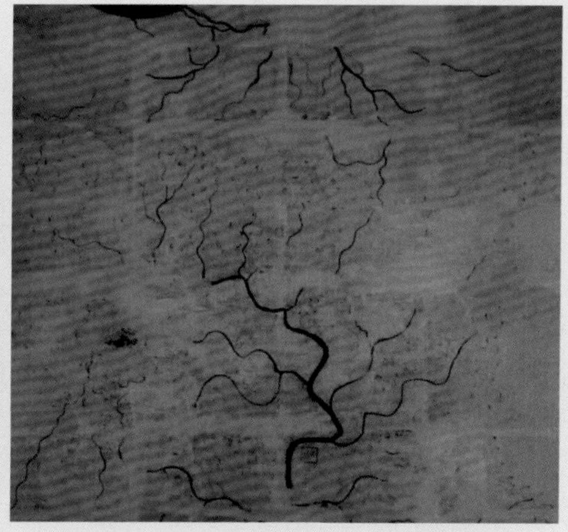

图 6-38　马王堆出土《地形图》

图 7-18　构件三维激光扫描

图 7-19　绍兴城南大桥

智能测量技术

主　编　罗晓峰　王　月

副主编　刘中辉　周立强

参　编　郭宝宇　杨　溪　范春雷

　　　　卢文举　夏乙溧　伍　根

北京理工大学出版社

BEIJING INSTITUTE OF TECHNOLOGY PRESS

内容提要

本书依据现行标注规范进行编写，全书共分为七个项目，主要内容包括：工程测量基础、常规测量仪器、控制测量、三维激光扫描数字化测量、无人机倾斜摄影测量、地形图测绘与应用和智能建造施工测量。

本书可作为高等院校土木工程类相关专业的教材，也可作为培训机构及土建类工程技术人员的参考用书。

图书在版编目（CIP）数据

智能测量技术 / 罗晓峰，王月主编. -- 北京：北京理工大学出版社，2024.2

ISBN 978-7-5763-3571-2

Ⅰ. ①智… Ⅱ. ①罗… ②王… Ⅲ. ①建筑测量 Ⅳ. ①TU198

中国国家版本馆CIP数据核字（2024）第045959号

责任编辑：李　薇　　**文案编辑**：李　薇

责任校对：周瑞红　　**责任印制**：王美丽

出版发行 / 北京理工大学出版社有限责任公司

社　　址 / 北京市丰台区四合庄路6号

邮　　编 / 100070

电　　话 / （010）68914026（教材售后服务热线）

（010）68944437（课件资源服务热线）

网　　址 / http：//www.bitpress.com.cn

版 印 次 / 2024年2月第1版第1次印刷

印　　刷 / 河北鑫彩博图印刷有限公司

开　　本 / 787 mm × 1092 mm　1/16

印　　张 / 13

彩　　插 / 8

字　　数 / 314千字

定　　价 / 89.00元

图书出现印装质量问题，请拨打售后服务热线，负责调换

前言

PREFACE

近年来，随着科学技术的不断进步，新的测量技术也不断涌现，如RTK（Real-Time Kinematic，实时动态）测量技术、三维激光扫描技术和无人机倾斜摄影测量技术等。同时，相关的工程测量标准也进行了更新，如《工程测量标准》（GB 50026—2020）取代了《工程测量规范》（GB 50026—2007），并已于2021年6月1日开始实施。2020年版工程测量标准在2007年版的基础上增加了卫星定位动态和自由设站控制测量方法、三维激光扫描、低空数字摄影和数字三维模型等内容。鉴于当前的工程测量图书大部分基于2007版工程测量规范编写，未能对新的工程测量技术进行介绍，本书编写时旨在融入当前新的工程测量技术，以适应工程测量技术的发展趋势，满足相关专业人才培养的需要。

本书编写时以党的二十大精神为指引，聚焦立德树人的根本任务，为党育人、为国育才，服务国家发展战略，助力智能建造和建筑业高质量发展。全书舍弃了传统工程测量教材中过时的内容，保留了在实际工程中广泛采用的内容，加入了近年来逐渐发展起来的智能测量技术。钢尺、微倾式水准仪、经纬仪等仪器在实际工程中已很少使用，因此，本书对其进行了删减；测量学基础知识、水准测量原理、角度测量原理、距离测量原理、平面控制测量、高程控制测量和大比例尺地形图绘制等作为工程测量的基础和核心知识得到了保留；RTK测量、三维激光扫描仪、无人机倾斜摄影测量等是近年来新出现的智能测量仪器和技术，本书对其进行了详细介绍。

本书由浙江工业职业技术学院罗晓峰、王月担任主编并统稿；由浙江工业职业技术学院刘中辉、周立强担任副主编；广州南方测绘科技股份有限公司郭宝宇，浙江工业职业技术学院杨溪、范春雷，绍兴市中等专业学校卢文举，浙江工业职业技术学院夏乙溧，咸宁职业技术学院伍根参与了本书的编写工作。具体编写分工为：项目一由杨溪、范春雷编写；项目二由刘中辉、卢文举编写；项目三由罗晓峰、刘中辉编写；项目四由周立强、王月编写；项目五由罗晓峰、王月编写；项目六由夏乙溧、伍根编写；项目七由郭宝宇、夏乙溧编写。本书的教学视频由各项目编写人员录制并编辑。

本书在编写过程中，参考引用了大量文献资料，在此谨向文献作者表示衷心感谢！由于编者水平有限，本书难免存在不足和疏漏之处，敬请广大读者批评指正。

编　者

CONTENTS

目录

项目一 工程测量基础

知识目标

1. 了解高斯投影及高斯平面坐标系；
2. 掌握测量学的基本概念、测量工作的基准面、基准线和基本原则；
3. 理解建筑工程测量的原则与要求；
4. 掌握水准测量的原理、角度测量的原理、距离测量的原理；
5. 掌握坐标方位角的概念和推算公式。

能力目标

1. 能够独立设计水准观测方案；
2. 能够进行水准内业数据处理；
3. 能够掌握测回法水平角观测方法；
4. 能够正确推算坐标方位角。

素养目标

1. 培养学生认识问题、分析问题和解决问题的思维习惯；
2. 培养学生爱国主义情感；
3. 养成安全意识、规范意识、质量意识。

知识导引

在建筑工程中，经常会遇到需要测量某点的高程或求高差的问题。如何正确、快速制订测量方案、选用合适的测量仪器和人员安排、完成测量过程并对测量结果进行判断处理是完成任务必不可少的关键环节。

在工程中，高程测量的方法有水准测量、三角高程测量、气压高程测量、GPS高程测量等。水准仪是建筑工程中必不可少的仪器，最主要的作用是提供水平视线，观测已知点和待测点上的水准尺的读数，可以测量两点之间的高差，根据已知点的高程计算未知点的高程。

经纬仪和全站仪是建筑工程中必不可少的仪器，在建筑工程中，经常会遇到需要测量某一角度和距离的问题。导线测量的外业观测需要观测水平角及水平距离。掌握角度测量和距离测量的原理，方便根据具体的测量要求，正确、快速地制订测量方案。

想一想：测量在建筑工程中的应用有哪些方面？

任务一　测量认知

知识点一　测量的基本概念

一、测量的定义

测量是研究地球的形状和大小及确定地面点(包括空中、地下和海底)位置的学科，是对地球整体及其表面和外层空间中的各种自然和人造物体上与地理空间分布有关的信息进行采集处理、管理、更新和利用的科学与技术。

视频：测量的基础概念

测量的研究内容主要包括测定与测设两个部分。

(1)测定。测定是指利用测量仪器和工具，通过测量和计算，获得所需要的数据，并绘制成图形，为规划设计、经济建设、国防建设及科学研究提供服务。

(2)测设。测设是指利用测量仪器、技术将图纸上设计规划好的建(构)筑物的位置在施工场地上标定出来，作为施工的依据。测设又称为放样或施工放样。

工程测量是测量学的一个组成部分，是研究工程在勘测规划设计、施工和运营管理阶段所进行的各种测量工作的理论、技术和方法的学科，主要包括以下内容。

(1)测绘大比例尺地形图是指运用测量学的理论、方法和工具，将小范围内地面上的地物和地貌测绘成大比例尺地形图等，这项任务简称为测图或测定，所测绘的地形图为工程建设的规划、勘测、设计提供基础资料，如量取点的坐标和高程、两点间的距离、地块的面积、图上设计线路、绘制纵断面图和进行地形分析等，这项任务称为地形图的应用。

(2)施工放样和竣工测量是指将图上设计的工程建(构)筑物按照设计的位置在实地标定出来，作为施工的依据，这项任务简称为测设或放样，配合工程施工，进行各种测量工作，保证施工质量，开展竣工测量，为工程验收、日后扩建和维修管理提供资料。

(3)变形监测是指对于一些重要的建(构)筑物，在施工和运营阶段，定期进行变形监测，以了解建(构)筑物的变形规律，监视其安全施工和运营。

由此可见，测量工作贯穿于工程建设的整个过程，测量工作的质量直接关系到工程建设的速度和质量。因此，每位从事工程建设的人员，都必须掌握必要的测量知识和技能。

二、测量学的分支学科

测量学按照研究对象及采用的技术不同，又可分为多个学科，主要可分为以下六大学科。

(1)大地测量学。大地测量学是研究在广大地面上建立国家大地控制网，以及研究和测定地球形状、大小与地球重力场的理论、技术与方法的学科。由于现代科学技术的迅速发展，大地测量学已超越了过去传统的局限性：由区域性大地测量发展为全球性大地测量；由研究地球表面发展为涉及地球内部；由静态大地测量发展为动态大地测量；由测地球发展为可以测月球和太阳系的各行星，并有能力对整个地学领域及航天等有关空间技术作出重要贡献。随着人造卫星的发射技术和空间技术的发展，大地测量学又可分为常规大地测量学、卫星大地测量学和空间大地测量学。

(2)普通测量学。普通测量学是研究地球表面较小区域内测绘工作的基本理论、技术、方法和应用的学科。当测量小范围地球表面形状时，不考虑地球曲率的影响，将地球局部表面当作平面所进行的测量工作。

(3)摄影测量学。摄影测量学是利用摄影影像信息测定目标物的形状、大小、空间位置、性质和相互关系的科学技术。根据获得影像信息的方式不同，摄影测量又可分为航空摄影测量、水下摄影测量、数字摄影测量、地面摄影测量和航空航天遥感等。

(4)工程测量学。工程测量学是研究工程建设在勘测设计、施工和管理阶段所进行的各种测量工作的学科。其主要内容有工程控制网建立、地形测绘、施工放样、设备安装测量、竣工测量、变形观测和维修养护测量的理论、技术与方法。

(5)海洋测绘学。海洋测绘学以海洋和陆地水域为研究对象，研究海岸、港口、码头、航标、航道及水下地形等各种海洋要素的位置、性质、形态，还包括它们之间的相互关系和发展变化的理论与方法。

(6)地图制图学。地图制图学是研究各种地图的制作理论、原理、工艺技术和应用的一门学科。研究内容主要包括地图编制、地图投影学、地图整饰、印刷等。现代地图制图学正向着制图自动化、电子地图制作及地理信息系统方向发展。

三、测量工作的基本原则

进行工程测量时，需要测定(或测设)许多特征点(也称碎部点)的坐标和高程。如果从一个碎部点开始逐步施测，最后虽然可以得到待测点的位置信息，但由于测量中不可避免地存在误差，会导致前一点的测量误差传递到下一点，这样累计起来可能会使点位误差达到不可容许的程度。另外，逐点传递的测量效率也很低。因此，测量工作必须按照一定的原则进行。

在实际测量工作中，应遵循“从整体到局部、先控制后碎部”的原则，也就是先在测区选择一些有控制作用的点(称为控制点)，将它们的坐标和高程精确地测定出来，然后根据这些控制点测定出附近碎部点的位置。这种方法不但可以减少碎部点测量误差积累，而且可以同时在各个控制点上进行碎部测量，提高工作效率。

另外，在控制测量或碎部测量工作中有可能发生错误，当测量工作中发生错误又没有及时发现时，则所测绘的成果资料就是错误的，势必造成返工浪费，甚至造成不可挽回的损失。为了避免产出错误，测量工作必须进行严格的检核工作，因此，“前一步工作未做校核时，不进行下一步测定工作”也是测量工作必须遵循的基本原则。

综上所述，在测量工作中，在布局上要遵循“从整体到局部”的原则，在精度控制上应遵循“由高级到低级”的原则，在工作步骤上要遵循“先控制后碎部”的原则。

知识点二 测量的基本任务

一、测量工作的基准面和基准线

(一)地球的形状和大小

测量工作是在地球表面上进行的，而地球的自然表面是很不规则的，有高山、丘陵、平原和海洋。其中，最高的珠穆朗玛峰峰顶岩石面，根据 2020 年 12 月 8 日更新的数据，珠穆朗玛峰最新高程为 8 848.86 m，最低的马里亚纳海沟低于海水面达 11 022 m。地球表面约 71%的面积被海洋覆盖，虽有高山和深海，但这些高低起伏与地球半径相比是很微小的，可以忽略不计。所以，人们设想有一个受风浪和潮汐影响的静止海水面，向陆地和岛屿延伸形成一个封闭的形体，用这个形体代表地球的形状和大小，这个形体被称为大地体。长期测量实践表明，大地体近似于一个旋转椭球体，如图 1-1 所示。

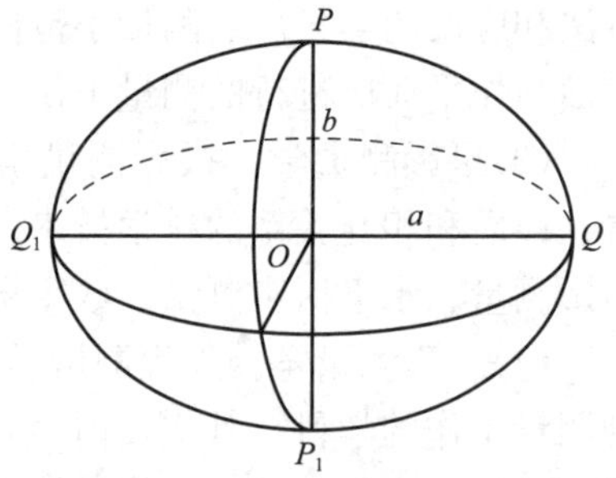

为了便于用数学模型来描述地球的形状和大小，测绘工作便取大小与大地体非常接近的旋转椭球体作为地球的参考形状和大小，因此，旋转椭球体又称为参考椭球体，它的表面又称为参考椭球面。我国目前采用的参考椭球体的参数为

图 1-1　旋转椭球体

长半径：$a=6\ 378\ 140$ m

短半径：$b=6\ 356\ 755$ m

扁　率：$\alpha=\dfrac{a-b}{a}=\dfrac{6\ 378\ 140-6\ 356\ 755}{6\ 378\ 140}=\dfrac{1}{298.257}$

由于参考椭球体的扁率很小，因此在测量精度要求不高的情况下，可以将地球当作圆球，其半径取 6 371 km。旋转椭球体的参数值见表 1-1。

表 1-1　旋转椭球体的参数值

坐标系名称	椭球体名称	长半轴 a/m	参考椭球体扁率 α	推算年代和国家
1954 北京坐标系	克拉索夫斯基	6 378 245	1∶298.3	1940 年苏联
1980 西安坐标系	IUGG-75	6 378 140	1∶298.257	1975 年国际大地测量与地球物理联合会
2000 国家大地坐标系(GPS)	CGCS2000	6 378 137	1∶298.257 222 101	2008 年中国
WGS-84 坐标系(GPS)	WGS-84	6 378 137	1∶298.257 223 563	1984 年美国

(二)铅垂线和水准面

重力作用线又称为铅垂线，用细绳悬挂一个垂球，其静止时所指的方向即铅垂线的方向，如图 1-2 所示，细线的延长线通过垂球 G 尖端。与铅垂线正交的直线称为水平线，与铅垂线正交的平面称为水平面。

处处与重力方向垂直的所形成的连续曲面称为水准面。任何自由静止的水面都是水准面。水准面因其高度不同而有无数个，其中与不受风浪和潮汐影响的静止海水面相吻合的水准面称为大地水准面，如图 1-3 所示。由于地球吸引力的大小与地球内部的质量有关，而地球内部质量分布不均匀，造成了地面上各点的铅垂线方向随之产生不规则变化，致使大地水准面成为有微小起伏的不规则的曲面。

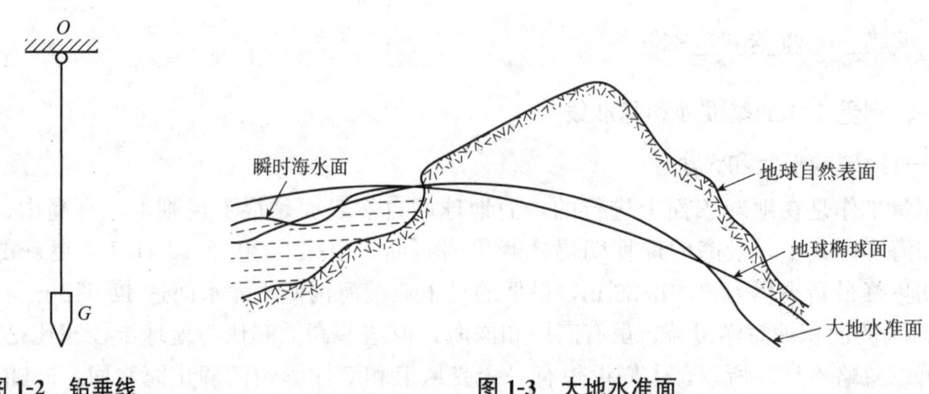

图 1-2　铅垂线　　**图 1-3　大地水准面**

与每个国家大地水准面最为密合的椭球称为“参考椭球”。在测量地域面积不大的情况下，对参考椭球面与大地水准面之间的差距可以忽略不计。测量仪器均用垂球和水准器来安置，仪器观测的数据是建立在水准面上的，这易于将测量数据沿铅垂线方向投影到大地水准面上。因此，在实际测量中，将大地水准面作为测量工作的基准面。即使在精密测量时不能忽略参考椭球面与大地水准面之间的差异，也是经由以大地水准面为依据获得的数据通过计算改正转换到参考椭球面上。

由于铅垂线与水准面垂直，了解铅垂线方向也就了解了水准面方向，而铅垂线又是很容易求得的，所以铅垂线便成为测量工作的基准线，大地水准面则为测量工作的基准面。

二、地面点的位置

地面点的空间位置可以用点在水准面或水平面上的位置及点到大地水准面的铅垂距离来确定。

视频：地面点位的确定

(一)地面点的高程

地面点到大地水准面的铅垂距离称为该点的绝对高程，简称高程，用大写字母 H 表示，如图 1-4 所示，图中的 H_A、H_B 分别表示 A 点和 B 点处的绝对高程。

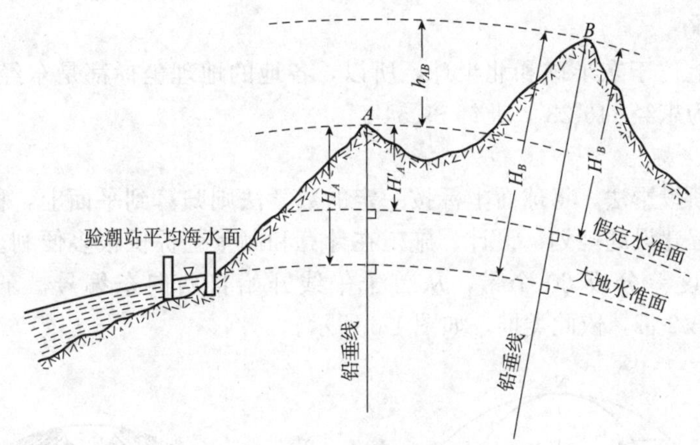

图 1-4　地面点的高程

一般来说，一个国家只采用一个平均海水面作为统一的高程基准面，由此高程基准面建立的高程系统称为国家高程系，其他则称为地方高程系。1987 年，我国开始启用“1985 国家高程基准”，它是以 1952—1979 年青岛验潮站测定的平均海水面作为高程基准面，并在青岛建立了国家水准原点，其高程为 72.260 4 m。

当局部地区采用国家高程基准有困难时，也可以假定一个水准面作为高程起算面，地面点到假定水准面的铅垂距离称为该点的相对高程。图 1-4 中的 H'_A、H'_B分别表示 A、B 两点的相对高程。

地面两点之间的高程之差称为高差，用小写字母 h 表示。高差值有正有负，与起点和终点的位置有关。A、B 两点之间的高差为

$$h_{AB}=H_B-H_A \tag{1-1}$$

或

$$h_{AB}=H'_B-H'_A \tag{1-2}$$

B、A 两点之间的高差为

$$h_{BA}=H_A-H_B \tag{1-3}$$

或

$$h_{BA}=H'_A-H'_B \tag{1-4}$$

因此可得

$$h_{AB}=-h_{BA} \tag{1-5}$$

(二)地面点的坐标

地面点的坐标常用地理坐标或平面直角坐标来表示。

1. 地理坐标

地面点在球面上的位置常采用经度(λ)和纬度(φ)来表示，称为地理坐标。

如图 1-5 所示，N、S 分别是地球的北极和南极，NS 轴称为地轴。包含地轴的平面称为子午面。子午面与地球的交线称为子午线，通过原格林尼治天文台的子午面称为首子午面。过地面上任意一点 P 的子午面与首子午面的夹角 λ 称为 P 点的经度。由首子午面向东量称为东经，向西量称为西经，其取值范围为 0°～180°。

赤道平面是通过地心且垂直于地轴的平面。过地面上任意一点 P 点的铅垂线与赤道平面的夹角 φ 称为 P 点的纬度。由赤道平面向北量称为北纬，向南量称为南纬，南北纬的取值范围均为 0°～90°。

我国在地球上位于东半球和北半球，所以，各地的地理坐标都是东经和北纬。例如，北京的地理坐标为东经 116°28′，北纬 39°54′。

2. 平面直角坐标

我国采用高斯投影法，将球面坐标按一定的数学法则归算到平面上，称为平面直角坐标法，它会为工程建设的规划、设计、施工在计算和测量上提供很多便利。高斯投影法是将地球按 6°的经度差分成 60 个带，从首子午线开始自西向东编号，东经 0°～6°为第 1 带，6°～12°为第 2 带，依此类推，如图 1-6 所示。

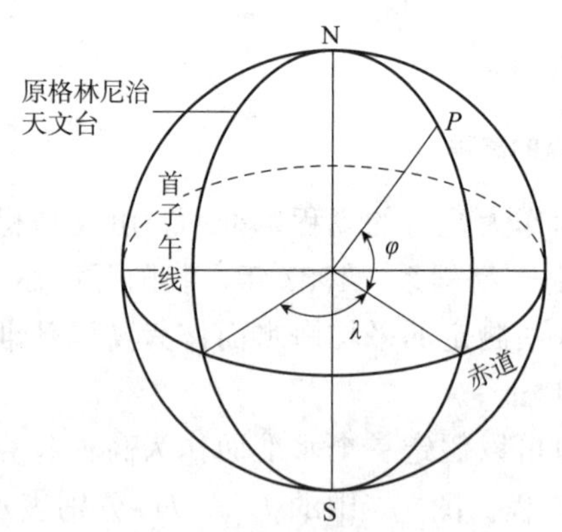

图 1-5　地面点的地理坐标

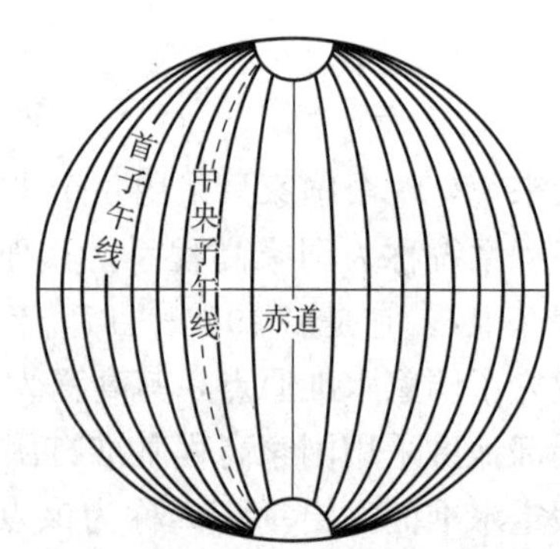

图 1-6　高斯投影分带

高斯投影带中位于每一带中央的子午线称为中央子午线，第 1 带中央子午线的经度为 3°，各带中央子午线的经度 λ_0 与带号 N 的关系为

$$\lambda_0=6N-3 \tag{1-6}$$

设想将截面为椭圆的圆柱面横套在旋转椭球体外面，如图 1-7(a)所示，使圆柱的轴心通过椭球的中心，将地球上某 6°带的中央子午线与圆柱面相切。在球面图形与柱面图形保

持等角的条件下将球面图形投影到圆柱面上，然后将圆柱体沿着通过南北极的母线切开并展开为平面。展开后的平面如图 1-7(b)所示，中央子午线与赤道线成为相互垂直的直线，其他子午线和纬线成为曲线。取中央子午线为坐标纵轴，即 x 轴，取赤道为坐标横轴，即 y 轴，两轴的交点为坐标原点 O，组成高斯平面直角坐标系，规定 x 轴向北为正，y 轴向东为正。

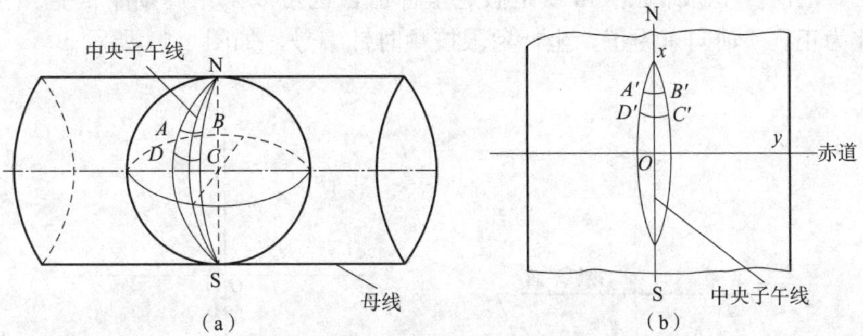

图 1-7 高斯平面直角坐标的投影

我国位于北半球，x 坐标均为正值，y 坐标则有正有负，如图 1-8(a)所示，设 $y_A=+136\ 780$ m，$y_B=-272\ 440$ m。为了避免出现负值，将每带的坐标纵轴向西移 500 km，如图 1-8(b)所示，纵轴西移后，$y_A=500\ 000+136\ 780=636\ 780$(m)，$y_B=500\ 000-272\ 440=227\ 560$(m)。

为了确定某点所在的带号，规定在横坐标之前均冠以带号。设 A、B 点均位于 20 带，则 $y_A=20\ 636\ 780$ m，$y_B=20\ 227\ 560$ m。

在高斯投影中，离中央子午线越远，长度变形越大，当要求投影变形更小时，可采用 3°带投影。

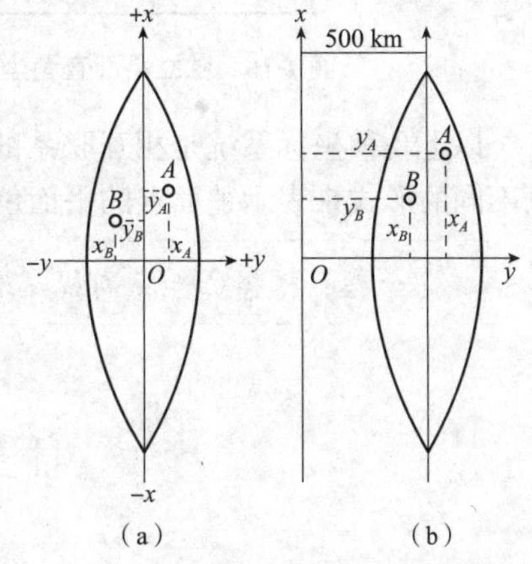

图 1-8 高斯平面直角坐标系统

图 1-9 所示为 6°带和 3°带的分带情况。3°带是从东经 1°30′开始，按经度差 3°划分一个带，全球共分为 120 带。每带中央子午线经度 λ_0' 与带号 n 的关系为

$$\lambda_0'=3n \tag{1-7}$$

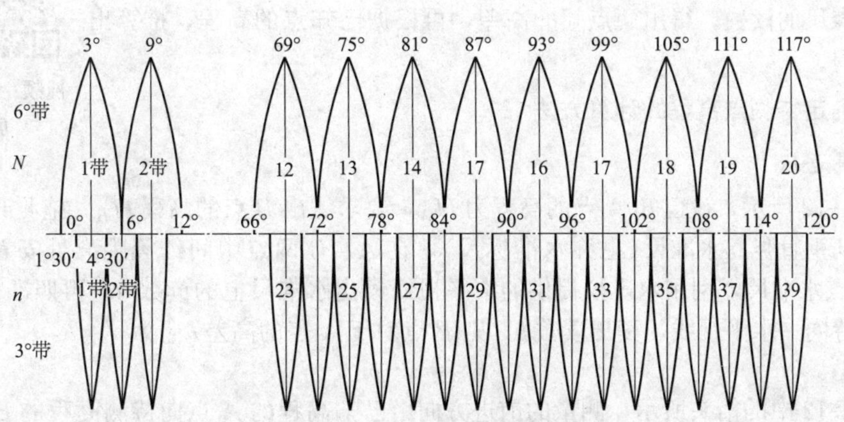

图 1-9 6°带和 3°带中央子午线及带号

3. 独立平面直角坐标

当测区范围较小时，可以不考虑地球曲率的影响，而直接将大地水准面当作平面看待，并在平面上建立独立平面直角坐标系。

如图 1-10 所示，一般将独立平面直角坐标系的原点选在测区西南角，以使测区内任意点的坐标均为正值。坐标系原点可以是假定坐标值，也可以采用高斯平面直角坐标值。规定 x 轴向北为正，y 轴向东为正，坐标象限按顺时针编号，如图 1-11 所示。

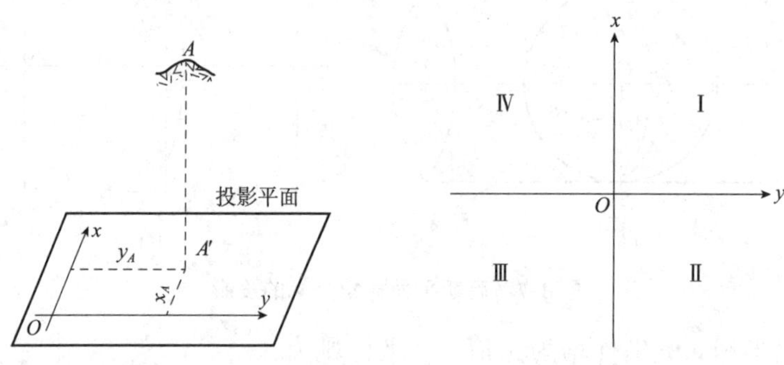

图 1-10　独立平面直角坐标系统　　图 1-11　直角坐标系象限

以上几种坐标系统是相互联系的，并且可以通过一定的数学公式进行相互换算，它们以不同的形式来表示地面点的平面位置。

想一想：根据已知点高程，采用什么样的方法可以测出待定点的高程呢？

任务二　水准测量

知识点一　水准测量原理

一、水准测量原理

水准测量原理是利用水准仪提供的水平视线，观测在已知点和待测点上竖立水准尺的读数，得出两点间的高差，再根据已知点的高程，推算出待测点高程。

视频：水准测量原理

二、确定待测点高程的计算方法

(一)高差法

如图 1-12 所示，设已知 A 点的高程为 H_A，要求测出 B 点的高程 H_B。施测时在 A、B 两点上分别垂直竖立水准尺(也称水准标尺)，在 A、B 两点中间约等距离处安置水准仪，先照准 A 点水准尺，利用水准仪提供的水平视线读出水准尺上的读数 a，再照准 B 点的水准尺，保持同一水平视线，读出读数 b，则 B 点对于 A 点的高差 h_{AB} 为

$$h_{AB}=a-b \tag{1-8}$$

如图 1-12 中的箭头所示，测量的前进方向由已知高程的 A 点向待测高程的 B 点前进，一般称 A 点为后视点(也称已知点)，所立水准尺称为后视尺，尺上读数 a 称为后视读数；

称 B 点为前视点(也称待测点)，所立水准尺称为前视尺，尺上读数 b 称为前视读数。

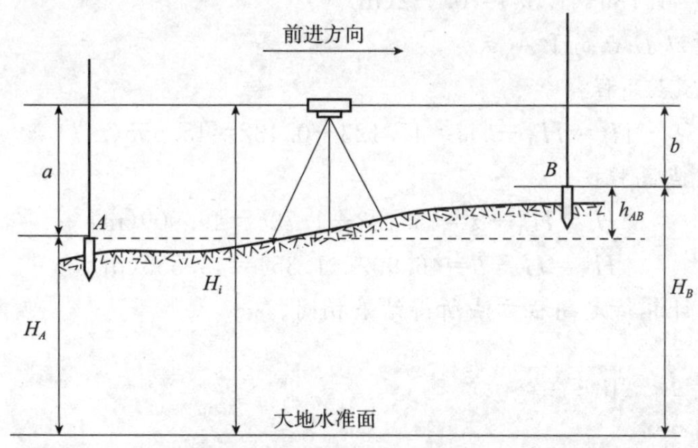

图 1-12　水准测量原理

用文字表达为：地面上已知点 A 与待测点 B 两点间高差始终等于后视读数 a 减去前视读数 b，并记为 h_{AB}，表示是 B 点对 A 点而言的高差。

若 $a>b$，高差 h_{AB} 为正，说明待测点 B 比已知点 A 高；若 $a<b$，高差 h_{AB} 为负，说明 B 点比 A 点低；若 $a=b$，高差 h_{AB} 为零，说明 B 点与 A 点高相等。

也可以这样理解：水准测量中水准尺读数小表示点的位置高，读数大表示点的位置低。掌握这个知识对高程测量中现场粗略检查观测误差有很大帮助。

再由 $H_A+a=H_B+b$ 得出

$$H_B=H_A+(a-b)$$

即

$$H_B=H_A+h_{AB} \tag{1-9}$$

用文字表达为：待测点高程始终等于已知点高程加上高差。

这种利用两点间高差计算待测点高程的方法称为高差法。

(二)视线高法

由图 1-12 可以看出，H_i 是仪器水平视线的高程，通常叫作视线高程，它等于后视点高程加后视读数。通过 H_i 也可以计算出 B 点的高程。其计算公式如下：

$$H_i=H_A+a \tag{1-10}$$

根据 $H_B=H_A+a-b$ 得出

$$H_B=H_i-b \tag{1-11}$$

用文字表达为：待测点高程等于视线高程减去前视读数。

如图 1-13 所示，在场地平整工作中，安置一次仪器可测定出多个待测点高程，简便、快捷的同时也能保证精度、提高工作效率。

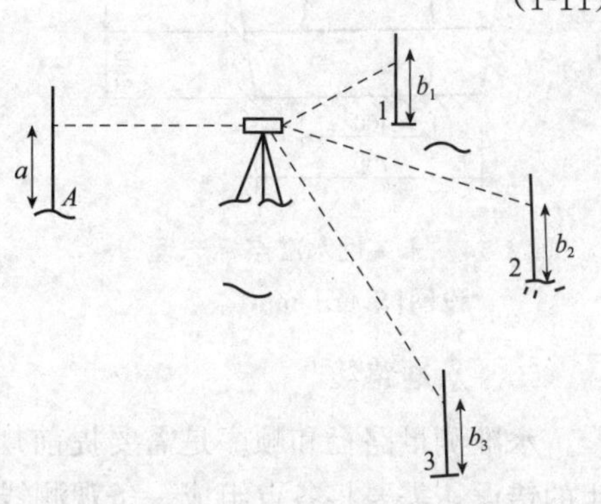

图 1-13　场地平整测量

【例 1-1】　已知 A 点高程为 45.123 m，B 为待测点。后视读数 a 为 1.786 m，前视读数 b 为 1.354 m，请问：(1)A、B 两点哪点高？(2)分别用高差法和视线高法求 B 点高程。

【解】:

(1)$h_{AB}=a-b=1.786-1.354=0.432$(m)

得 $h_{AB}>0$，所以 B 点高于 A 点。

(2)高差法求 B 点高程：

$$H_B=H_A+h_{AB}=45.123+0.432=45.555(\text{m})$$

视线高法求 B 点高程：

$$H_i=H_A+a=45.123+1.786=46.909(\text{m})$$

$$H_B=H_i-b=46.909-1.354=45.555(\text{m})$$

验证得出两种计算待定高程方法所得结果相同。

知识点二 水准点和水准路线

一、水准点

视频：水准点

水准测量的目的是用已知高程点来引测待定点的高程，这些用水准测量的方法建立的高程控制点称为水准点，常用 BM 表示。根据水准点的等级和用途，一般可分为永久性水准点和临时性水准点两大类。永久性水准点一般用钢筋混凝土制成或直接刻在不易破坏的基岩上，如图 1-14 所示，国家等级水准点是永久性水准点，是在控制点处设立永久性的水准点标石，标石埋设于地下一定深度，顶部嵌有金属或瓷质的标志。在城镇居民区，也可以采用将金属标志嵌在墙上的墙脚水准点，如图 1-15 所示。临时性水准点可在固定的建筑物或暴露的岩石上凿一记号作为标志，或者在木桩的中间钉铁定标示点位，如图 1-16 所示。

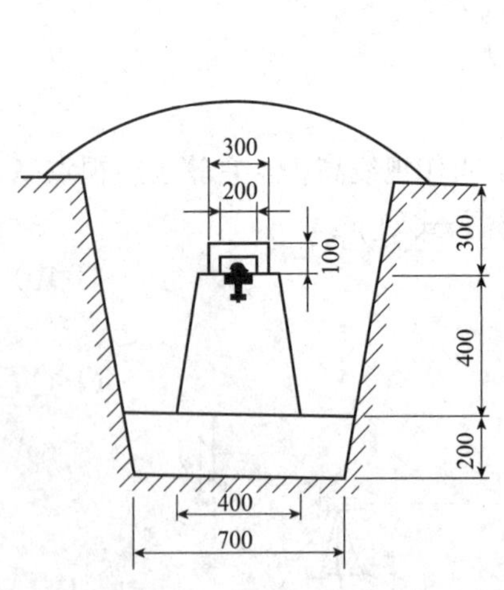

图 1-14 永久性水准点标志埋设图(单位：mm)

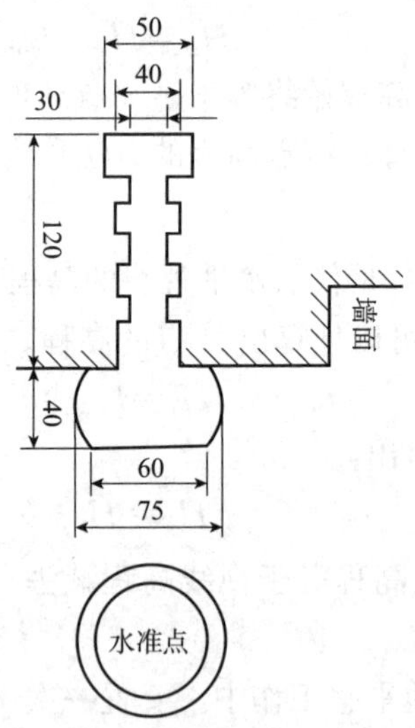

图 1-15 墙角水准点标志埋设图(单位：mm)

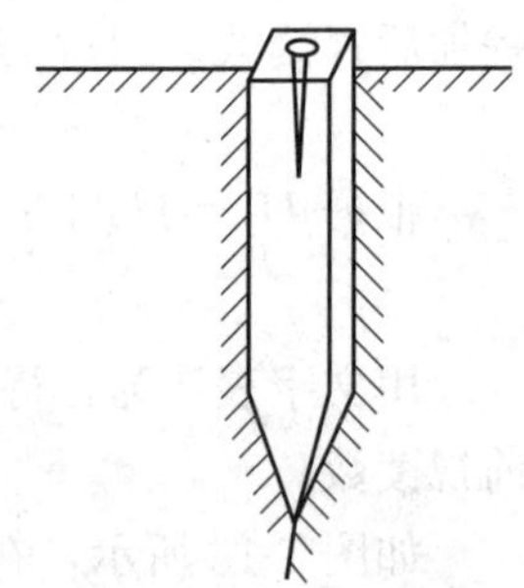

图 1-16 临时性水准点埋设图

二、水准路线

水准测量路径和顺序是需要提前规划好的。为了便于观测、检查和发现测量中可能产生的错误，需要将各点组成一条观测线路，使之有可靠的检核条件，称之为水准路线。

水准路线的布设形式主要有以下几种可以选择。

(一)附合水准路线

如图 1-17(a)所示，从一个已知高程的水准点出发，沿各个待测点顺序进行水准测量，最后附合到另一已知高程的水准点上，这样的水准路线称为附合水准路线。

(二)闭合水准路线

如图 1-17(b)所示，从一个已知高程的水准点出发，沿各个待测点路线进行水准测量，最后测回到起始点，这样的水准路线称为闭合水准路线。

(三)支水准路线

如图 1-17(c)所示，从一个已知高程的水准点出发，既不附合也不闭合的水准路线称为支水准路线。这种形式的水准路线由于不能对测量成果自行检核，因此必须进行往测和返测，而且路线不宜太长，待测点一般不超过两个。

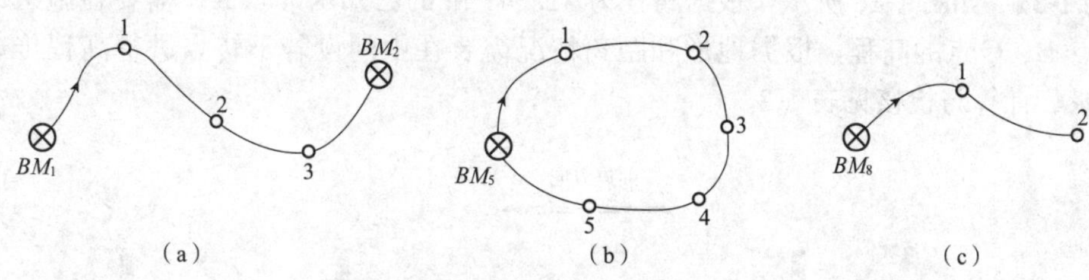

图 1-17　水准路线的布置形式

(a)附合水准路线；(b)闭合水准路线；(c)支水准路线

知识点三　水准测量外业

水准测量的外业是指在现场进行的水准测量方案设计、踏勘、观测、记录、计算等工作。

一、水准测量的施测程序

在两个水准点相距不远且高差不大、可以通视的情况下，水准仪可以直接在水准尺上得到读数，而且能保证一定的精度。但是如果两点之间距离较远或高差较大，仅安置一次仪器不能测得高差，就必须设置若干临时的立尺点，作为传递高程的过渡点，称为转点。转点起着传递高程的作用，每安置一次仪器，称为一个测站。其基本程序如下。

视频：水准测量的施测程序

(1)在已知水准点 BM_A 上立水准尺，作为后视尺；在待测点 B 上立水准尺，作为前视尺。

(2)在前后视等距的测站上安置好仪器，进行粗略整平，使圆水准器气泡居中。

(3)用望远镜照准后视尺，注意消除视差。

(4)转动微倾螺旋使水准管气泡居中，立即用横丝的中丝读取后视读数 a，检查精平无误后把后视读数 a 记入手簿。

(5)松开制动螺旋，转动望远镜照准前视尺，参照操作步骤(3)、(4)，读取前视读数 b，并把前视读数 b 记入手簿。

注意：从测后视读数转到测前视读数绝不可以再粗平。

(6)数据检查无误后，计算高差 $h=a-b$ 或视线高 $H_i=H_A+a$，推算出待测点高程 $H_B=H_A+h$ 或 $H_B=H_i-b$。

在水准测量中，如果已知水准点与待测点间相距较远、高差较大或不能通视，安置一次水准仪不能测定两点之间的高差，必须设置若干个转点，将距离分成若干个测段，然后连续多次安置仪器，重复简单水准测量过程，测出待测点的高程，这样的水准测量称为复合水准测量。在复合水准测量中一般会设置转点，转点是指在水准测量中，为传递高程所设的临时立尺点，用 TP 表示。

二、水准测量的记录、计算与检核

在水准测量中，测得的数据不可避免地会出现误差，为了判断测量成果是否存在错误或是否符合精度要求，必须采取相应的方法进行检核。

(一)高差法的记录、计算与检核

【例 1-2】 如图 1-18 所示，根据高程为 31.341 m 的已知水准点 A，需要在施工场地引测待测点 B、C 点的高程，根据地形和距离情况需要在中间设若干转点进行高程传递。具体的记录、计算与检核见表 1-2。

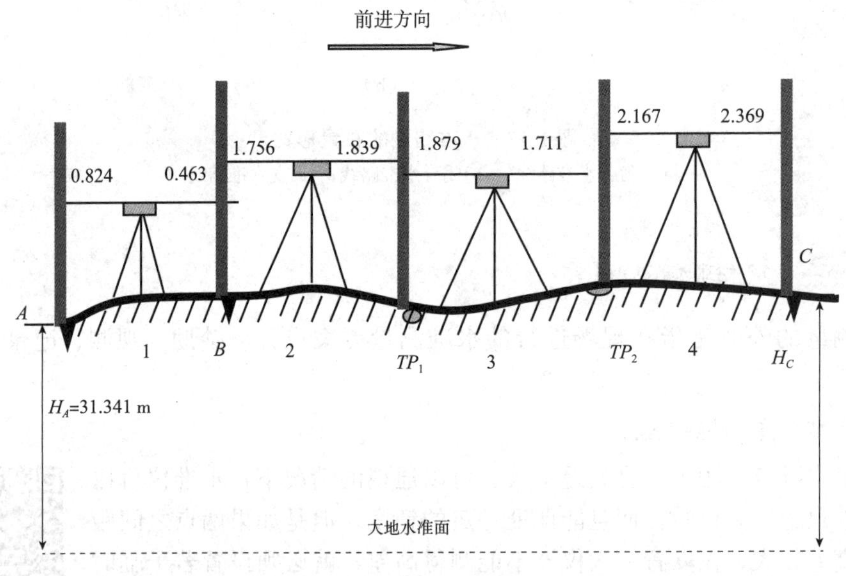

图 1-18 高差法测待测点高程

表 1-2 水准测量手簿

测站	测点	水准尺读数/m		高差/m		高程/m	备注
		后视	前视	+	−		
1	A	0.824		0.361		31.341	已知
	B		0.463			31.702	
2	B	1.756			0.083		
	TP_1		1.839				
3	TP_1	1.879		0.168			
	TP_2		1.711				

续表

测站	测点	水准尺读数/m		高差/m		高程/m	备注
		后视	前视	+	—		
4	TP_2	2.167			0.202		
	C		2.369			31.585	
计算检核	$\sum$	6.626	6.382	0.529	0.285		
	$\sum a-\sum b=+0.244$			$\sum h=+0.244$		$H_C-H_A=+0.244$	

在水准记录手簿中需要将 B、C 点的高程记入相应表中，但不必计算转点 TP_1、TP_2 的高程，因为大多数转点，是临时设定的标志点，所以各转点的高程一般不是我们需要的结果。

在每一测段结束后或手簿上每一页结束，必须进行计算检核。检核方法如下。

要求 $\sum a-\sum b=\sum h=H_{终}-H_{始}$，即后视读数之和减去前视读数之和等于各测站高差之和并等于终点高程减起点高程。检查该三项数值，如果相等，说明计算正确；如不相等，则计算中必有错误，分项检查并纠正错误。

但需要强调的是：这种检核只能检查计算过程有无错误，而无法检查测量过程中所产生的错误，如读错、记错等。

(二)测站检核

如需检查测站发生的误差，则必须进行测站检核。它可防止因某个测站发生较大误差而导致整个水准路线测量的精度不符合要求。测站检核一般可采用以下两种方法。

1. 两次仪器高法

两次仪器高法是指同一测站测量架设仪器时两次仪器高度不同，对测得的两次高差比较来进行检核。第一次观测好后，要重新安置水准仪，再测一次高差，两次仪器高度相差要求在 10 cm 以上。如图 1-19 所示。对于普通水准测量，两次所得高差之差在 5 mm 以内认为符合要求，再取其平均值作为该测站所得高差，否则认为不符合要求，应重新测量。

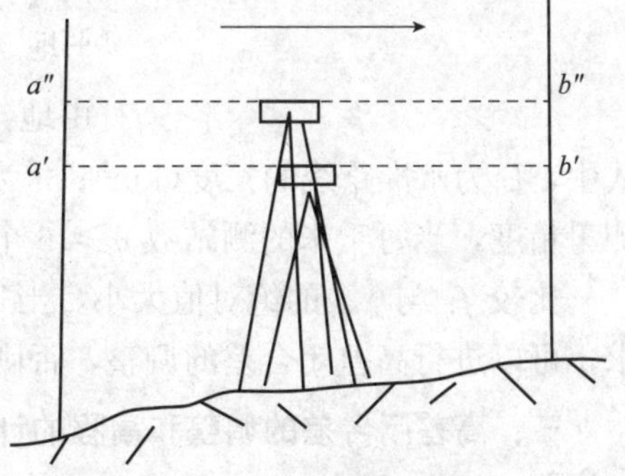

图 1-19　两次仪器高法测高差

2. 双面尺法

双面尺法是指仪器高度不变，对立在后视点和前视点上的水准尺的黑面和红面各进行一次读数，对两次高差相互比较来进行检核，即读取后视、前视尺的黑面和红面中丝读数，黑面读数计算出一个高差，红面读数计算出另一个高差，当然扣除黑面、红面的水准常数，这个水准常数通常为 4.687 m 和 4.787 m。扣除水准常数后两个高差之差在 5 mm 内认为符合要求，取其平均值作为该测站所得高差，否则认为不符合要求，应重新测量。

知识点四　水准测量内业

水准测量内业是指通过数据处理等工作，对水准路线外业工作的结果进行计算、检核，保证水准测量成果的正确性。其基本程序如下。

一、高差闭合差的计算

(一)闭合水准路线

视频：水准内业—闭合差的计算

对于闭合水准路线的检核，因为它的起点和终点是同一个点，所以理论上所有路线各测站高差之和应等于零，即$\sum h_{理}=0$。如果实际测得的高差之和$\sum h_{测}$不等于零，即闭合水准路线的高差闭合差，即

$$f_h=\sum h_{测}-\sum h_{理}=\sum h_{测} \tag{1-12}$$

(二)附合水准路线

对于附合水准路线的检核，因为它的起点和终点为两个已知高程水准点，所测得各站高差之和应等于起点与终点高程之差，即$\sum h_{理}=H_{终}-H_{起}$。如果实际测得的高差与理论高差不相等，其差值称为高差闭合差，用f_h表示。附合水准路线的高差闭合差为

$$f_h=\sum h_{测}-\sum h_{理}=\sum h_{测}-(H_{终}-H_{起}) \tag{1-13}$$

(三)支水准路线

支水准路线既不回到原来的点，也不附合到另一个已知水准点，所以，它的检核必须在起终点间用往测、返测来进行。理论上：往测、返测的高差绝对值应相等，符号相反，即$\sum h_{往}=-\sum h_{返}$。如果往返测高差的代数和不等于零，其值即支水准路线的高差闭合差，则

$$f_h=\sum h_{往}+\sum h_{返} \tag{1-14}$$

二、高差闭合差容许值的计算

高差闭合差的大小反映了测量成果的精度。在各种等级的水准测量中，规定了高差闭合差的限值，即高差闭合差容许值，用$f_{h容}$表示。普通水准测量的高差闭合差允许值为

$$\left.\begin{aligned}&\text{平地}\ f_{h容}=\pm 40\sqrt{L}\,(\text{mm})\\&\text{山地}\ f_{h容}=\pm 12\sqrt{n}\,(\text{mm})\end{aligned}\right\} \tag{1-15}$$

式中，L为水准路线的长度(km)；n为测站数。平地公式精度要求比山地的高，为了保证测量精度，当每千米的测站数$n\geqslant 16$个时，才允许用山地公式进行判断。

比较f_h与$f_{h容}$的绝对值大小，当$|f_h|\leqslant|f_{h容}|$时，表示水准路线外业施测精度满足要求，可以进行高差闭合差的调整，否则应对外业资料进行检查，甚至返工重测。

三、高差闭合差的调整和高程的计算

当实测的高差闭合差在容许值以内时，可将高差闭合差分配到各测段的高差上来改正原高差值。一般认为，水准测量的误差与水准路线的长度或测站数成正比关系，所以，调整的原则是把闭合差以相反的符号，按各测段路线的长度或测站数成正比的方法分配到各测段的高差上，分配的数值称为高差改正数。各测段高差的改正数公式为

$$v_i=-\frac{f_h}{\sum L_i}\cdot L_i \tag{1-16}$$

或

$$v_i=-\frac{f_h}{\sum n_i}\cdot n_i \tag{1-17}$$

式中，L_i和n_i分别为各测段路线长度和测站数；$\sum L_i$和$\sum n_i$分别为水准路线总长和测站总数。

【例 1-3】 某普通闭合水准路线，经过外业施测，结果如图 1-20 所示，水准测量观测的各段高差及路线长度标注在图中，1、2、3 点为待测高程点，已知水准点 BM_A 的高程为 100.000 m，试在表 1-3 中填写有关计算结果。

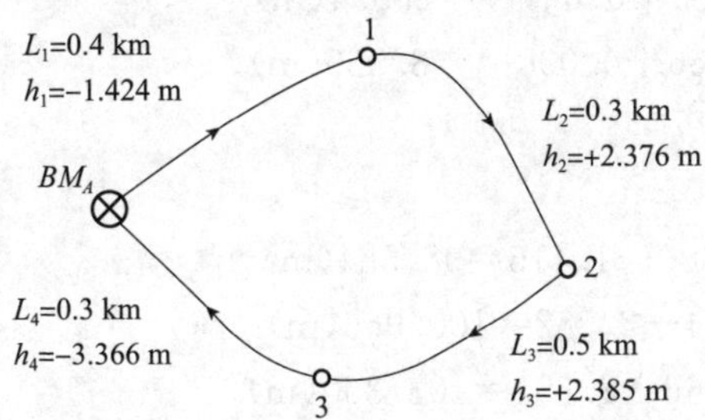

图 1-20 普通闭合水准路线施测图

表 1-3 闭合水准路线成果计算表

点名	两点间距离/km	高差/m	改正数/mm	改正后高差/m	高程/m	备注
BM_A					100.000	已知
	0.4	−1.424	+8	−1.416		
1					98.584	
	0.3	+2.376	+6	+2.382		
2					100.966	
	0.5	+2.385	+9	+2.394		
3					103.360	
	0.3	−3.366	+6	−3.360		
BM_A					100.000	
$\sum$	1.5	−0.029	+29	0		
辅助计算	$f_h=\sum h_{测}=-29$ mm，$f_{h容}=\pm 40\sqrt{L}=\pm 49$ mm 由 $\|f_h\|<\|f_{h容}\|$ 得外业观测成果合格 每千米的改正数为 $-\frac{f_h}{\sum L}=-\frac{-29}{1.5}=+19.3$ mm，验证 $\sum v=+29$ mm					

【解】:

(1)高差闭合差的计算：

$$f_h=\sum h_{测}=(-1.424)+2.376+2.385+(-3.366)=-0.029(\mathrm{m})=-29\ \mathrm{mm}$$

(2)判断高差闭合差是否符合精度要求：

$f_{h容}=\pm 40\sqrt{L}=\pm 40\sqrt{1.5}=\pm 49(\mathrm{mm})$，因为 $|f_h|<|f_{h容}|$，观测精度符合要求，可对高差闭合差进行调整。

(3)高差闭合差的调整：

$$v_1=-\frac{f_h}{\sum L}\cdot L_1=-\frac{-29}{1.5}\times 0.4=+8(\mathrm{mm})$$

$$v_2=-\frac{f_h}{\sum L}\cdot L_2=-\frac{-29}{1.5}\times 0.3=+6(\mathrm{mm})$$

$$v_3=-\frac{f_h}{\sum L}\cdot L_3=-\frac{-29}{1.5}\times 0.5=+9(\mathrm{mm})$$

$$v_4=-\frac{f_h}{\sum L}\cdot L_4=-\frac{-29}{1.5}\times 0.3=+6(\mathrm{mm})$$

$$\sum v=-f_h=+0.029\ \mathrm{m}=+29\ \mathrm{mm}$$

(4)计算改正后的高差：

$h_{1改}=h_{1测}+v_1=-1.424+0.008=-1.416$(m)

$h_{2改}=h_{2测}+v_2=+2.376+0.006=+2.382$(m)

$h_{3改}=h_{3测}+v_3=+2.385+0.009=+2.394$(m)

$h_{B改}=h_{4测}+v_4=-3.366+0.006=-3.360$(m)

$\sum h_{改}=0$

(5)计算待定点高程：

$H_1=H_A+h_{1改}=100.000-1.416=98.584$(m)

$H_2=H_1+h_{2改}=98.584+2.382=100.966$(m)

$H_3=H_2+h_{3改}=100.966+2.394=103.360$(m)

$H_A=H_3+h_{4改}=103.360-3.360=100.000$(m)

【例 1-4】 已知水准点 A、B，中间选择 $BM_1 \sim BM_5$ 共 5 个水准点，布设成附合水准路线，各水准点间的距离和实测高差如表 1-4 所示，试在表 1-4 中填写有关计算结果。

表 1-4 附合水准路线成果计算表

点名	测站数	高差/m	改正数/mm	改正后高差/m	高程/m	备注
A					73.475	已知
	11	+1.241	−11	+1.230		
BM_1					74.705	
	12	+2.781	−12	+2.769		
BM_2					77.474	
	12	+3.244	−12	+3.232		
BM_3					80.706	
	13	+1.078	−13	+1.065		
BM_4					81.771	
	10	−0.062	−10	−0.072		
BM_5					81.699	
	11	−0.155	−11	−0.166		
B					81.533	已知
$\sum$	69	+8.127	−69	+8.058		
辅助计算	$f_h=\sum h_{测}-(H_{终}-H_{起})=+8.127-(81.533-73.475)=+0.069(m)=+69$ mm $f_{h容}=\pm 12\sqrt{n}=\pm 12\sqrt{69}=\pm 99.7$(mm)，由 $\lvert f_h \rvert < \lvert f_{h容} \rvert$ 得外业观测结果符合要求 每测站的改正数 $=-\frac{f_h}{\sum n}=-\frac{+69}{69}=-1$(mm)，$\sum v=-69$ mm					

【解】：

解算过程与闭合水准路线相近，只是计算 f_h 时的公式必须采用 $f_h=\sum h_{测}-(H_{终}-H_{起})$。

【例 1-5】 支水准路线外业施测时在 A、1 两点间进行往返水准测量，已知 $H_A=13.372$ m，$\sum h_{往}=+0.027$ m，$\sum h_{返}=-0.021$ m，A、1 间线路长 $L=3$ km，求 1 点的高程。

【解】：

(1)计算高差闭合差：

$f_h=\sum h_{往}+\sum h_{返}=0.027+(-0.021)=+0.006(m)=+6$ mm

(2)判断外业测量精度结果：

$f_{h容}=\pm 40\sqrt{L}=\pm 40\sqrt{3}=\pm 69$(mm)，由 $\lvert f_h \rvert < \lvert f_{h容} \rvert$ 得精度符合要求，可进行高差闭合差的分配。

注意：如果往返测的路线和测站数不相同，则公式 $f_{h容}$ 中的 L 或 n 应采用往测和返测的距离或测站总数的平均值。

(3)计算改正后高差：

取往测和返测的高差绝对值作为 A、1 两点间的高差，并与往测符号相同，则

改正后往测高差 $h_{A1}=\frac{h_{往}-h_{返}}{2}=\frac{+0.027-(-0.021)}{2}=+0.024(\mathrm{m})$

(4)计算待定点高程：

1 点高程 $H_1=H_A+h_{A1}=13.372+0.024=13.396(\mathrm{m})$

想一想：怎样测量三个点所构成的水平角？

任务三　角度测量

知识点一　水平角测量原理

如图 1-21 所示，A、B、C 为地面上高程不同的三个点，沿铅垂线方向投影到水平面 H 上，得到相应 A_1、B_1、C_1 点，则水平投影线 B_1A_1 与 B_1C_1 构成的夹角 β，称为地面方向线 BA 与 BC 间的水平角。因此，水平角就是地面上某点到两目标的方向线铅垂投影在水平面上所成的角度，其取值为 0°～360°。

视频：水平角测量原理

为了测定水平角的大小，设想在 B 点铅垂线上任一处 O 点水平安置一个带有顺时针均匀刻画的水平度盘，通过右方向 BC 和左方向 BA 各作一竖直面与水平度盘平面相交，在度盘上截取的相应读数为 c 和 a，如图 1-21 所示，则水平角 β 为右方向读数 c 减去左方向读数 a，即

$$\beta=c-a \tag{1-18}$$

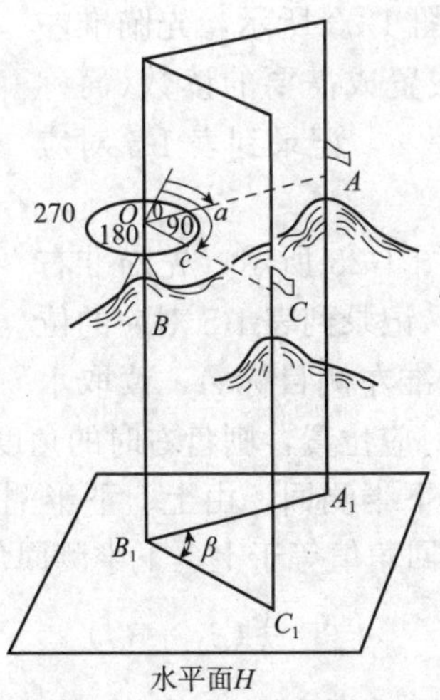

图 1-21　经纬仪水平角测量原理

知识点二 竖直角测量原理

同一竖直面内，倾斜视线与水平线之间的夹角称为竖直角，用α表示。其值从水平线算起，向上为正，称为仰角，取值范围为 0°～ 90°；向下为负，称为俯角，取值范围为 −90°～0°，如图 1-22 所示。

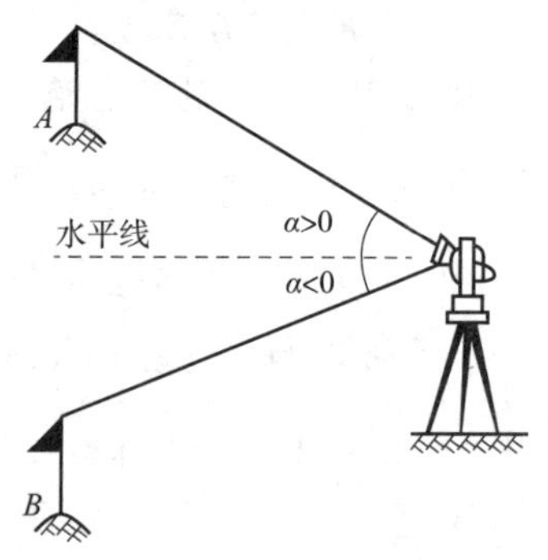

图 1-22　经纬仪竖直角测量原理

为了测量竖直角，经纬仪应在竖直面内安置一个圆盘，称为竖直度盘(简称竖盘)。竖直度盘固定安装在望远镜旋转轴(横轴)的一端，其刻画中心与横轴的旋转中心重合，所以，在望远镜做竖直方向旋转时，竖直度盘也随之转动。竖直角也是两个方向在竖直度盘上的读数之差，与水平角不同的是，其中有一个为水平方向。设计经纬仪时，一般使视线水平时的竖直度盘读数为 90°(盘左)或 270°(盘右)，这样测量竖直角时，只要瞄准目标，读出竖直度盘读数并减去仪器视线水平时的竖直度盘读数就可以计算出视线方向的竖直角。

知识点三 测回法测水平角

水平角的观测主要采用测回法和方向观测法两种方法。其中，测回法适用于测量两个方向之间的水平角；方向观测法适用于测量两个以上方向间的水平角。无论测回法还是方向观测法，都要用盘左(正镜)和盘右(倒镜)两个竖盘位置观测。其中，盘左是指仪器竖盘位于观测者左边，也称为正镜；盘右是指仪器竖盘位于观测者右边，也称为倒镜。正镜或倒镜观测一次，称为半测回；正镜、倒镜各测一次，构成一测回。进行正镜、倒镜观测，成果取平均，可以消减仪器制造及检校不完善产生误差的影响，提高精度。

视频：测回法测水平角

采用测回法观测水平角的步骤如下。

(1)在测站点O安置仪器(对中、整平)。

(2)盘左位置观测读数。如图 1-23 所示，先瞄准左侧目标A，水平度盘读数置零或置成需要的读数(简称置盘)，置盘后读取水平度盘读数a，记录到表 1-5 对应位置。

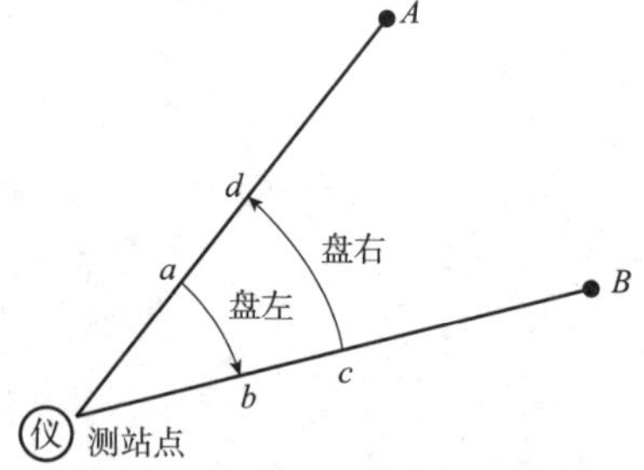

图 1-23　测回法观测水平角

(3)盘右位置观测读数。如图 1-23 所示，先瞄准右侧目标B，读取水平度盘读数c，记录到表 1-5 对应的位置；然后，逆时针转动仪器，瞄准左侧目标A，读取水平度盘读数d，并记录到表 1-5 对应位置，则盘右时的角度值$\beta_{右}=c-d$。

步骤(2)、(3)分别称为上、下半测回，由上、下半测回构成一测回。当上、下半测回角值之差满足规范要求时，一测回角值等于上、下半测回角值的平均值，即

$$\beta=\frac{1}{2}(\beta_{左}+\beta_{右}) \tag{1-19}$$

当测角精度要求较高时，可以采用多测回观测，取多测回角度值的平均值作为最终角度值。为了减弱度盘分划不均匀误差的影响，多测回观测时，各测回间应根据测回数n，以$180°/n$为增量置盘，第 1 测回置零。例如，总测回数为 3 测回，第 1 测回置盘数等于或略

大于 0°00′00″；第 2 测回置盘数等于或略大于 60°00′00″；第 3 测回置盘数等于或略大于 120°00′00″。

表 1-5　测回法记录手簿

<table>
<tr><th>测站</th><th>目标</th><th>竖盘位置</th><th>水平度盘读数
/(° ′ ″)</th><th>半测回角值
/(° ′ ″)</th><th>一测回角值
/(° ′ ″)</th><th>各测回平均角值
/(° ′ ″)</th></tr>
<tr><td rowspan="4">O</td><td>A</td><td rowspan="2">左</td><td>0 01 12</td><td rowspan="2">62 00 30</td><td rowspan="4">62 00 33</td><td rowspan="8">62 00 34</td></tr>
<tr><td>B</td><td>62 01 42</td></tr>
<tr><td>A</td><td rowspan="2">右</td><td>180 01 18</td><td rowspan="2">62 00 36</td></tr>
<tr><td>B</td><td>242 01 54</td></tr>
<tr><td rowspan="4">O</td><td>A</td><td rowspan="2">左</td><td>90 06 00</td><td rowspan="2">62 00 24</td><td rowspan="4">62 00 36</td></tr>
<tr><td>B</td><td>152 06 24</td></tr>
<tr><td>A</td><td rowspan="2">右</td><td>270 06 06</td><td rowspan="2">62 00 48</td></tr>
<tr><td>B</td><td>332 06 54</td></tr>
</table>

《城市测量规范》(CJJ/T 8—2011)规定：上、下两半测回角值之差应小于等于±40″，各测回角值互差应小于等于±24″。上、下两半测回角值只有满足该规定时，才可以根据式(1-19)计算一测回角值，否则，需要重新测量，直到满足规范要求为止。各测回角值也必须满足该规范规定，才可以进行取平均值计算。

知识点四　方向观测法测水平角

当在一个测站上需要观测多个方向时，宜采用方向观测法(又称全圆测回法)，因为可以简化外业工作。它的直接观测结果是各个方向相对于起始方向的水平 V 角值，也称为方向值。相邻方向的方向值之差，就是它的水平角值。如图 1-24 所示，O 为测站点，A、B、C、D 为观测目标，用方向观测法观测各方向间的水平角。其观测、记录和计算方法如下。

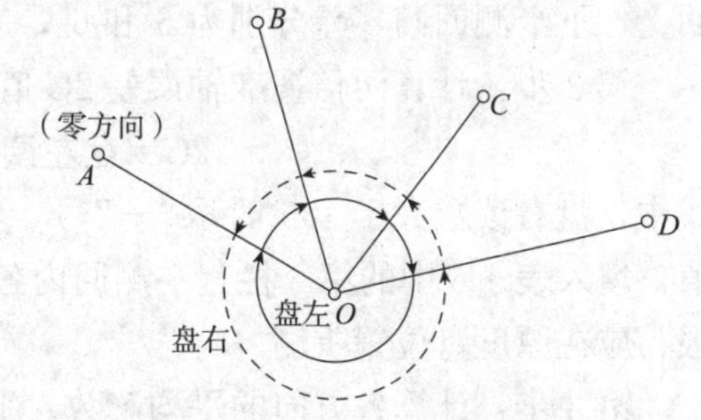

图 1-24　方向观测法观测水平角

(1)安置仪器于测站点 O，对中、整平；在 A、B、C、D 观测目标处竖立观测标志。

(2)选择方向中一个明显目标，如 A 作为起始方向(或称零方向)，盘左位置精确瞄准 A，将水平度盘配置为略大于 0°，读取读数记入表 1-6 所示方向观测法观测手簿的第 4 栏。顺时针方向转动仪器，依次瞄准 B、C、D 各目标，分别读取水平度盘读数，记入表 1-6 中的第 4 栏。为了检查水平度盘在观测过程中有无带动，最后再一次瞄准零方向 A(称为上半测回归零)，读取水平度盘读数，记入表 1-6 中的第 4 栏。

零方向 A 的两次读数之差的绝对值称为半测回归零差，归零差不应超过表 1-7 中的规定；如果归零差超限，应重新观测。以上称为上半测回。

(3)盘右位置，按逆时针方向依次照准目标 A、D、C、B、A，并将水平度盘读数由下向上记入表 1-6 中的第 5 栏，此为下半测回。

上、下两个半测回合称一测回。为了提高精度，有时需要观测 n 个测回，各测回起始方向仍按 180°/n 的差值安置水平度盘读数。

表 1-6　方向观测法记录手簿

测站	测回数	目标	水平度盘读数		2C	平均读数	归零后方向值	各测回归零后方向值平均值	角度值
			盘左	盘右					
			(° ′ ″)	(° ′ ″)	(″)	(° ′ ″)	(° ′ ″)	(° ′ ″)	(° ′ ″)
1	2	3	4	5	6	7	8	9	10
O	1	A	0 01 06	180 01 00	+6	(0 01 09) 0 01 03	0 00 00	0 00 00	
		B	47 43 24	227 43 24	0	47 43 24	47 42 15	47 42 13	
		C	125 28 06	305 28 00	+6	125 28 03	125 26 54	125 27 02	47 42 13 77 44 49 40 45 38
		D	166 13 48	346 13 36	+12	166 13 42	166 12 33	166 12 40	
		A	0 01 18	180 01 12	+6	0 01 15			
	2	A	90 02 12	270 02 12	0	(90 02 10) 90 02 12	0 00 00		
		B	137 44 24	317 44 18	+6	137 44 21	47 42 11		
		C	215 29 18	35 29 24	−6	215 29 21	125 27 11		
		D	256 14 54	76 15 00	−6	256 14 57	166 12 47		
		A	90 02 12	270 02 06	+6	90 02 09			

(4)方向观测法的计算过程。

第 1 步：计算上、下半测回归零差(两次瞄准零方向 A 的读数之差)。表 1-6 中第 1 测回上、下半测回归零差分别为 6′和 6″，应符合表 1-7 的要求。

第 2 步：计算两倍视准轴误差 $2C$ 值。

$$2C = 盘左读数 - (盘右读数 \pm 180°) \tag{1-20}$$

式中，盘右读数大于 180°时取“−”号，盘右读数小于 180°时取“+”号。计算各方向的 $2C$ 值，填入表 1-6 中的第 6 栏。一测回内各方向 $2C$ 值互差不应超过表 1-7 中的规定。如果超限，应在原度盘位置重测。

第 3 步：计算各方向的平均读数。平均读数为各方向的平均方向值。

$$平均读数 = \frac{1}{2}[盘左读数 + (盘右读数 \pm 180°)] \tag{1-21}$$

计算时，以盘左读数为准，将盘右读数±180°，与盘左读数相加后取平均值。计算各方向的平均读数，填入表 1-6 中的第 7 栏。起始方向有两个平均读数，故应再取其平均值，填入表 1-6 中第 7 栏的括号内。

第 4 步：计算归零后的方向值。将各方向的平均读数减去起始方向的平均读数(括号内数值)，即得各方向的“归零后方向值”，填入表 1-6 中的第 8 栏。起始方向归零后的方向值为零。

第 5 步：计算各测回归零后方向值的平均值。多测回观测时，同一方向值各测回互差符合表 1-7 中的规定，则取各测回归零后方向值的平均值，作为该方向的最后结果，填入表 1-6 中的第 9 栏。

第 6 步：计算各目标间水平角角值。将表 1-6 中第 9 栏相邻两方向值相减即可求得，注于表 1-6 中第 10 栏相应位置上。

(5)方向观测法的限差。现行的《工程测量标准》(GB 50026—2020)给出了方向观测法的各项技术要求，具体见表 1-7。

表 1-7　方向观测法的技术要求

等级	仪器精度等级	半测回归零差(″)限差	一测回内 2C 互差(″)限差	同一方向值各测回较差(″)限差
四级及以上	0.5″级仪器	≤3	≤5	≤3
	1″级仪器	≤6	≤9	≤6
	2″级仪器	≤8	≤13	≤9
一级及以下	2″级仪器	≤12	≤18	≤12
	6″级仪器	≤18	—	≤24

知识点五　竖直角的观测和计算

竖直角观测步骤如下(以 A 目标为例)。

(1)安置仪器于测站点 O，对中、整平。

(2)盘左位置瞄准 A 点，用十字丝横丝照准或相切目标点，读取竖直度盘的读数 L，设为 82°12′30″，记入观测记录手簿(表 1-8)，这样就完成了上半个测回的观测。

(3)将望远镜倒镜变成盘右，瞄准 A 点，读取竖直度盘的读数 R，设为 277°47′24″，记入观测手簿，这样就完成了下半个测回的观测，上、下半测回合称一测回。

表 1-8　竖直角观测手簿(竖盘顺时针标记)

测站	目标	竖盘位置	竖盘读数/(° ′ ″)	半测回角值/(° ′ ″)	指标差/(″)	一测回角值/(° ′ ″)
O	A	盘左	82 12 30	+7 47 30	−3	+7 47 27
		盘右	277 47 24	+7 47 24		
	B	盘左	110 30 12	−20 30 12	+3	−20 30 09
		盘右	249 29 54	−20 30 06		

竖直角的计算公式如下。

(1)竖盘顺时针注记时的计算公式。

$$\alpha_L = 90° - L \tag{1-22}$$

$$\alpha_R = R - 270° \tag{1-23}$$

式中，L 为盘左竖直度盘读数；R 为盘右竖直度盘读数。

为了提高竖直角观测精度，取盘左、盘右的平均值作为最后结果，即

$$\alpha = \frac{\alpha_L + \alpha_R}{2} = \frac{1}{2}(R - L - 180°) \tag{1-24}$$

(2)竖盘逆时针注记时的计算公式。

$$\alpha_L = L - 90° \tag{1-25}$$

$$\alpha_R = 270° - R \tag{1-26}$$

$$\alpha=\frac{\alpha_L+\alpha_R}{2}=\frac{1}{2}(L-R+180°) \tag{1-27}$$

上述竖直角计算公式是依据竖直度盘的构造和注记特点，即视线水平时，竖直度盘指标应指在正确的读数(90°或 270°)上，但若仪器在使用过程中受到振动或制造不严密，指标位置会偏移，从而导致视线水平时的读数与正确读数有一差值，此差值称为竖直度盘指标差，用 x 表示。由于存在指标差，盘左读数和盘右读数都差了一个 x 值。以竖盘顺时针注记为例，式(1-22)和式(1-23)将改写为

$$\alpha_L=90°-(L-x)=90°-L+x \tag{1-28}$$

$$\alpha_R=(R-x)-270°=R-270°-x \tag{1-29}$$

将式(1-28)和式(1-29)代入式(1-24)后，发现结果一样，这说明对盘左、盘右测得的竖直角取平均值，可以消除指标差的影响。

式(1-28)和式(1-29)是分别对盘左和盘右竖直角进行指标差修正后的结果，因此，两者相等，根据这一关系可以得到指标差 x 的计算公式为

$$x=\frac{1}{2}(L+R-360°) \tag{1-30}$$

用单盘位观测时，应加指标差改正，以得到正确的竖直角。当指标偏移方向与竖直度盘注记的方向相同时，指标差为正；反之为负。

以上各公式是按顺时针方向注记形式推导的，同理可推出逆时针方向注记形式的计算公式为

$$\alpha_L=(L-x)-90°=L-90°-x \tag{1-31}$$

$$\alpha_R=270°-(R-x)=270°-R+x \tag{1-32}$$

$$x=\frac{1}{2}(L+R-360°) \tag{1-33}$$

> 想一想：你所知道的测量两点之间距离的方法有哪些？

任务四　距离测量

知识点一　传统测距方法

一、直接法测距

视频：钢尺量距

在日常生活中，要确定两点之间的距离，人们首先想到的方法往往是用已知长度刻画的钢尺等工具去直接比对。1961 年以前，我国天文大地网的所有基线或起始边长基本都是用 24 m 长的因瓦基线尺测量的。在工程施工放样中，以前基本都用钢尺或皮尺测设距离。直接法测距的优点是测量过程直观，测量设备相对简单，也能达到较高的测量精度(因瓦基线尺丈量基线，精度可高于 1/100 万)。但缺点比较突出：一是测尺测程较短，一般钢尺的整尺长为 30 m 或 50 m，超过一整尺的距离需要多次串尺测量；二是在跨越山沟、河谷方面，显得困难重重，甚至无能为力；三是劳动强度大，效率低。

二、间接法测距

为了克服直接法测距在野外测量中的缺陷，人们一直在设法寻求新的测距手段。如视距法，它是根据几何光学原理，利用望远镜内的十字丝平面上的视距丝装置，配合视距尺，同时间接测定两点之间水平距离和高差的一种方法。相对来讲，间接法测距比较简便，同时可以克服测线沿线复杂地物、地貌的障碍。但测程还是有限，一般只有几百米，精度也不高，约为1/300。

知识点二 电磁波测距

电磁波测距是用电磁波(光波或微波)作为载波传输测距信号，以测定两点之间距离的一种方法。电磁波测距的载波经历了白炽灯光或高压水银灯光、激光、微波和红外荧光等形式。以发射红外荧光的砷化镓发光二极管为光源的红外测距仪，采用了超大规模集成电路，具有自动数字测相功能，体积小，质量轻，功耗低，测程可达几千米，精度高，能与电子经纬仪组合成全站仪使用，目前在工程测量领域得到了广泛应用。红外测距原理是测量光波在待测距离 D 上往、返传播一次所需要的时间 t，计算待测距离 D 的公式为

$$D=\frac{1}{2}ct \tag{1-34}$$

式中，c 为光在大气中的传播速度。

根据测量光波在待测距离 D 上往返传播一次所需时间 t 方法的不同，全站仪的测距模块(也称测距头)可分为脉冲式(Pulse)和相位式(Phase)两种。

脉冲式光电测距是将发射光波的光强调制成一定频率的尖脉冲，通过测定发射的脉冲在待测距离上往返传播的时间来计算距离。脉冲式测距仪一般以激光为光源，利用光脉冲发生器将激光能量集中成极窄的光脉冲发射出去，发射的同时还输出一个电脉冲信号，作为计时的起始信号。光脉冲器发射的光脉冲到达被测目标后，经反射回的光脉冲被光电接收器接收，并转换为电脉冲，作为计时终止信号。因为激光脉冲的能量较为集中，故脉冲法测距多用于远程、无合作反射目标的距离测量(漫反射距离测量)。如激光对月球测距(38.4万千米)、激光对卫星测距(几千千米)，以及军事用的手持望远镜激光测距等。因为脉冲计时的精度一般为 10^{-8} 秒量级，故普通脉冲测距仪的距离测量精度约为米级。

相位式测距是测定仪器发出的连续正弦信号在被测距离上往返传播所产生的相位差，并根据相位差求得距离。图1-25是将返程的正弦波以 B 点棱镜中心为对称点展开后的光强图形。

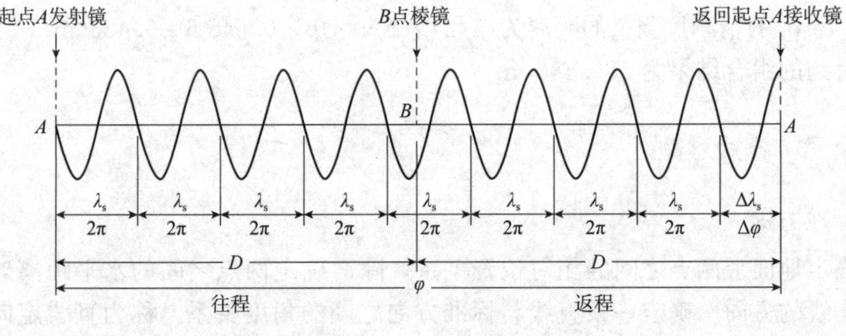

图 1-25　相位式测距原理

正弦光波振荡一个周期的相位移为 2π，设发射的正弦光波经过 $2D$ 距离后的相位移为 φ，如图 1-25 所示，φ 可以分解为 N 个 2π 整数周期和不足一个整数周期的相位移 $\Delta\varphi$，即

$$\varphi=2\pi N+\Delta\varphi \tag{1-35}$$

同时，t 时间内正弦光波的相位移还可以表示为

$$\varphi=2\pi ft \tag{1-36}$$

式中，f 为正弦光波的振荡频率。

由式(1-35)和式(1-36)可以解出 t 为

$$t=\frac{2\pi N+\Delta\varphi}{2\pi f}=\frac{1}{f}\left(N+\frac{\Delta\varphi}{2\pi}\right)=\frac{1}{f}(N+\Delta N) \tag{1-37}$$

式中，$0<\Delta N<1$，将式(1-37)代入式(1-34)，得

$$D=\frac{c}{2f}(N+\Delta N)=\frac{\lambda}{2}(N+\Delta N) \tag{1-38}$$

式中，$\lambda=c/f$ 为正弦波的波长，$\lambda/2$ 为正弦波的半波长，又称测距头的测尺。取 $c\approx3\times10^8$ m/s，则不同的调制频率 f 对应的测尺长列于表 1-9 中。

表 1-9　测距头测尺与调制频率的关系

调制频率 f/MHz	150	15	1.5	0.15	0.015
测尺长 $\lambda/2$/m	1	10	100	1 000	10 000

由表 1-9 可知，f 与 $\lambda/2$ 的关系是调制频率越大，测尺长度越短。

如果能够测出正弦光波在待测距离上往返传播的整周期相位移数 N 和不足一个周期的小数 ΔN，就可以根据光电测距方程式(1-38)计算出待测距离 D。

在相位式测距头中有一个电子部件，称为相位计，它能将测距头发射镜发射的正弦波与接收镜接收到的已传播了 $2D$ 距离后的正弦波进行相位比较，测出不足一个周期的小数 ΔN，所测相位误差一般小于 1/1 000。相位计测不出整周数 N，这就使相位式测距头的光电测距方程式(1-38)产生多值解，只有当待测距离小于测尺长度时才能确定距离值。通过在相位式测距头中设置多个测尺，使用各测尺分别测距，然后组合测距结果来解决距离的多值解问题。

在测距头的多个测尺中，长度最短的测尺为精测尺，其余为粗测尺。例如，某台测程为 1 km 的相位式测距头设置有 10 m 和 1 000 m 两把测尺，由表 1-9 查出其对应的光强调制频率为 15 MHz 和 0.15 MHz。假设某段距离为 586.486 m，则有下列两种距离组合。

(1)用 1 000 m 的粗测尺测量的距离为 $(\lambda/2)\times\Delta N=1\,000\times0.587\,1=587.1$(m)。

(2)用 10 m 的精测尺测量的距离为 $(\lambda/2)\times\Delta N=10\times0.648\,6=6.486$(m)。

最终得到的组合结果为 586.486 m。

知识点三　直线定向

一、标准方向

为了确定地面上两点之间的相对位置关系，除需确定两点之间的水平距离外，还需要确定两点连线的方向。确定一条直线与标准方向之间的角度关系，称为直线定向。直线定向时，常用的标准方向有真子午线方向、磁子午线方向和坐标纵轴方向。

(一)真子午线方向

地球表面某点与地球旋转轴所构成的平面和地球表面的交线称为该点的真子午线。真子午线在该点的切线方向称为该点的真子午线方向，可以应用陀螺经纬仪来测定地表任一点的真子午线方向。

(二)磁子午线方向

地球表面某点与地球磁场南北极连线所构成的平面和地球表面的交线称为该点的磁子午线。磁子午线在该点的切线方向称为该点的磁子午线方向，可以应用罗盘仪来测定，即安置罗盘后磁针在该点自由静止时所指的方向。地球的南北两磁极与地球南北极不一致(磁北极约在北纬 74°、西经 110°附近；磁南极约在南纬 69°、东经 114°附近)，因此，地面上任一点的真子午线方向与磁子午线方向也是不一致的，两者之间的夹角称为磁偏角。地面上不同地点的磁偏角是不同的，磁子午线北端偏向真子午线以东称为东偏；反之称为西偏。

(三)坐标纵轴方向

由于地球上各点的子午线互相不平行，而是向两极收敛，为了测量、计算工作的方便，常以平面直角坐标系的纵坐标轴(x 轴)为标准方向，即高斯投影带中的中央午线方向。在工程中，常用坐标纵轴方向为标准方向，即指北方向。地面上各点真子午线方向与高斯平面直角坐标系中坐标纵轴之间的夹角称为子午线收敛角。坐标纵轴北端偏向真子午线以东，称为东偏；反之称为西偏。地面各点子午线收敛角大小随点的位置不同而不同，由赤道向南北两极方向逐渐增大。

二、坐标方位角和象限角

在测量中，常用方位角来表示直线的方向。由标准方向的北端起，顺时针方向旋至某直线所夹的水平角，称为该直线的方位角。方位角的取值范围是 0°～360°。

与标准方向相对应，地表任一直线都具有三种方位角：从真子午线方向的北端起，顺时针旋至某直线所夹的水平角，称为该直线的真方位角；从磁子午线方向的北端起，顺时针旋至某直线所夹的水平角，称为该直线的磁方位角；从纵坐标线方向的北端起，顺时针旋至某直线所夹的水平角，称为该直线的坐标方位角。

(一)坐标方位角

在普通测量中，应用最多的是坐标方位角。在以后的讨论中，若无特别说明，所提到的方位角均指坐标方位角。坐标方位角是以纵坐标线北方向为准，顺时针方向旋至某直线的夹角，通常以 α 表示。

视频：直线定向和坐标方位角

如图 1-26 所示，直线 AB 有两个方向，如果称从 A 到 B 的方向为正方向，则从 B 到 A 的方向为反方向，故直线 AB 有两个方位角，即 α_{AB} 和 α_{BA}，如果称 α_{AB} 为正方位角，则称 α_{BA} 为 α_{AB} 的反方位角。从图中可知，α_{AB} 与 α_{BA} 存在下述关系：

$$\alpha_{BA}=\alpha_{AB}\pm 180° \tag{1-39}$$

式(1-39)中，当 $\alpha_{AB}<180°$时，取正号；当 $\alpha_{AB}>180°$时，取负号。

应当指出，通过 A 点、B 点的真子午线是向两极收敛的，故直线 AB 的正、反真方位角不存在上述关系。同样，直线 AB 的正、反磁方位角也不存在上述关系。

(二)象限角

直线与纵坐标线所夹的锐角称为象限角，以 R 表示。直线的方向也可以用象限角来表示。显然，象限角的变化范围是 0°～90°。

如图 1-27 所示，通过直线起点 O 的纵坐标线和横坐标线将平面划分为四个象限。直线 OA，位于第Ⅰ象限，象限角是 R_1；直线 OB，位于第Ⅱ象限，象限角是 R_2；直线 OC，位于第Ⅲ象限，象限角是 R_3；直线 OD 位于第Ⅳ象限，象限角是 R_4。

用象限角表示直线的方向，必须注明直线所处的象限，第Ⅰ象限用“北东”表示，第Ⅱ象限用“南东”表示，第Ⅲ象限用“南西”表示，第Ⅳ象限用“北西”表示。例如，R_{AB}＝南东 78°24′36″，表示直线 AB 位于第Ⅱ象限，象限角是 78°24′36″。

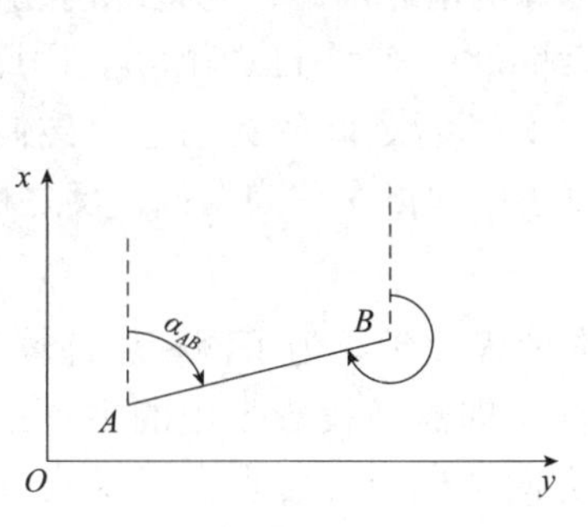

图 1-26 正、反坐标方位角

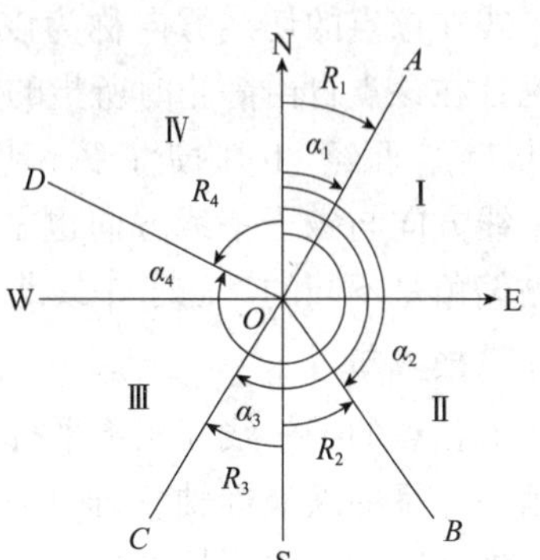

图 1-27 方位角与象限角的关系

(三)坐标方位角与象限角的关系

坐标方位角和象限角均是表示直线方向的方法，它们之间既有区别又有联系。在实际测量中经常用到它们之间的换算，由图 1-27 可以推算出它们之间的换算关系，见表 1-10。

视频：象限角和坐标方位角

表 1-10 坐标方位角和象限角的换算

直线方向	由坐标方位角 α 求象限角 R	由象限角 R 求坐标方位角 α
第Ⅰ象限(北东)	$R=\alpha$	$\alpha=R$
第Ⅱ象限(南东)	$R=180°-\alpha$	$\alpha=180°-R$
第Ⅲ象限(南西)	$R=\alpha-180°$	$\alpha=180°+R$
第Ⅳ象限(北西)	$R=360°-\alpha$	$\alpha=360°-R$

三、方位角的推算

在实际测量工作中，为保证测区控制网的坐标统一，往往并不直接测定每条边的方位角，而是通过与两已知点的连测或通过测定某边的方位角，用相关水平角推算的。

(一)左角和右角

如图 1-28 所示，沿前进方向 $A \to B \to C \to D$ 左侧的角称为左角，用 $\beta_{左}$ 表示；沿前进方向 $A \to B \to C \to D$ 右侧的角称为右角，用 $\beta_{右}$ 表示。

(二)方位角推算

在图 1-28 中，沿前进方向某边的方位角，可用相邻后面已知边的方位角按如下左角或右角公式进行计算：

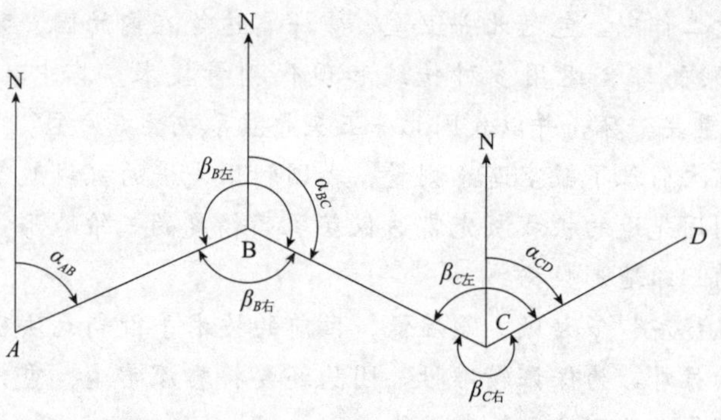

图 1-28　左角、右角概念及方位角的推算

$$左角公式：\alpha_{前}=\alpha_{后}+\beta_{左}-180° \quad (1\text{-}40)$$

$$右角公式：\alpha_{前}=\alpha_{后}-\beta_{右}+180° \quad (1\text{-}41)$$

计算的结果若小于 0°，则加 360°；若大于 360°，则减 360°。

例如，已知直线 AB 的方位角，可以根据式(1-40)或式(1-41)求直线 BC 的方位角为

$$左角公式：\alpha_{BC}=\alpha_{AB}+\beta_{左}-180° \quad (1\text{-}42)$$

$$右角公式：\alpha_{BC}=\alpha_{AB}-\beta_{右}+180° \quad (1\text{-}43)$$

拓展阅读

珠穆朗玛峰的高程测量

珠穆朗玛峰(简称珠峰)位于中华人民共和国与尼泊尔边界上，位于东经 86.9°，北纬 27.9°，是一条近似东西向的弧形山系，它的北坡在中国青藏高原境内，南坡在尼泊尔境内，而顶峰位于中国境内。测量珠峰高度难度极大，因此，世界各国科学家都将珠峰高程测量作为一个重大的科学难题予以高度关注。精准的珠峰高程测量成果，体现了国家综合实力和科技发展水平。

2020 年 5 月 27 日，中国 2020 珠峰高程测量登山队成功登顶世界第一高峰——珠穆朗玛峰，在峰顶竖立觇标，安装 GNSS 天线，开展各项峰顶测量工作，如图 1-29 所示。

图 1-29　2020 珠峰高程测量登山队队员在峰顶开展测量工作

在这次珠峰测量工作中，包括北斗卫星、雪深雷达等在内的国产装备，都有较为出彩的表现，此次珠峰测高综合运用多种传统和现代测量技术。其中，全球导航卫星系统(GNSS)卫星测量是重要一环，并以我国北斗卫星导航系统数据为主。

珠峰高程测量首次引入了航空遥感测量。我国利用先进的机载航空相机获得高分辨率的影像数据，同时利用先进的机载激光雷达仪获取高精度的三维地形点云数据，可精确获得珠峰地区高精度的三维地形数据。

珠峰峰顶气流不稳定、多大风、气温低，目前的技术手段尚无法确保测量型无人机或机器人在峰顶作业。另外，为保证精准性，团队还要将雪深雷达、重力仪等仪器携带到顶峰，而这些仪器都需要专业测绘人员来操作。

2005 年，珠峰岩石面海拔高程 8 844.43 m 的精确测定和公布，具有严密的科学性、严格的法定性；2020 珠峰高程测量登山队测得珠峰高度有了新的变化，2020 年 12 月 8 日，测量结果公布，珠穆朗玛峰最新高程为 8 848.86 m。

测量珠峰是人类了解和认识地球的重要标志。而无法测量的是理想、求知、探索的高度，是内心的忠诚、坚强和勇敢。2020 年珠峰高程测量展现了中国不断提升的科技实力，展现了新时代中华儿女昂扬向上的精神风貌，展现了中华民族不屈不挠、勇于攀登、不懈探索的民族气魄。

小结

本项目作为工程测量基础篇章，系统介绍了测量的基本概念，测量的基准线、基准面和基本原则，对水准测量、角度测量、距离测量的原理进行了比较详尽的叙述，阐述了水准测量计算的高差法和视线高法，讲解了水平角观测的测回法和方向观测法及坐标方位角的推算过程。通过本项目的学习，要求掌握测量的基准面、基准线和基本原则，学会利用水准测量原理计算待定点高程，能够用测回法和方向观测法测量水平角，能够根据已知条件推算出坐标方位角。

习题

一、填空题

1. 测量工作的基准线是________，基准面是________。

2. 在高斯投影中，离中央子午线越远，则变形________。

3. 水准测量中设 A 为后视点，B 为前视点，A 点的高程为 46.013 m，若后视读数为 1.125 m，前视读数为 1.228 m，则 B 点的高程为________。

4. 水准仪的操作步骤是粗平、瞄准、精平、________。

5. 水准测量中如果后视尺 A 的读数为 2.731 m，前视尺 B 的读数为 1.401 m，已知 $H_A=15.00$ m，则视线高程为________。

6. 从已知水准点开始测到待测点作为起始依据，再按相反方向测回到原来的已知水准点称为________。

7. 水平角度测量时，角度值 $\beta=b-a$，现知读数 a 为 $82°33'24''$，读数 b 为 $102°42'12''$，

则角度值β是________。

8. 竖直角绝对值最大值________。

9. 水平角观测时，各测回间改变零方向度盘位置是为了削弱________误差的影响。

10. 用竖盘为天顶式顺时针注记的经纬仪观测某竖直角时，竖盘读数是93°30′，则其竖直角为________。

11. 已知直线AB的坐标方位角为186°，则直线BA的坐标方位角为________。

12. 确定直线与________之间夹角关系的工作称为直线定向。

二、单项选择题

1. 在测量平面直角坐标系中，纵轴为(　　)。

A. x轴，向东为正　　B. y轴，向东为正

C. x轴，向北为正　　D. y轴，向北为正

2. 高斯投影属于(　　)。

A. 等面积投影　　B. 等距离投影

C. 等角投影　　D. 等长度投影

3. 设地面上有A、B两点，A为后视点，B为前视点，测得后视读数为a，前视读数为b，若使A、B两点之间的高差h_{AB}大于零，则为(　　)正确。

A. $a<b$　　B. $a>b$

C. $a=b$　　D. $a\leqslant b$

4. 用测回法对某一角度观测6测回，第4测回的水平度盘起始位置的预定值应为(　　)。

A. 30°　　B. 60°

C. 90°　　D. 120°

5. 在测量工作中，通常采用的标准方向有(　　)。

A. 真子午线方向、磁子午线方向和极坐标方向

B. 真子午线方向、磁子午线方向和坐标纵线方向

C. 极坐标方向、磁子午线方向和坐标纵线方向

D. 真子午线方向、极坐标方向和坐标纵线方向

6. 直线AB的象限角R_{AB}＝南西1°30′，则其坐标方位角为(　　)。

A. 1°30′　　B. 178°30′

C. 181°30′　　D. 358°30′

7. 已知直线AB的坐标方位角为186°，则直线BA的坐标方位角为(　　)。

A. 96°　　B. 276°　　C. 6°　　D. 186°

三、计算题

1. 如下图为一附合水准路线，A、B为已知水准点，A点高程为61.376 m，B点高程为64.623 m，点1，2，3为待测水准点，各测段高差、测站数、距离如下图所示。计算高差闭合差，并校核结果是否满足精度要求。

$h_1=+1.575$　$h_2=+2.036$　$h_3=-1.742$　$h_4=+1.446$

A　$n_1=8$　1　$n_2=12$　2　$n_3=14$　3　$n_4=16$　B

$L_1=1.0$ km　$L_2=1.2$ km　$L_3=1.4$ km　$L_4=2.2$ km

2. 如下图所示，设水准点A的高程为$H_A=103.446$ m，计算各测段的观测高差及B点的高程。

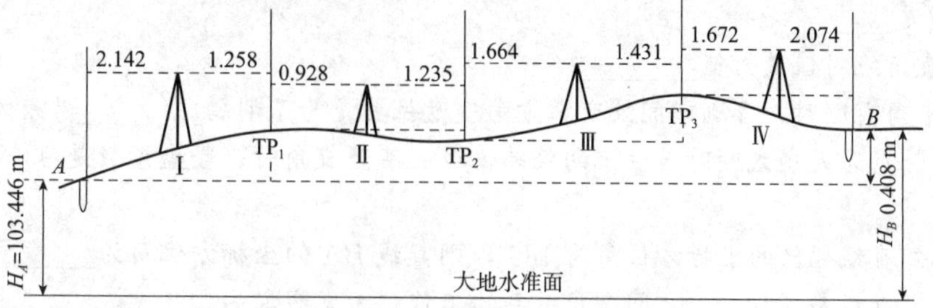

测站	点号	水准尺读数		高差/m	高程/m	备注
		后视读数(a)	前视读数(b)			
Ⅰ	A	2 142			103.446	
	TP_1		1 258		/	
Ⅱ		928				
	TP_2		1 235		/	
Ⅲ		1 664				
	TP_3		1 431		/	
Ⅳ		1 674				
	B		2 074			
$\sum$		6.408	5.998			
计算校核		$\sum a-\sum b=\quad ,\ \sum h=$				

3. 完成测回法水平角观测手簿的计算。

测站	竖盘位置	目标	水平度盘读数/(° ′ ″)	半测回角值/(° ′ ″)	一测回角值/(° ′ ″)	各测回平均角值/(° ′ ″)
O第一测回	左	A	0 12 48			
		B	84 48 06			
	右	A	180 13 00			
		B	264 48 36			
O第二测回	左	A	90 08 18			
		B	174 43 54			
	右	A	270 08 36			
		B	354 44 00			

4. 完成竖直角观测手簿的计算(竖直度盘顺时针刻画)。

测站	目标	竖盘位置	竖盘读数/(° ′ ″)	半测回角值/(° ′ ″)	指标差/(″)	一测回角值/(° ′ ″)
O	A	盘左	80 20 36			
		盘右	279 39 54			
	B	盘左	96 05 24			
		盘右	263 54 48			

5. 已知四边形1234，按逆时针编号，其内角分别为$\beta_1=91°50'$，$\beta_2=105°18'$，$\beta_3=76°32'$，$\beta_4=86°20'$，现已知$\alpha_{12}=130°15'$，求其他各边的方位角。

项目二 常规测量仪器

知识目标

1. 熟悉水准仪的基本构造和使用方法；
2. 熟悉经纬仪的基本构造和使用方法；
3. 掌握全站仪和GNSS-RTK的使用方法。

能力目标

1. 能利用水准仪进行相关等级水准测量；
2. 能使用经纬仪和全站仪进行相关工程测量工作；
3. 能使用GNSS-RTK进行相关工程测量工作。

素养目标

1. 培养学生勤学苦练的学习精神；
2. 培养学生探索未知、追求新技术、勇攀技能高峰的责任感和使命感。

知识导引

古话云："工欲善其事，必先利其器。"就是说做工的人要把生产搞好，必须首先使自己的器具锐利起来。工程测量包括水准测量、角度测量和距离测量三项基本测量工作。这些工作的顺利开展离不开特定的仪器，本项目将对常规测量仪器进行系统介绍。

> 想一想：从古到今你知道哪些常规测量仪器？

任务一　水准仪

水准测量所使用的仪器称为水准仪。水准仪的作用是提供水准测量必需的一条水平视线，并读取目标的读数。按精度可将水准仪分为高精密水准仪(DS03、DS05)、精密水准仪(DS1)和普通水准仪(DS3、DS10)三类。字母D、S分别代表"大地测量"和"水准仪"汉语拼音的第一个字母；数字表示精度，即每千米往返测高差的偶然中误差值，以"mm"为单位。DS1及以上精度的水准仪主要用于国家一、二等水准测量，高要求工程测量等；DS3型水准仪广泛应用于国家三、四等水准测量和普通水准测量。按构造不同可将水准仪分为微倾式水准仪、自动安平水准仪、数字水准仪等。

本任务将按构造的不同对水准仪进行介绍，重点介绍微倾式水准仪，因为其他类型的水准仪都是在微倾式水准仪的基础上改造、升级得到的，且均较微倾式水准仪操作简便，因此，掌握了微倾式水准仪的原理和使用方法后，就不难掌握其他类型的水准仪。

知识点一 微倾式水准仪的构造

工程中，常用的微倾式水准仪为 DS3 型，主要由望远镜、水准器和基座三部分组成，具体部件名称如图 2-1 所示。

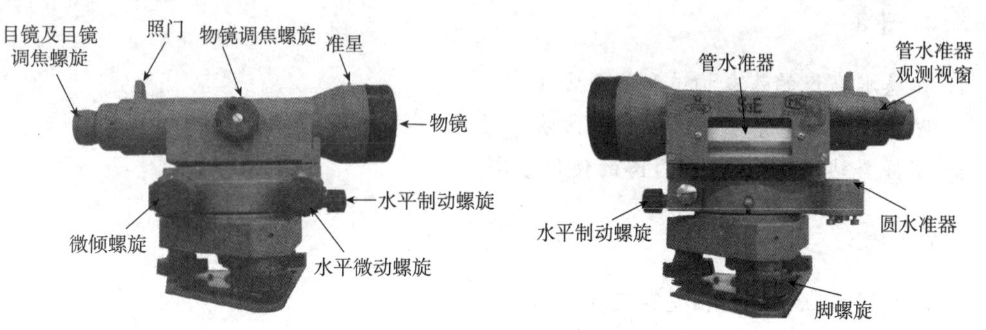

图 2-1 DS3 型微倾式水准仪

一、望远镜

望远镜是用来精确瞄准远处目标并提供水平视线进行读数的部件，主要由物镜、调焦透镜、物镜调焦螺旋、十字丝分划板和目镜等组成，如图 2-2(a)所示。图 2-2(b)所示是从目镜中看到的经过放大后的十字丝分划板上的像。十字丝分划板用来准确瞄准目标，中间一根长横丝称为中丝，与之垂直的竖向丝称为竖丝，中丝上下对称的两根短横丝称为上、下丝(又称视距丝)。在水准测量时，借助中丝在水准尺上获取的前、后视读数，用以计算高差，借助上、下丝在水准尺上的读数，计算水准仪至水准尺的距离(视距)。

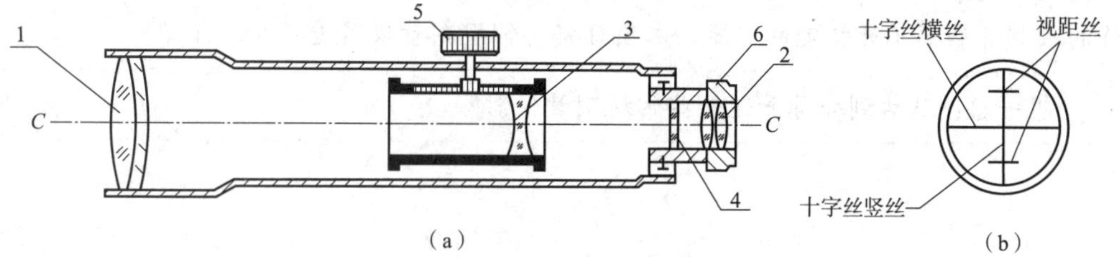

图 2-2 望远镜构造

1—物镜；2—目镜；3—对光凹透镜；4—十字丝分划板；5—物镜调焦螺旋；6—目镜调焦螺旋

根据在目镜端观察到的物体成像情况，望远镜可分为正像望远镜和倒像望远镜。倒像望远镜成像原理如图 2-3 所示。望远镜所瞄准的目标 AB 经过物镜的作用形成一个倒立而缩小的实像 ba，调节物镜调焦螺旋即可带动调焦透镜在望远镜筒内前后移动，从而将不同距离的目标都能清晰地成像在十字丝平面上。调节目镜调焦螺旋可使十字丝像清晰，再通过目镜，便可看到同时放大了的十字丝和目标影像 $b'a'$。

通过物镜光心与十字丝交点的连线 CC 称为望远镜视准轴，视准轴的延长线即视线，它是瞄准目标的依据。

从望远镜内所看到目标影像的视角与观测者直接用眼睛观察该目标的视角之比称为望远镜的放大率(放大倍数)。如图 2-3 所示，从望远镜内所看到的远处物体 AB 的影像 $b'a'$ 的视角为 β，肉眼直接观测原目标 AB 的视角可近似地认为是 α，故放大率 $V=\beta/\alpha$。DS3 型水准仪望远镜放大率一般不小于 28 倍。

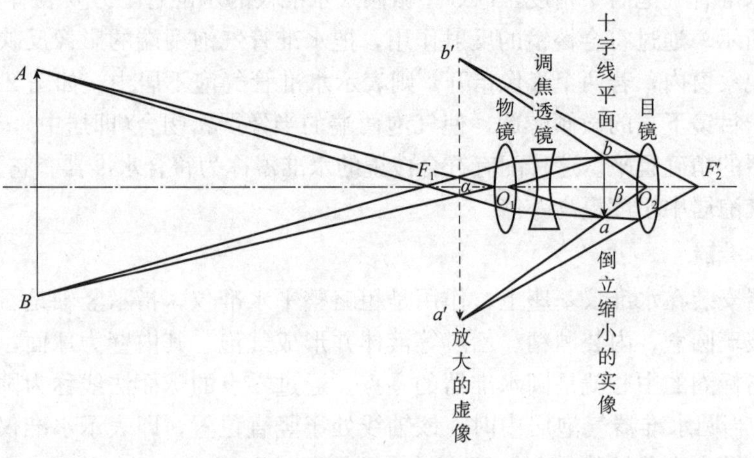

图 2-3　倒像望远镜成像原理

制动螺旋和微动螺旋用于控制望远镜在水平方向转动，松开制动螺旋，望远镜可在水平方向任意转动，只有当拧紧制动螺旋后，微动螺旋才能使望远镜在水平方向上作微小转动，以精确瞄准目标。

二、水准器

水准器用于整平仪器，有管水准器和圆水准器两种。

(一)管水准器

管水准器由玻璃管制成，又称水准管，其纵向内壁研磨成具有一定半径的圆弧(圆弧半径一般为 7～20 m)，内装酒精和乙醚的混合液，加热密封冷却后形成一个小长气泡，因气泡较轻，故处于管内最高处。

水准管圆弧中点 O 称为水准管零点，通过零点 O 的圆弧切线 LL 称为水准管轴，如图 2-4 所示。水准管表面刻有 2 mm 间隔的分划线，并与零点 O 相对称。当气泡的中点与水准管的零点重合时，称为气泡居中，表示水准管轴水平。若保持视准轴与水准管轴平行，则当气泡居中时，视准轴也应位于水平位置。通常，根据水准气泡两端距离水准管两端刻画的格数相等的方法来判断水准气泡是否精确居中。

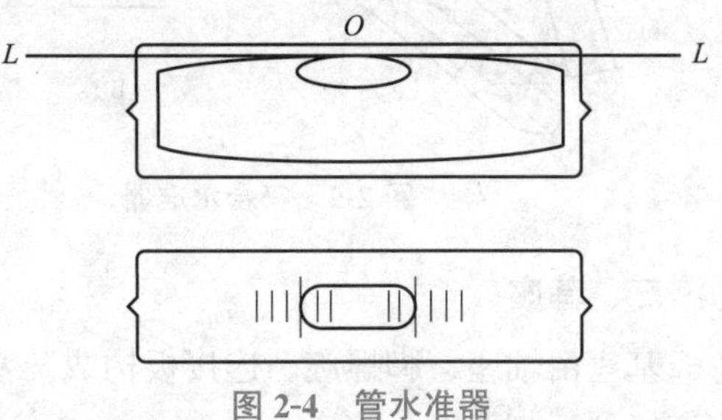

图 2-4　管水准器

水准管上两相邻分划线间的圆弧(弧长为 2 mm)所对的圆心角，称为水准管分划值 τ。用公式表示为

$$\tau=\frac{2}{R}\cdot\rho \tag{2-1}$$

式中，$\rho=206\ 265''$，是 1 弧度所对应的角度秒值；R 是以 mm 为单位的管水准器内圆弧半径。

τ 的几何意义：当水准管气泡移动 2 mm 时，水准管轴倾斜角度为 τ。显然分划值 τ 与水准管圆弧半径 R 成反比，R 越大，τ 越小，水准管灵敏度越高，仪器整平的精度也越高；反之，整平精度越低。DS3 型微倾式水准仪水准管的分划值一般为 20″/2 mm，表明气泡移动一格(2 mm)，水准管轴倾斜 20″。

为提高水准管气泡居中精度，DS3 型微倾式水准仪的水准管上方安装有一组符合棱镜，如图 2-5(a)所示。通过符合棱镜的反射作用，把水准管气泡两端的影像反映在望远镜旁的水准管气泡观察窗内，若两个半像错开，则表示水准管气泡不居中，如图 2-5(b)所示，此时可转动位于目镜下方的微倾螺旋，使气泡两端的半像严密吻合(即居中)，如图 2-5(c)所示，达到仪器的精确置平。这种配有符合棱镜的水准器称为符合水准器。它不仅便于观察，同时可以使气泡居中精度提高一倍。

(二)圆水准器

圆水准器安装在水准仪基座上，作用是粗略整平水准仪，指示竖轴是否竖直。圆水准器是密封的玻璃圆盒，内装酒精、乙醚等液体并形成气泡。其内壁为球面，球面中央刻有圆指标圈，指标圈的中心就是圆水准器的零点。通过零点的球面法线称为圆水准器轴，如图 2-6 所示。当圆水准器气泡居中时，该轴线处于竖直位置，即表示水准仪竖轴竖直。若气泡不居中，圆水准器轴线倾斜，即表示水准仪竖轴不竖直。当气泡中心偏移零点 2 mm 时，其圆弧所对应的圆心角称为圆水准器的分划值。其值一般为(8′～10′)/2 mm，精度较低。

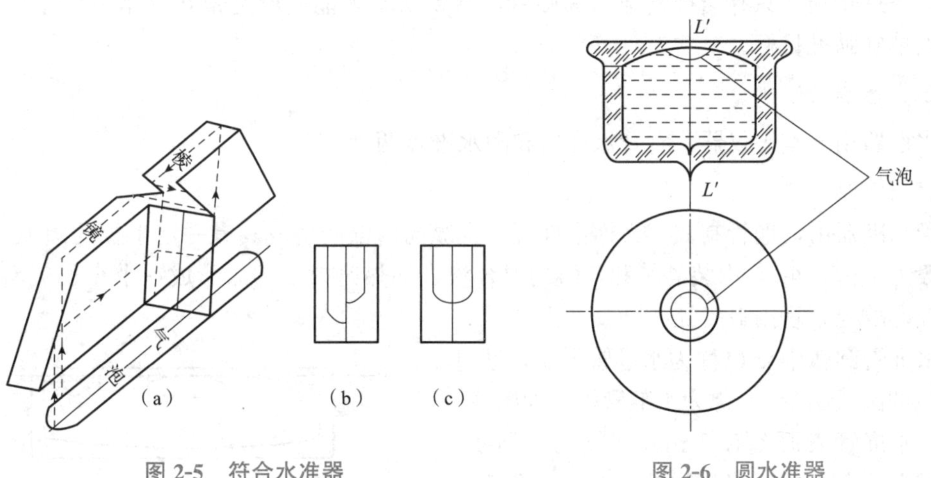

图 2-5　符合水准器　　图 2-6　圆水准器

三、基座

基座由轴座、脚螺旋、连接板构成。基座的作用是支撑仪器的上部，用中心螺旋将基座连接到三脚架上。

知识点二　水准尺和尺垫

一、水准尺

水准尺是进行水准测量时用到的标尺，其质量的好坏直接影响水准测量的精度，因此，水准尺采用不易变形且干燥的优良木材或玻璃钢制成，做到尺长稳定，刻画准确，其长度为 2～5 m。根据它们的构造，常用的水准尺可分为直尺(整体尺)和塔尺两种，如图 2-7 所示。直尺又有单面分划尺和双面(红黑面)分划尺。

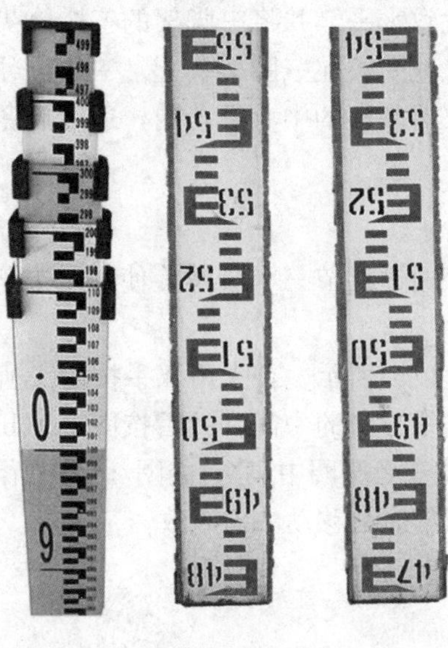

图 2-7　水准尺

水准尺尺面每隔 1 cm 涂有黑白或红白相间的分格，每分米处注有数字，数字一般是倒写的，以便观测时从望远镜中看到的是正像字。双面水准尺的两面均有刻画，一面为黑白分划，称为黑面尺(也称主尺)，另一面为红白分划，称为红面尺。通常用两根尺组成一对进行水准测量，两根尺的黑面尺尺底均从零开始；而红面尺尺底，一根从固定数值 4.687 m 开始，另一根从固定数值 4.787 m 开始，此固定数值称为零点差(或红黑面常数差)。水平视线在同一根水准尺上的黑面与红面的读数之差称为尺底的零点差，可作为水准测量时读数的检核。双面水准尺多用于三、四等水准测量。

塔尺是由 4～5 节小尺套接而成的，不用时套在最下面一节，长度仅 2 m。如将所有节全部拉出，长度可达 5 m。塔尺携带方便，但应注意塔尺的连接处，务必使套接准确稳固，塔尺一般用于地形起伏较大、精度要求较低的水准测量。

二、尺垫

如图 2-8 所示，尺垫是用生铁铸成的三角形板座，用于在转点处放置水准尺。尺垫中央有一凸起的半球，用于放置水准尺，下有 3 个尖足以便将其踩入土中，使其稳固不动。《国家三、四等水准测量规范》(GB/T 12898—2009)规定，尺垫的质量不应小于 1 kg。

注意：已知高程点和待测高程点上不能放尺垫。

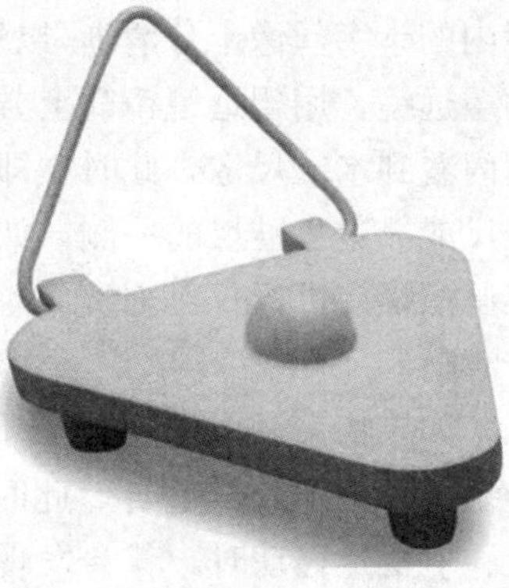

图 2-8　尺垫

知识点三　微倾式水准仪的操作使用

水准仪的操作包括安置仪器、粗略整平(粗平)、瞄准水准尺、精确整平(精平)和读数等步骤。

一、安置仪器

视频：微倾式水准仪的操作使用

在测站打开三脚架，按观测者的身高调节三脚架腿的高度，为便于整平仪器，应使三脚架的架头大致水平，并将三脚架的三个脚尖踩实，使三脚架稳定。然后将水准仪平稳地安放在三脚架头上，一手握住仪器，一手立即将三脚架连接螺旋旋入仪器基座的中心螺孔内，适度旋紧，防止仪器从架头上摔下来。

二、粗略整平(粗平)

粗平即粗略地整平仪器，通过调节三个脚螺旋使圆水准气泡居中，从而使仪器的视线粗略水平。

粗平的具体做法：如图 2-9(a)所示，首先用双手按箭头所指方向转动脚螺旋 1、2，使圆气泡移动到这两个脚螺旋连线方向的中间，然后按图 2-9(b)中箭头所指方向，用左手转动脚螺旋 3，使圆气泡居中(位于黑圆圈中央)，如图 2-9(c)所示。在整平的过程中，气泡移动的方向与左手拇指转动脚螺旋时的移动方向一致。

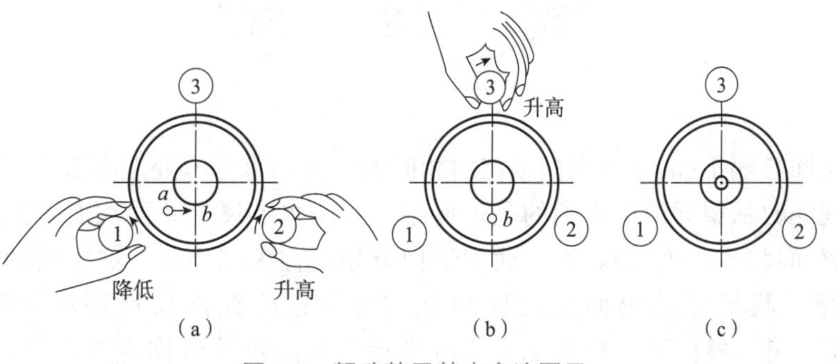

图 2-9　粗略整平基本方法图示

三、瞄准水准尺

首先将望远镜对着明亮的背景(如天空或白色明亮物体)，转动目镜调焦螺旋，使望远镜内的十字丝像十分清晰(以后瞄准时就不需要再进行目镜调焦)。然后松开制动螺旋，转动望远镜，用望远镜镜筒上方的缺口和准星瞄准水准尺，粗略进行物镜调焦，直到在望远镜内看到水准尺像，此时立即拧紧制动螺旋，转动水平微动螺旋，使十字丝的竖丝对准水准尺或靠近水准尺的一侧，如图 2-10 所示，可检查水准尺在左右方向是否倾斜。再转动物镜调焦螺旋进行仔细对光，注意消除视差，使水准尺像十分清晰。

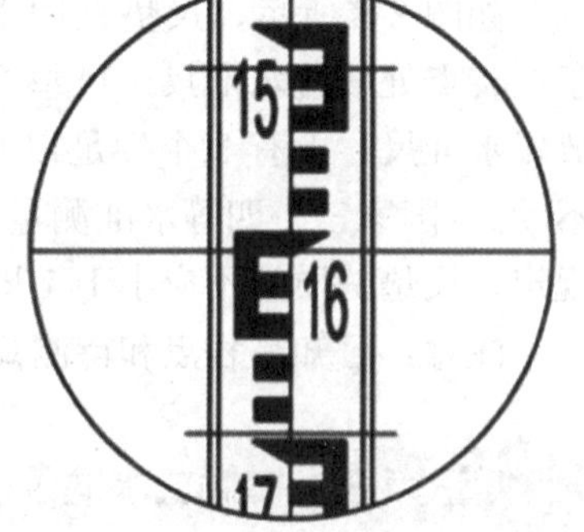

图 2-10　瞄准水准尺与读数

如果物镜调焦螺旋调焦不完善，可能使尺像与十字丝分划板平面不完全重合，此时当观测者眼睛在目镜端略作上、下少量移动时，就会发现尺像与十字丝平面之间有相对移动，这种现象称为视差，如图 2-11(a)和(b)所示。测量作业中不允许存在视差，因为它不利于精确地瞄准目标与读数，所以在观测中必须消除视差。消除视差的方法：应按操作程序依次调焦，先进行目镜调焦，使十字丝十分清晰；再瞄准水准尺进行物镜调焦，使水准尺十分清晰，当观测者眼睛在目镜端作上下少量移动时，发现目标与十字丝平面之间没有相对移动，则表示视差不存在，如图 2-11(c)所示；否则应重新进行物镜调焦，直至无相对移动为止。在检查视差是否存在时，观测者眼睛应处于松弛状态，不宜紧张，且眼睛在目镜端上下移动范围不宜大，仅作很小范围的移动，否则会引起错觉而误认为视差存在。

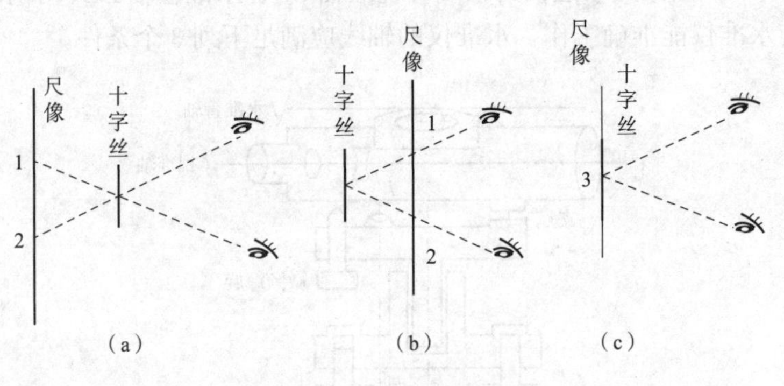

图 2-11　视差及其消除

四、精确整平(精平)

首先从望远镜侧面观察水准气泡偏离零点的方向，旋转微倾螺旋，使气泡大致居中，然后从目镜左边的符合气泡观察窗中查看两个气泡的影像是否吻合，如不吻合，再慢慢旋转微倾螺旋直至完全吻合为止，如图 2-12 所示。

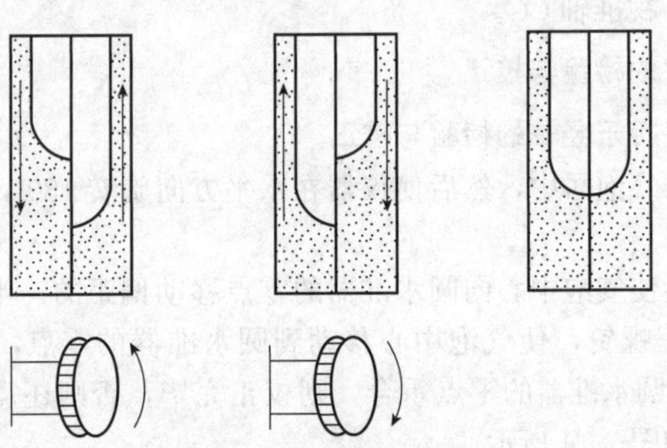

图 2-12　水准气泡的符合

因为粗平精度较低，故当瞄准某一目标精平后，仪器转到另一目标时，符合水准气泡将会有微小的偏离(不吻合)。因此，在进行水准测量时，务必记住每次瞄准水准尺进行读数时，都应先转动微倾螺旋，使符合水准气泡严密吻合后，才能在水准尺上读数。

五、读数

仪器精平后，应立即用十字丝的中丝在水准尺上读数。读数时应从小数向大数方向读。如果是倒像望远镜，则从上往下读；如果是正像望远镜，则从下往上读。直接读取米、分米、厘米，估读毫米，共计四位数。如图 2-10 所示，中丝读数为 1. 608 m。

注意：每次读数前必须精平，读数后再检查仪器是否精平，若水准管气泡不居中，应重新精平后再读数。

知识点四 微倾式水准仪的检验和校正

一、微倾式水准仪的主要轴线及关系

如图 2-13 所示，微倾式水准仪的轴线有视准轴 CC、水准管轴 LL、圆水准器轴 $L'L'$和竖轴 VV。为使水准仪能准确工作，水准仪的轴线应满足下列 3 个条件。

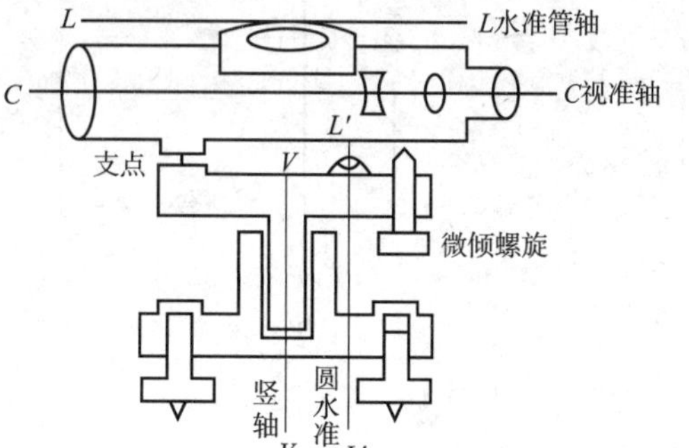

图 2-13 微倾式水准仪的主要轴线及关系

(1)圆水准器轴 $L'L'$//竖轴 VV。

(2)十字丝分划板的中丝应垂直于竖轴 VV。

(3)水准管轴 LL//视准轴 CC。

二、微倾式水准仪的检验与校正

(一)圆水准器轴平行于竖轴的检验与校正

检验：使圆水准器气泡居中，然后使仪器在水平方向旋转 180°，若气泡仍居中，则满足要求，否则应校正。

校正：旋转脚螺旋使气泡中心向圆水准器的零点移动偏距的一半，然后使用校正针拨动圆水准器的 3 个校正螺钉，使气泡中心移动到圆水准器的零点，将仪器再绕竖轴旋转 180°，如果气泡中心与圆水准器的零点重合，则校正完毕，否则还需要重复前面的校正工作。校正螺钉的位置如图 2-14 所示。

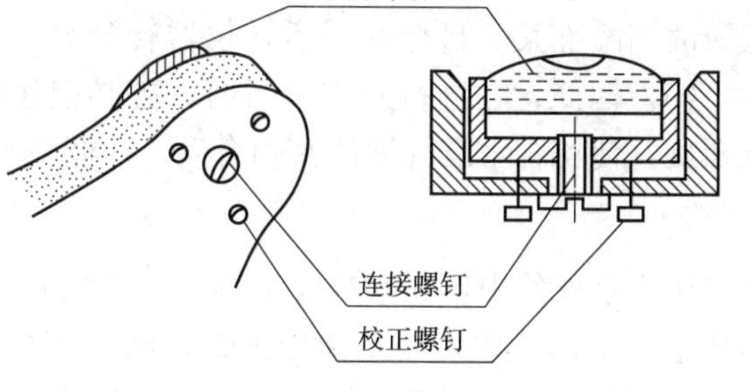

图 2-14 圆水准器的校正

(二)十字丝分划板的检验与校正

检验：整平仪器，用十字丝中横丝的交点对准一点状目标，拧紧制动螺旋，转动微动

螺旋，若点状目标始终在中横丝上移动，则满足要求，否则需校正。

校正：松开十字丝分划板固定螺钉，转动十字丝环，使中横丝末端与点状目标重合，再旋紧固定螺钉，如图 2-15 所示。

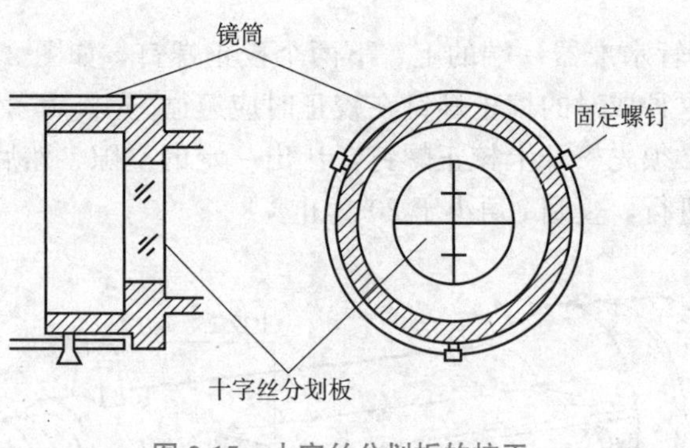

图 2-15　十字丝分划板的校正

(三)水准管轴平行于视准轴的检验与校正

当水准管轴在竖直面与视准轴不平行时，两轴之间存在一个夹角 i。当水准管气泡居中时，水准管轴水平，视准轴相对于水平线倾斜了 i 角。

检验：

(1)在较平坦地段选定相距 80 m 左右的 A、B 两点，在中间安置仪器，测出 A 点到 B 点的高差 $h_{AB}=a_1-b_1$，如图 2-16(a)所示，因仪器安置在两尺中间，$x_1=x_2$，消除了 i 角对高差的影响，则高差为正确值。用两次仪器高法或双面尺法至少测 2 次，测量结果之差不大于 3 mm 时取平均值 $\bar{h}_{AB}$ 为两点间正确高差值。

(2)将仪器搬至 A 点(或 B 点)近旁(距水准尺 3 m 左右)，如图 2-16(b)所示，再测 A 点到 B 点的高差 $h'_{AB}=a'_2-b'_2$，两次设站观测的高差之差 $\Delta h=h'_{AB}-h_{AB}$，根据图 2-16 可以写出 i 角的计算公式为

$$i=\frac{\Delta h}{D}\rho=\frac{\Delta h}{80}\cdot 206\,265'' \tag{2-2}$$

《国家三、四等水准测量规范》(GB/T 12898—2009)规定，用于三、四等水准测量的水准仪，其 i 角不应超过 20″。

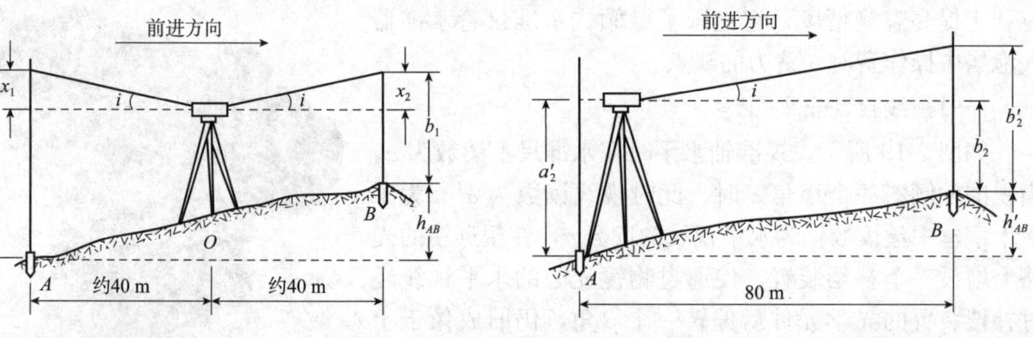

图 2-16　水准管轴平行于视准轴的检验校正

校正：

(1)计算出 B 点水准尺的正确读数：$b_2=a'_2-h'_{AB}$。

(2)调微倾螺旋，使 B 点水准尺读数变为正确读数 b_2，此时视线水平，但水准管轴倾斜。

(3)用校正针拨动管水准器一端的上、下两个校正螺钉，如图 2-17 所示，使气泡的两个影像符合。注意：这种成对的校正螺钉在校正时应遵循“先松后紧”的规则，例如，要抬高管水准器的一端，必须先松开上校正螺钉，让出一定的空隙，然后旋出下校正螺钉。以上检验校正需要重复进行，直到 i 角小于 20″为止。

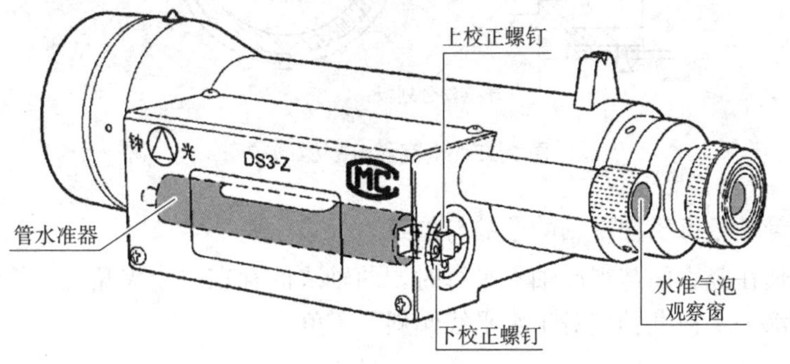

图 2-17　水准管的校正方法

知识点五　其他水准仪

一、自动安平水准仪

自动安平水准仪是为克服微倾式水准仪固有缺陷而产生的，它的构造特点是没有水准管和微倾螺旋，而只有一个圆水准器进行粗略整平，如图 2-18 所示。当圆水准器气泡居中后，尽管仪器视线仍有微小的倾斜，但借助仪器内补偿器的作用，视准轴在数秒钟内自动变成水平状态，从而读出视线水平时的水准尺读数值。因此，自动安平水准仪不仅能缩短观测时间、简化操作，而且对于施工场地地面的微小振动、松软土地的仪器下沉，以及受到风吹时的视线微小倾斜等不利状况，能迅速、自动地安平仪器，有效地减弱外界的影响，有利于提高观测精度，它克服了微倾式水准仪管水准器气泡居中操作费时、费力的缺点。

(一)视线自动安平原理

如图 2-19 所示，视准轴水平时在水准尺上读数为 a，当视准轴倾斜一个小角 α 时，此时视线读数为 a'。为了使十字丝中丝读数仍为水平视线的读数 a，在望远镜的光路上增设一个补偿装置，使通过物镜光心的水平视线经过补偿装置的光学元件后偏转一个 β 角，仍旧成像于十字丝中心。由于 α 和 β 都是很小的角度，当下式成立时，就能达到自动补偿的目的，即

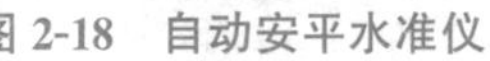

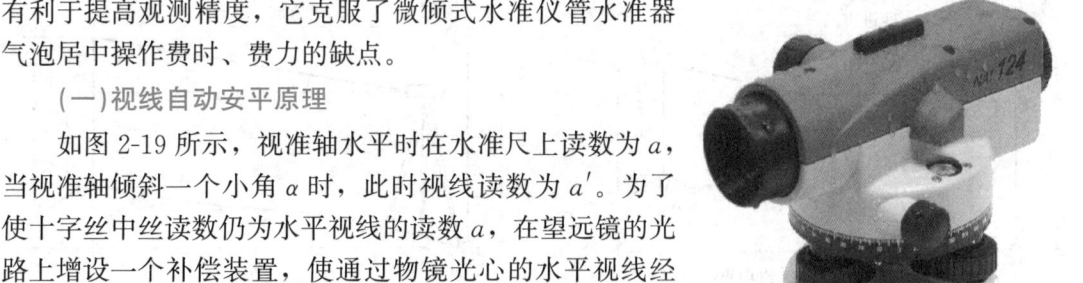

图 2-18　自动安平水准仪

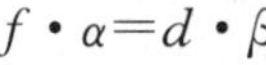

$$f\cdot\alpha=d\cdot\beta \tag{2-3}$$

式中，f 为物镜到十字丝分划板的距离；d 为补偿装置到十字丝分划板的距离。

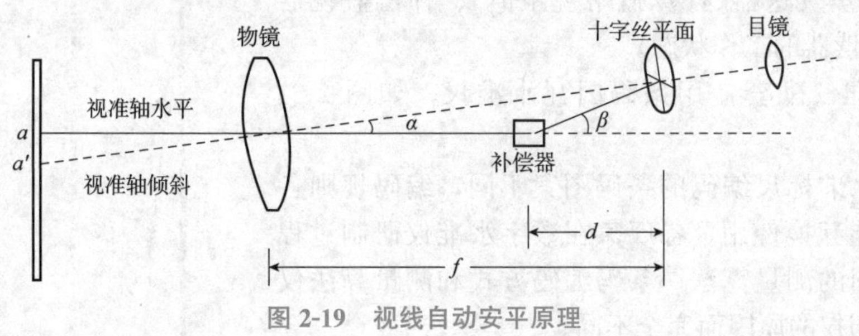

图 2-19　视线自动安平原理

(二)自动安平水准仪的使用

使用自动安平水准仪时只要将仪器圆水准器气泡居中(粗略整平)，即可瞄准水准尺进行读数。国产 DSZ3 型自动安平水准仪圆水准器的分划值为 8′/2 mm，补偿器作用范围为 ±8′，所以只要使圆水准器的气泡居中且不越出圆水准器中央小黑圆圈范围，补偿器就会产生自动安平的作用。但使用自动安平水准仪时仍应认真进行粗略整平。补偿器相当于一个重力摆，无论是空气阻尼还是磁性阻尼，其重力摆静止稳定约需 2 s，故瞄准水准尺应约过 2 s后再读数为好。有的自动安平水准仪配有一个键或自动安平钮，每次读数前应按一下键或按一下自动安平钮才能读数，否则补偿器不会起作用。使用时应仔细阅读仪器说明书。

二、数字水准仪

数字水准仪又称电子水准仪，也是建立在水平视准线原理上进行高程测量，因此，测量实施方法与光学水准仪基本一致。数字水准仪是以自动安平水准仪为基础，在望远镜光路中增加了分光镜和读数器(CCD Line)，并采用条码水准尺和图像处理电子系统而构成的光机电测一体化的高科技产品，如图 2-20 所示。

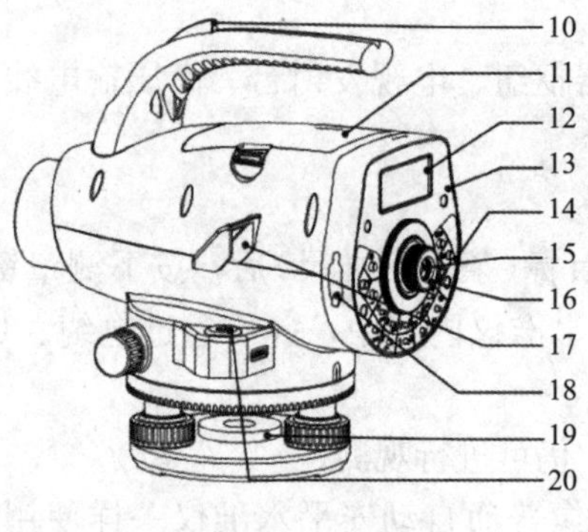

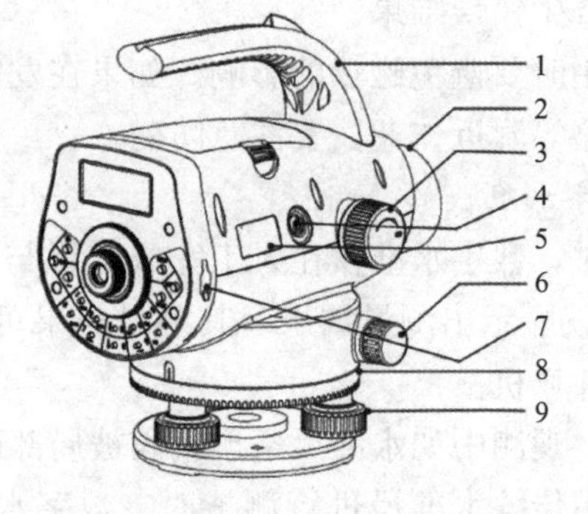

图 2-20　数字水准仪

1—提柄；2—物镜；3—调焦手轮；4—电源开关/测量键；5—型号标贴；6—水平微动手轮；7—数据输出插口；8—水平度盘；9—脚螺旋；10—粗瞄器；11—电池；12—液晶显示屏；13—面板；14—按键；15—目镜；16—目镜护罩；17—圆水准器反射镜；18—Micro SD 卡；19—基座；20—圆水准器

1. 数字水准仪的组成

数字水准仪和自动安平水准仪一样，具有圆水准器、制动/微动螺旋、自动安平补偿器、望远镜等。但是望远镜部分结构要复杂得多，具有分光镜(将由物镜进入的复合光分为可见光和红外光）、行阵探测器（识别水准尺上的条码进行读数）、调焦发送器（计算概略视距值）、补偿监视器（监测安平补偿器的工作状态）。

数字水准仪配套使用条码因瓦水准尺，如图 2-21 所示。

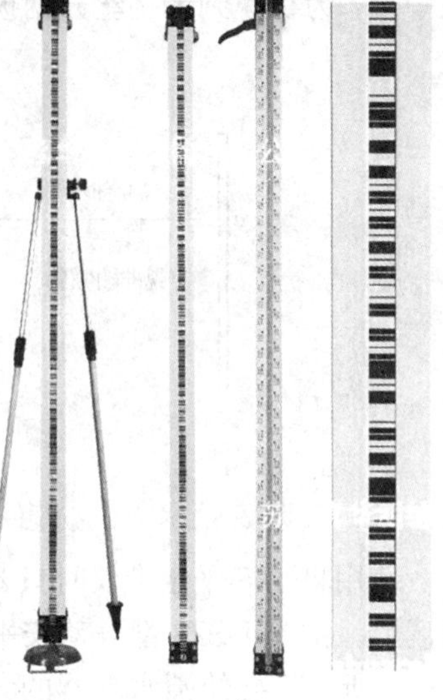

图 2-21 条码因瓦水准尺

各厂家水准标尺编码的条码图案不同，编码规则各不相同，不能互换使用。各厂家在数字水准仪研制过程中采用了不同的测量算法，条码编码方式和测量算法仅仅是由于专利权的原因而完全不同。

2. 数字水准仪的特点

(1)读数客观。整个观测过程在几秒钟内即可完成，不存在误读、误记问题，没有人为读数误差。

(2)精度高。视线高程和视距读数都是采用大量条码分划图像经处理后取平均得出来的，因此，削弱了标尺分划误差的影响。多数仪器都有进行多次读数取平均值的功能，可以削弱外界条件影响。不熟练的作业人员也能进行高精度测量。

(3)操作简捷。具有自动安平、自动观测和记录，并实时显示测量结果的能力。测量时间与传统仪器相比可以节省 1/3 左右。

(4)效率高。只需调焦和按键就可以自动读数，减轻了劳动强度。视距还能自动记录、检核、处理，并能输入电子计算机进行后处理，可实现内外业一体化。

(5)必须配备条码水准尺。数字水准仪也会受各种外界因素的干扰。例如，一是光线的影响，包括自然光线的强弱和前后两根水准尺分别处于顺光和逆光的情况；二是大气的影响，包括空气的扰动和光线的折射；三是物理条件的影响，包括外界的振动、水准仪的架设、水准尺的放置、水准尺的变形等，会使条码元素尺寸和像素尺寸互相干扰，甚至在一定距离上产生错误结果。

在使用时要避免磁场的影响。如果在发电厂、变压器枢纽、电视发射台、高压输电线、电气化铁路等附近作业，要注意防磁。

3. 数字水准仪的使用

观测时，数字水准仪在人工完成安置与粗平、瞄准目标（条码水准尺）后，按下测量键后 3～4 s 就显示出测量结果。其测量结果可储存在数字水准仪内存中，并可通过电缆、U 盘等传给计算机。

另外，观测中如水准尺条形编码被局部遮挡<30%，仍可进行观测。

当使用传统水准尺进行测量时，数字水准仪也可以像普通自动安平水准仪一样使用，不过这时的测量精度低于电子测量的精度。

任务二 经纬仪

经纬仪包括光学经纬仪和电子经纬仪，因为电子经纬仪已经并入全站仪的测角功能中，所以本任务仅涉及光学经纬仪。我国光学经纬仪按其精度等级划分有 DJ07、DJ1、DJ2 及

DJ6 等几种，D、J 分别为“大地测量”和“经纬仪”的汉字拼音第一个字母，其数字 07、1、2、6 分别为该仪器一测回方向观测中误差的秒数。DJ07、DJ1 及 DJ2 型光学经纬仪属于精密光学经纬仪，DJ6 型光学经纬仪属于普通光学经纬仪。在建筑工程中，常用的是 DJ2、DJ6 型光学经纬仪。尽管仪器的精度等级或生产厂家不同，但它们的基本结构是大致相同的。本任务介绍工程中最常用的 DJ6 型光学经纬仪的基本构造及其操作。

知识点一 经纬仪的构造和读数方法

一、经纬仪的基本构造

各厂家 DJ6 型(简称 J6 型)光学经纬仪的基本构造是大致相同的，如图 2-22 所示为某国产 DJ6 型光学经纬仪外貌图。其外部结构构件名称如图中所注，它主要由照准部、水平度盘和基座三部分组成。

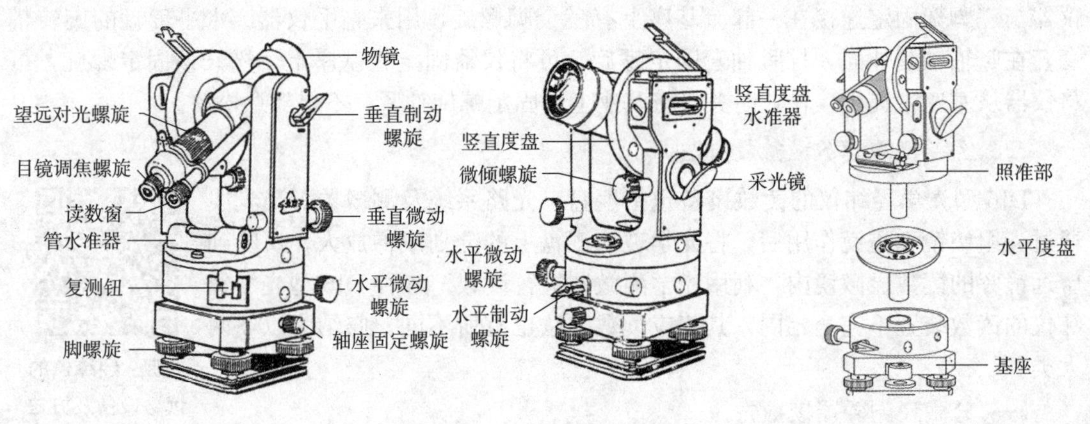

图 2-22 DJ6 型光学经纬仪

(一)照准部

照准部主要由望远镜、竖直度盘、照准部水准管、读数设备及支架等组成。望远镜由物镜、目镜、十字丝分划板及调焦透镜组成，其作用与水准仪的望远镜相同。望远镜的旋转轴称为横轴。望远镜通过横轴安装在支架上，通过调节望远镜制动螺旋和微动螺旋使它绕横轴在竖直面内上下转动。竖直度盘固定在横轴的一端，随望远镜一起转动，与竖直度盘配套的有竖直度盘水准器和竖直度盘水准器微动螺旋。照准部水准管用来精确整平仪器，使水平度盘处于水平位置(同时也使仪器竖轴铅垂)。圆水准器用来粗略整平仪器。

照准部的旋转轴称为竖轴，竖轴插入基座内的竖轴套中。照准部可以绕竖轴在水平方向旋转，为了对照准部的旋转进行控制，在其下部设有照准部水平制动螺旋和水平微动螺旋。

(二)水平度盘

水平度盘是由光学玻璃制成的圆环，圆环上刻有从 0°至 360°的等间隔分划线，并按顺时针方向加以注记，有的经纬仪在度盘两刻度线正中间加刻一短分划线。两相邻分划间的弧长所对圆心角，称为度盘分划值，通常为 1°或 30′。水平度盘通过外轴装在基座中心的套轴内，并用中心锁紧螺旋使之固紧。

当照准部转动时，水平度盘并不随之转动，若需要将水平度盘安置在某一读数的位置，可拨动专门的机构。DJ6 型光学经纬仪变动(配置)水平度盘位置的机构有以下两种形式。

1. 度盘变换手轮

先按下度盘变换手轮下的保险手柄，将手轮推压进去并转动，就可将水平度盘转到需要的读数位置上。此时，将手松开手轮自动退出，随后需将保险手柄倒回。有的经纬仪装有一位置轮与水平度盘相连，使用时先打开位置轮护盖，转动位置轮，度盘也随之转动(照准部不动)，转到需要的水平度盘读数位置为止，最后盖上护盖。

2. 复测机钮(扳手)

当复测机钮扳下时，水平度盘与照准部结合在一起，两者一起转动，此时照准部转动时度盘读数不变。不需要一起转动时，将复测机钮扳上，水平度盘就与照准部脱开。

(三)基座

基座是支撑整个仪器的底座，并借助基座的中心螺母和三脚架上的中心连接螺旋，将仪器与三脚架固定连接在一起。基座上有三个脚螺旋，用来整平仪器。水平度盘的旋转轴套套在竖轴轴套外面，拧紧轴套固定螺旋，可将仪器固定在基座上，松开该固定螺旋，可将仪器从基座中提出，作业时务必将基座上的固定螺旋拧紧，不得随意松动。

二、经纬仪的读数设备及方法

视频：经纬仪的读数设备及方法

DJ6 型光学经纬仪的读数设备包括度盘、光路系统及测微器。当光线通过一组棱镜和透镜作用后，将光学玻璃度盘上的分划成像放大，反映到望远镜旁的读数显微镜内，利用光学测微器进行读数。各种 DJ6 型光学经纬仪的读数装置不完全相同，其相应读数方法也有所不同，归纳为以下两大类。

(一)分微尺测微器读数方法

分微尺测微器装置结构简单，读数方便，而且具有一定的读数精度，故被广泛应用于 DJ6 型光学经纬仪。如图 2-23 所示是读数显微镜内看到的度盘和分微尺的影像，上面注有“水平”(或 H)的窗口为水平度盘读数窗，下面注有“竖直”(或 V)的窗口为竖直度盘读数窗，其中长线和大号数字为度盘上分划线影像及其注记，短线和小号数字为分微尺上的分划线及其注记。分微尺 1°的分划间隔长度正好等于度盘的一格，即 1°的宽度。每个读数窗内的分微尺分成 60 小格，每小格代表 1′，每 10 小格注有小号数字，表示 10′的倍数。因此，分微尺可直接读到 1′，估读到 0.1′，即 6″。图 2-23 所示影像的水平度盘和竖直度盘读数分别为 215°07′24″和 78°52′48″。

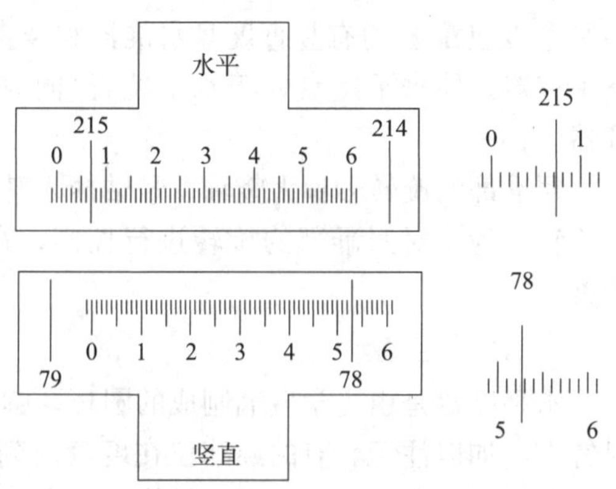

图 2-23　分微尺测微器读数方法

(二)单平板玻璃测微器读数方法

从读数显微镜的目镜所观察到的影像，共分为三个小窗口。上窗为测微尺，单线为指标，每 5 处有注字(0′、5′、10′…30′)，每 1′分为三格，故最小格值为 20″，0′～30′共有 90 小格。中窗为竖直度盘影像，下窗为水平度盘影像，双线为指标。度盘分划值为 30′，每度处有注字。当望远镜照准目标后，需转动支架上的测微轮，使度盘上的某分划线准确地夹于双线指标中间，上窗测微尺也移动了一定的量，依据双线指标和单线指标准确读出两部分加在一起的值。如图 2-24 所示，水平度盘读数应为 122°30′＋08′06″＝122°38′06″，竖直度盘读数应为 87°30′＋07′40″＝87°37′40″。

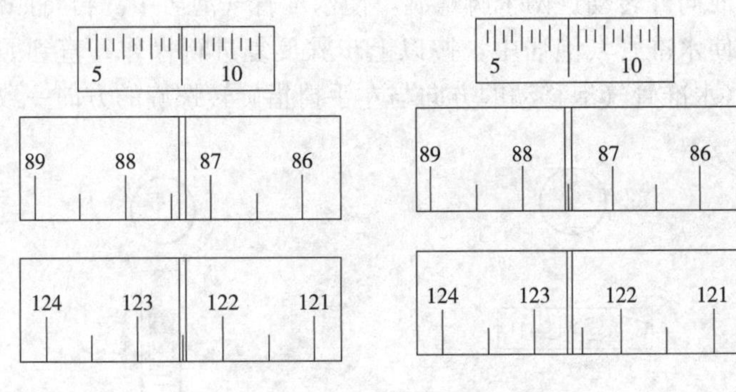

图 2-24　单平板玻璃测微器读数方法

知识点二　经纬仪的基本操作

一、经纬仪的安置

经纬仪安置包括对中和整平。对中的目的是使仪器的水平度盘中心与测站点(标志中心)处于同一铅垂线上；整平的目的是使仪器的竖轴竖直，使水平度盘处于水平位置。具体操作方法如下。

视频：经纬仪的安置

(一)对中

对中的方法有用垂球对中和用光学对中器对中两种。

1. 用垂球对中

垂球对中是在三脚架的中心连接螺旋上挂上垂球，利用铅垂线移动三脚架中的任意两脚或三脚架整体平移，使垂球尖对准测站点标志中心，达到对中的目的。用垂球对中的误差一般可控制在 3 mm 以内。

2. 用光学对中器对中

光学对中器对中是利用几何光学原理，移动三脚架中的任意两脚或整个仪器在架头上平移，使光学对中器小圆圈中心对准测站点标志中心，达到对中的目的。用光学对中器对中的误差一般可控制在 1 mm 以内。在对中过程中，可通过伸缩三脚架使圆水准器气泡居中，达到粗略整平的目的。

光学对中器对中操作步骤：将经纬仪固定到三脚架上，转动光学对中器的目镜，使对中器的小圆圈清晰，拉动对中器目镜，使测站点标志的影像清晰。踩实一条架脚的脚尖，两手轻轻提起另两条架脚，眼睛观察光学对中器的同时，前、后、左、右移动两条架脚，当光学对中器的小圆圈中心与测站点中心重合时，踩实这两条架脚的脚尖。因光学对中器设置在照准部上，对中后，受脚螺旋整平仪器的影响，须反复多次进行整平、对中后，在整平的情况下达到对中。

(二)整平

1. 粗略整平

对中后，伸缩三脚架腿，使圆水准器气泡大致居中。

2. 精确整平

精确整平主要是通过调节三个脚螺旋使照准部水准管气泡居中，达到整平的目的。

如图 2-25 所示，整平时，先转动照准部，使照准部水准管与任一对脚螺旋的连线平行，两手同时向内或向外转动这两个脚螺旋，使水准管气泡居中。再将照准部旋转 90°，转动第三个脚螺旋，使水准管气泡居中，按以上步骤反复进行操作，直到照准部转至任意位置气泡皆居中为止(水准管气泡移动的方向与左手拇指旋转螺旋的方向一致)。

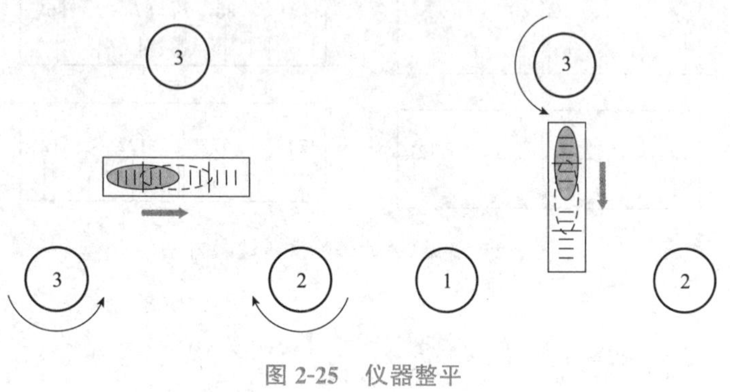

图 2-25　仪器整平

二、瞄准目标

角度测量时瞄准的目标一般是竖立在地面点上的测钎、花杆、觇牌等，测水平角时，要用望远镜十字丝分划板的竖丝对准它，操作程序如下。

(1)松开望远镜和照准部的制动螺旋，将望远镜对向明亮背景，进行目镜调焦，使十字丝清晰。

(2)通过望远镜镜筒上方的缺口和准星粗略对准目标，拧紧制动螺旋。

(3)进行物镜调焦，在望远镜内能最清晰地看清楚目标，注意消除视差。

(4)转动望远镜和照准部的微动螺旋，使十字丝分划板的竖丝精确地瞄准(夹准)目标，如图 2-26 所示。注意尽可能瞄准目标的下部，以消除或减弱由于目标倾斜而引起的误差。

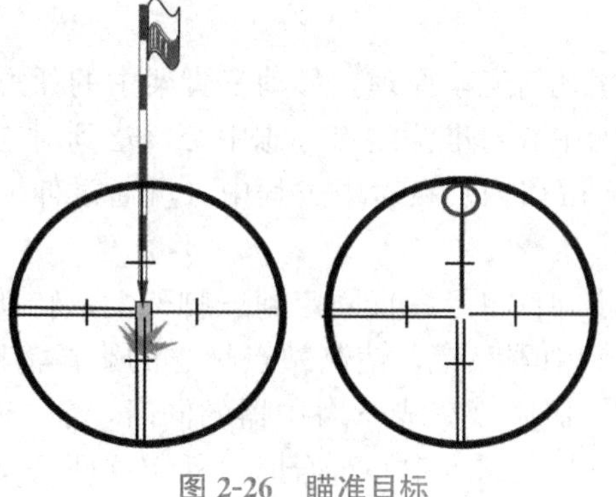

图 2-26　瞄准目标

三、读数

读数前，先将反光照明镜张开至适当位置，调节镜面朝向光源，使读数窗亮度均匀，调节读数显微镜目镜对光螺旋，使读数窗内分划线清晰，然后按前述的光学经纬仪读数方法进行读数。

如图 2-27 所示，经纬仪各部件主要轴线有竖轴 VV、横轴 HH、望远镜视准轴 CC 和照准部水准管轴 LL。

根据角度测量原理和保证角度观测的精度，经纬仪的主要轴线之间应满足以下条件。

(1)照准部水准管轴 LL 应垂直于竖轴 VV。

(2)十字丝竖丝应垂直于横轴 HH。

(3)视准轴 CC 应垂直于横轴 HH。

(4)横轴 HH 应垂直于竖轴 VV。

(5)竖直度盘指标差应为零。

在使用光学经纬仪测量角度前，需要查明仪器各部件主要轴线之间是否满足上述条件，此项工作称为检验。如果经检验不满足这些条件，则需要进行校正。

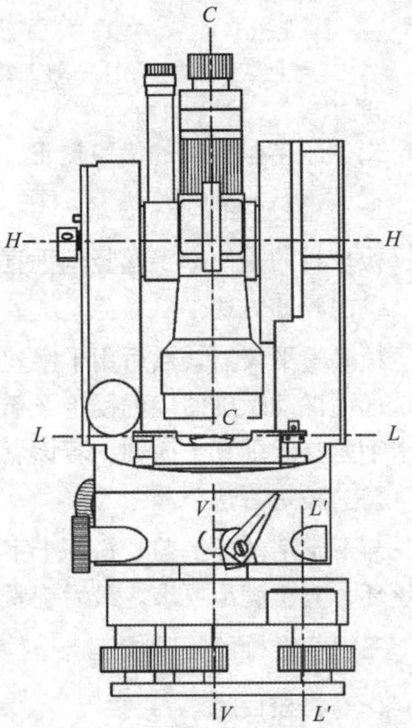

图 2-27 经纬仪的轴线

一、照准部水准管的检验校正

(一)检校目的

检校目的是使水准管轴垂直于竖轴，即 $LL \perp VV$。

(二)检验方法

先整平仪器，再转动照准部，使水准管大致平行于任意两个脚螺旋，相对地旋转这两个脚螺旋，使水准管气泡居中，如图 2-28(a)所示，然后将照准部旋转 180°，如气泡仍居中，说明水准管轴垂直于竖轴，如气泡偏离中心，如图 2-28(b)所示，则说明水准管轴不垂直于竖轴，需要校正。

(三)校正方法

在上述位置相对地旋转这两个脚螺旋，使气泡向中心移动偏离值的一半，如图 2-28(c)所示，然后用校正针拨动水准管一端的校正螺钉，使气泡居中(校正偏离值的另一半)，如图 2-28(d)所示。此项检验校正需反复进行，直至气泡居中后，转动照准部 180°时，气泡的偏离在一格以内。

图 2-28 照准部水准管的检验校正

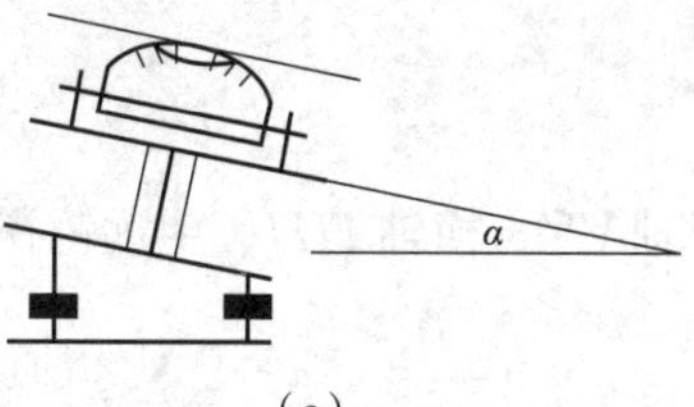

(c)

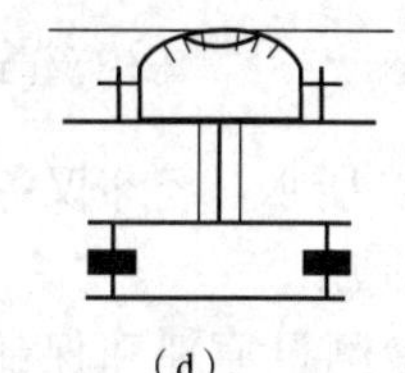

(d)

图 2-28 照准部水准管的检验校正(续)

二、十字丝竖丝的检验校正

(一)检校目的

检校目的是使十字丝竖丝垂直于横轴。

(二)检验方法

精确整平仪器，然后用十字丝交点照准一明显的点状目标，固定照准部和望远镜，转动望远镜微动螺旋使望远镜上下微动，若该点状目标始终沿着竖丝移动，则满足要求，表明十字丝竖丝垂直于横轴。若该点明显偏离竖丝，则需要校正。

(三)校正方法

卸下十字丝环护盖，松开十字丝环的四个固定螺钉，按竖丝偏离的反方向微微转动十字丝环，直至满足要求，最后旋紧固定螺钉，如图 2-29 所示。

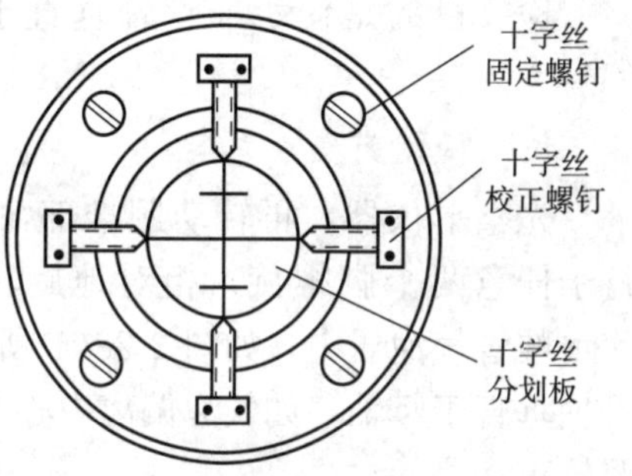

图 2-29 十字丝竖丝的校正

三、视准轴的检验校正

(一)检校目的

检校目的使视准轴垂直于横轴，即 $CC \perp HH$。

(二)检验方法

整平仪器，盘左位置照准一个与仪器高度大致相同的远处目标，读取水平度盘的读数 L；再用盘右位置照准原目标并读取水平度盘读数 R，计算视准轴误差 c 值，即

$$c=[L+(R\pm180^{\circ})]/2 \tag{2-4}$$

当 c 的绝对值大于 $1'$时，则需校正。

(三)校正方法

校正通常在盘右位置进行，即不改变检验时的盘右位置，计算出盘右正确的水平度盘读数 $R_{正}$：

$$R_{正}=R+c \tag{2-5}$$

转动水平微动螺旋使水平度盘的读数为 $R_{正}$，此时十字丝交点已偏离目标点 A，取下十字丝环的保护罩，调节十字丝环的左右两个校正螺钉，使十字丝交点重新照准目标点。检校应反复进行，直到 c 值不大于 $1'$为止。

四、横轴的检验校正

(一)检校目的

检校目的是使横轴垂直于竖轴，即 $HH \perp VV$。

(二)检验方法

如图 2-30 所示，在距离高墙 20～30 m 处安置经纬仪，在墙上选一仰角大于 30°的目标点 P，先以盘左位置照准 P 点，然后将望远镜放平，在墙上定出一点 P_1；倒转望远镜以盘右位置再次照准 P 点，再将望远镜放平，在墙上又定出一点 P_2。如果 P_1 和 P_2 两点重合，表明仪器横轴垂直于竖轴，否则应进行校正。

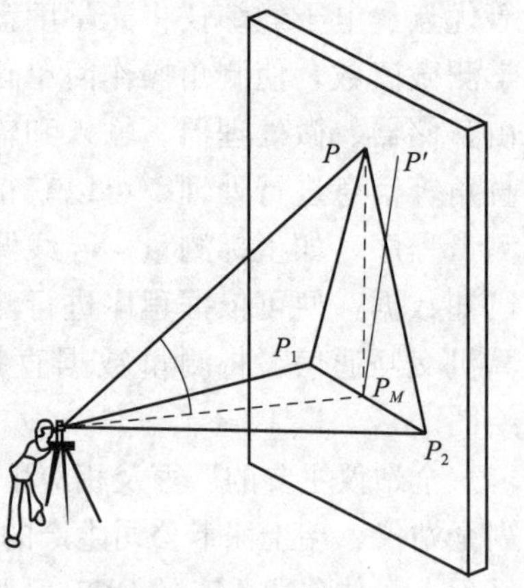

图 2-30　横轴的检验校正

(三)校正方法

在墙上定出 P_1、P_2 的中点 P_M，转动水平微动螺旋使十字丝交点照准 P_M 点，然后抬高望远镜，此时十字丝交点必然偏离 P 点。打开支架处横轴一端的护盖，调整支承横轴的偏心轴环，抬高或降低横轴一端，直至十字丝交点照准 P 点为止。此项校正难度较大，通常由专业仪器检修人员进行。一般来说，仪器在制造时此项条件是满足的，故通常情况下无须检校。

五、光学对中器的检验校正

(一)检校目的

检校目的是使光学对中器的视准轴与仪器的竖轴重合。

(二)检验方法

如图 2-31 所示，安置仪器于平坦地面，严格整平仪器，在三脚架中央的地面上固定一张白纸板，调节对中器目镜，使分划成像清晰，然后调节物镜看清地面上的白纸板。根据分划圈中心在白纸板上标记 A_1 点，转动照准部 180°，按分划圈中心在白纸板上标记 A_2 点。若 A_1 与 A_2 两点重合，说明光学对中器的视准轴与竖轴重合，否则应进行校正。

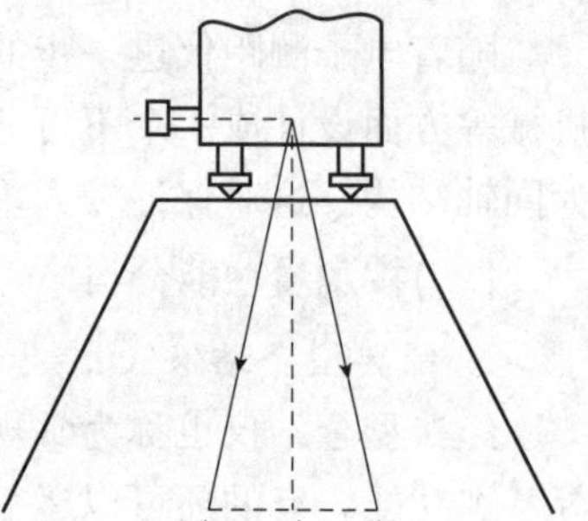

图 2-31　光学对中器的检验校正

(三)校正方法

在白纸板上定出 A_1、A_2 两点连线的中点 A，调节对中器校正螺钉使分划圈中心对准 A 点，如图 2-31 所示。校正时应注意光学对中器上的校正螺钉随仪器类型而异，其校正方法有所不同。

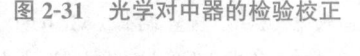

任务三　全站仪

知识点一　全站仪概述

全站仪又称全站型电子速测仪，是一种可以同时进行角度测量和距离测量，由机械、光学、电子元件组合而成的测量仪器。全站仪是由电子测距仪、电子经纬仪和电子记录装置三部分组成的。电子测距仪通过测定电磁波在待定距离上往返传播所需要的时间或相位移动来测定距离，具有速度快、精度高、测程远、体积小、全天候、受地形限制少等优点。电子经纬仪将光学度盘换为光电扫描度盘，以自动记录和显示读数取代人工光学测微读数，使测角操作简单化，且可避免读数误差的产生。全站仪的电子记录装置是由存储器、微处理器、输入和输出部分组成的。由微处理器对获取的斜距、水平角、竖直角等信息进行处理，可以获得各种改正后的数据。在只读存储器中固化了一些常用的测量程序，如坐标测量、导线测量、放样测量等，只要进入相应的测量程序模式，输入已知数据，便可依据程序进行测量过程，获取观测数据。通过输入/输出设备，可以与计算机交互通信，将测量数据直接传输给计算机，在软件的支持下，进行计算、编辑和绘图。

全站仪主要的厂家及相应生产的全站仪系列有：我国南方测绘仪器公司生产的 NTS 系列全站仪，瑞士徕卡公司生产的 TC 系列全站仪，日本拓普康（TOPCON）公司生产的 GTS 系列、索佳公司生产的 SET 系列、尼康公司生产的 DMT 系列、宾得公司生产的 PCS 系列全站仪，以及瑞典捷创力公司生产的 GDM 系列全站仪等。

一、全站仪的分类

（一）按其外观结构分类

1. 积木型全站仪

早期的全站仪大都是积木型结构，即电子速测仪、电子经纬仪、电子记录器各是一个整体，可以分离使用，也可以通过电缆或接口将它们组合起来，形成完整的全站仪。

2. 整体型全站仪

随着电子测距仪进一步的轻巧化，现代的全站仪大多把测距、测角和记录单元在光学、机械等方面设计成一个不可分割的整体，其中测距仪的发射轴、接收轴和望远镜的视准轴为同轴结构。这对保证较大垂直角条件下的距离测量精度非常有利。

（二）按测量功能分类

1. 经典型全站仪（Classical Total Station）

经典型全站仪也称为常规全站仪，它具备全站仪电子测角、电子测距和数据自动记录等基本功能，有的还可以运行厂家或用户自主开发的机载测量程序。其经典代表为徕卡公司的 TC 系列全站仪。

2. 机动型全站仪（Motorized Total Station）

在经典型全站仪的基础上安装轴系步进电动机，可自动驱动全站仪照准部和望远镜的旋转。在计算机的在线控制下，机动型系列全站仪可按计算机给定的方向值自动照准目标，并可实现自动正、倒镜测量。徕卡 TCM 系列全站仪就是典型的机动型全站仪。

3. 无合作目标型全站仪（Reflectorless Total Station）

无合作目标型全站仪是指在无反射棱镜的条件下，可对一般的目标直接测距的全站仪。因此，对不便安置反射棱镜的目标进行测量，无合作目标型全站仪具有明显优势。如徕卡 TCR 系列全站仪，无合作目标距离测程可达 1 000 m，可广泛用于地籍测量、房产测量和施工测量等。

4. 智能型全站仪(Robotic Total Station)

在机动型全站仪的基础上，仪器安装自动目标识别与照准的新功能，因此在自动化的进程中，全站仪进一步克服了需要人工照准目标的重大缺陷，实现了全站仪的智能化。在相关软件的控制下，智能型全站仪在无人干预的条件下可自动完成多个目标的识别、照准与测量。因此，智能型全站仪又称为“测量机器人”，典型的代表有徕卡的 TCA 型全站仪等。

(三)按测距仪测程分类

1. 短测程全站仪

测程小于 3 km，一般精度为±(5 mm+5 μm)，主要用于普通测量和城市测量。

2. 中测程全站仪

测程为 3～15 km，一般精度为±(5 mm+2 μm)、±(2 mm+2 μm)，通常用于一般等级的控制测量。

3. 长测程全站仪

测程大于 15 km，一般精度为±(5 mm+1 μm)，通常用于国家三角网及特级导线的测量。

二、全站仪的基本结构和功能

早期老款和近期新款全站仪的主机外貌分别如图 2-32 和图 2-33 所示，可见，两者的整体结构基本相同，区别主要体现在面板和数据传输等方面。早期老款全站仪的面板是按键式的，所有信息均需要通过按键来输入；近期新款全站仪的面板是触屏式的，各种信息既可以通过按键来输入，也可以通过触屏来输入。早期老款全站仪的数据传输只能使用 RS232 电缆，近期新款全站仪的数据传输除支持 RS232 电缆外，还支持 SD 存储卡和 U 盘，也支持以 USB 与计算机进行连接，并可通过蓝牙与 PDA(Personal Digital Assistant，掌上电脑)进行连接完成测量，使数据传输变得简单易行。

新款和老款全站仪的功能基本相同，主要有角度测量、距离测量、坐标测量、数据采集和放样等。具体使用方法可以参见全站仪的使用说明书，各个生产厂家的网站基本都可以下载特定型号全站仪的说明书。

视频：全站仪的基本结构和功能

新款全站仪操作面板如图 2-34 所示，操作键的功能见表 2-1，屏幕显示符号的含义见表 2-2。

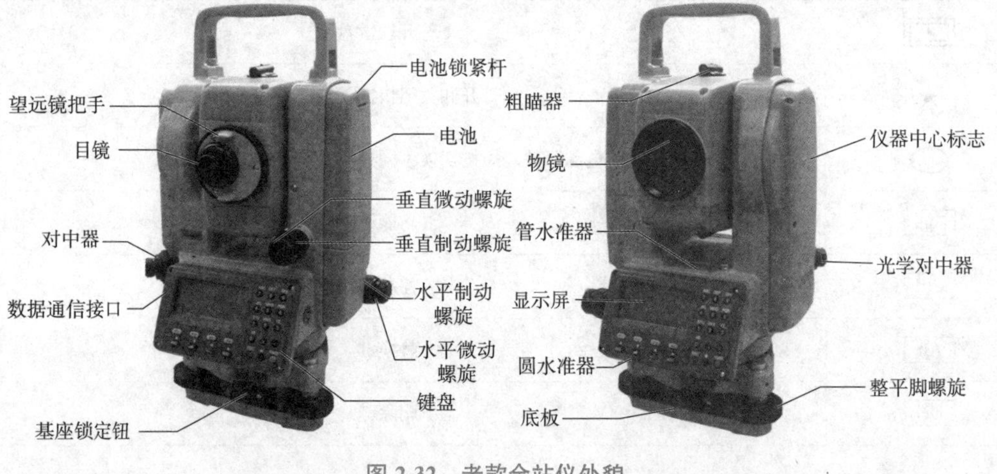

图 2-32 老款全站仪外貌

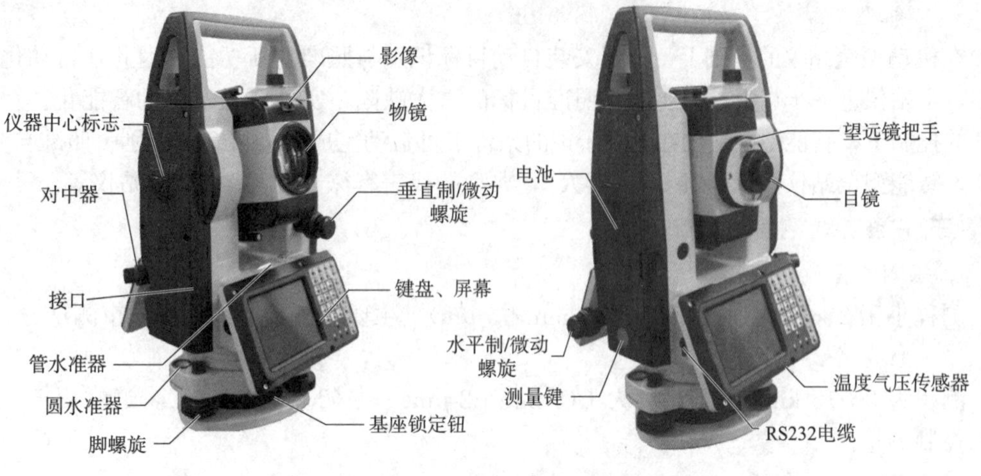

图 2-33　新款全站仪外貌

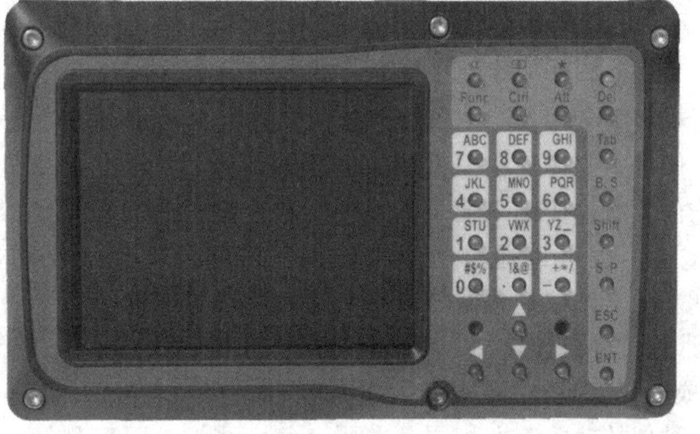

图 2-34　新款全站仪操作面板

表 2-1　全站仪面板按键功能

按键	功能
α	输入字符时，在大小写输入之间进行切换
[•]	打开软键盘
★	打开和关闭快捷功能菜单
⏻	电源开关，短按切换不同标签页，长按开关电源
Func	功能键
Ctrl	控制键
Alt	替换键
Del	删除键

续表

按键	功能
Tab	使屏幕的焦点在不同的控件之间切换
B.S	退格键
Shift	在输入字符和数字之间进行切换
S.P	空格键
ESC	退出键
ENT	确认键
▲▼◀▶	在不同的控件之间进行跳转或者移动光标
0～9	输入数字和字母
—	输入负号或者其他字母
.	输入小数点
测量键	在特定界面下触发测量功能(此键在仪器侧面)

表 2-2　全站仪屏幕显示符号含义

显示符号	含义
V	垂直角
V%	垂直角(坡度显示)
HR	水平角(右角)
HL	水平角(左角)
HD	水平距离
VD	高差
SD	斜距
N	北向坐标
E	东向坐标
Z	高程
m	以米为距离单位
ft	以英尺为距离单位
dms	以度、分、秒为角度单位
gon	以哥恩为角度单位
mil	以密为角度单位
PSM	棱镜常数(以 mm 为单位)
PPM	大气改正值
PT	点名

知识点二 全站仪的使用

全站仪的安置方法与经纬仪相同。部分型号全站仪采用激光对中器代替了光学对中器，使仪器安置更便捷。下面介绍全站仪的基本操作与使用方法。

一、角度测量

视频：角度测量

使用全站仪测量水平角的方法与使用经纬仪完全相同，但全站仪能够将角度值直接显示在屏幕上，如图 2-35(a)所示，省去了经纬仪烦琐的读数工作，同时全站仪的精度更高。全站仪变换度盘读数较经纬仪方便很多，它有“置零”“置盘”和“保持”键，如图 2-35(a)所示，“置零”用于将度盘读数设置成 0°00′00″；“置盘”用于将度盘读数设置成任意角度值，如图 2-35(b)所示，将水平角置成 22°22′55″；“保持”键可以使水平角读数在全站仪水平转动时保持不变。另外，全站仪测水平角既有右角模式，也有左角模式，两者分别用 HR 和 HL 来表示，通过“R/L”键切换左右角模式，图 2-35(a)和(b)给出的角度值均为左角模式下的值。在左角模式下，逆时针转动仪器时，水平角度值增加；在右角模式下，顺时针转动仪器时，水平角度值增加，这与经纬仪相同。通常情况下采用右角模式测量水平角。竖直角度值有两种表示方法，分别是普通的度分秒表示和百分数表示，通过“V/%”键切换两种模式。图 2-35(a)所示为普通的度分秒显示。

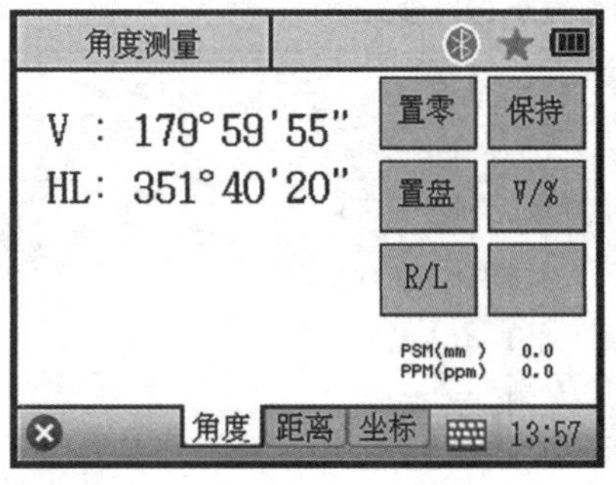

(a)

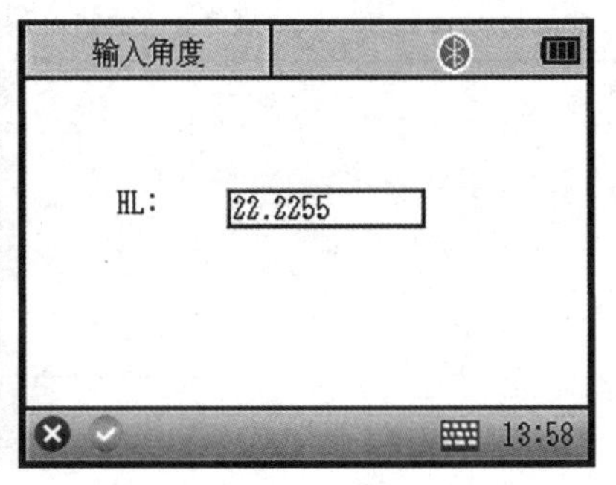

(b)

图 2-35 全站仪角度测量

二、距离测量

视频：距离测量

距离测量界面如图 2-36(a)所示。其中 SD、HD 和 VD 分别表示全站仪中心与目标之间的倾斜距离值、水平距离值和垂直距离值。全站仪的测距模式可分为 N 次精测模式、连续精测模式和跟踪测量模式三种，如图 2-36(b)所示。N 次精测模式是最常用的测距模式，N 的取值范围为 1～99，结果平均是对 N 次测量结果进行平差显示；连续精测模式是连续地进行精确测量；跟踪测量模式是进行连续的粗测，速度稍快，精度低，常用于跟踪移动目标或放样时连续测距。目标有四个选项，如图 2-36(c)所示，分别为棱镜、反射板、无合作和长测程。棱镜如图 2-37 所示，拓普康的棱镜常数为 0，其他厂家生产的棱镜常数一般为－30。电磁波的传播速度受到温度和气压的影响，因此需要根据环境的温度和气压值对距离测量结果进行改正，新款全站仪可以自动检测环境的温度和气压值，并对测量结果进行改正，如图 2-36(d)所示的“T-P 改正”。由于地球曲率及大气折射影响，三角高程直接观测所得的高差与两点实际高差存在偏差，需要对两项影响进行改正，新款全站仪可以自动对其进行改正，如图 2-36(d)所示的“两差改正”。

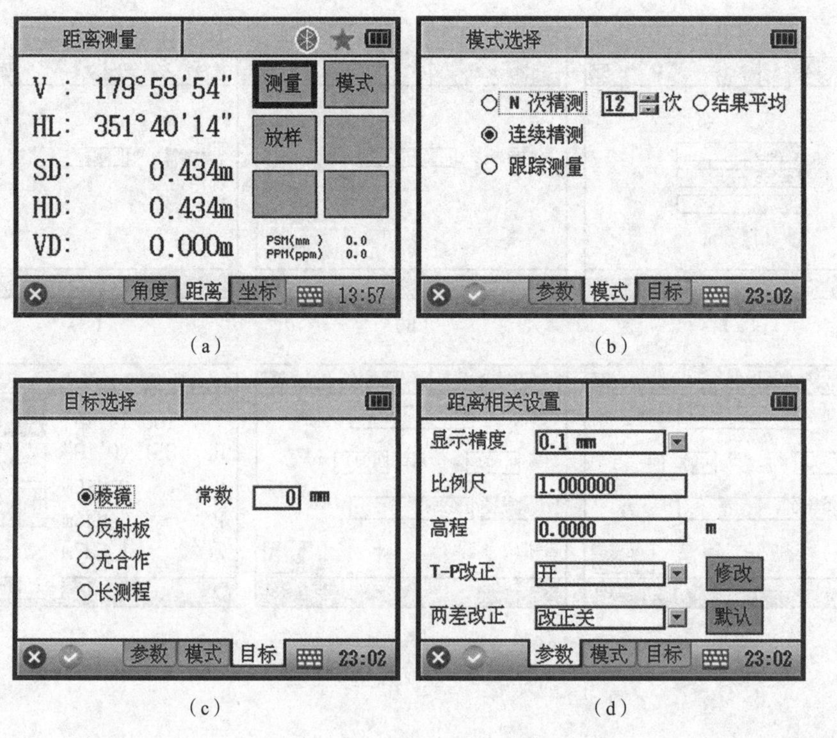

图 2-36　全站仪距离测量

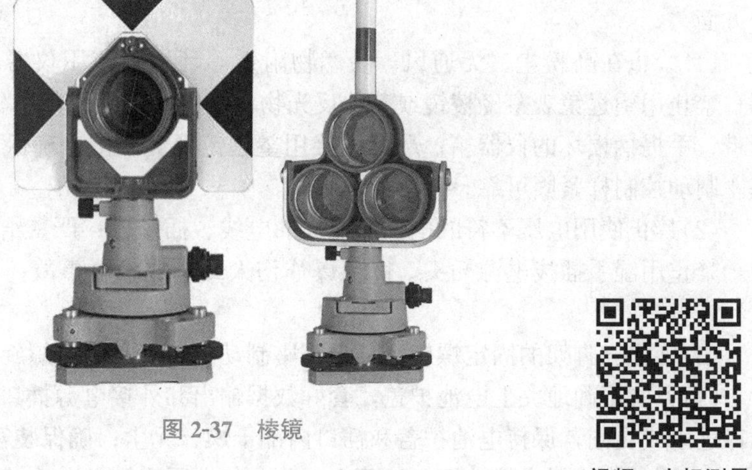

图 2-37　棱镜

视频：坐标测量

三、坐标测量

在进行坐标测量时，通过设置测站点坐标、仪器高、棱镜高、后视点坐标或后视方位角，即可直接测定待定点的坐标。其操作步骤如下。

(1)设置测站点坐标、仪器高和棱镜高，分别如图 2-38(a)～(c)所示。

(2)设置后视点坐标或后视方位角，如图 2-38(d)、(e)所示，并瞄准后视点或后视方向。

(3)瞄准待定点处目标，按下“测量”键，则屏幕上直接显示出待定点坐标值，如图 2-38(f)所示。

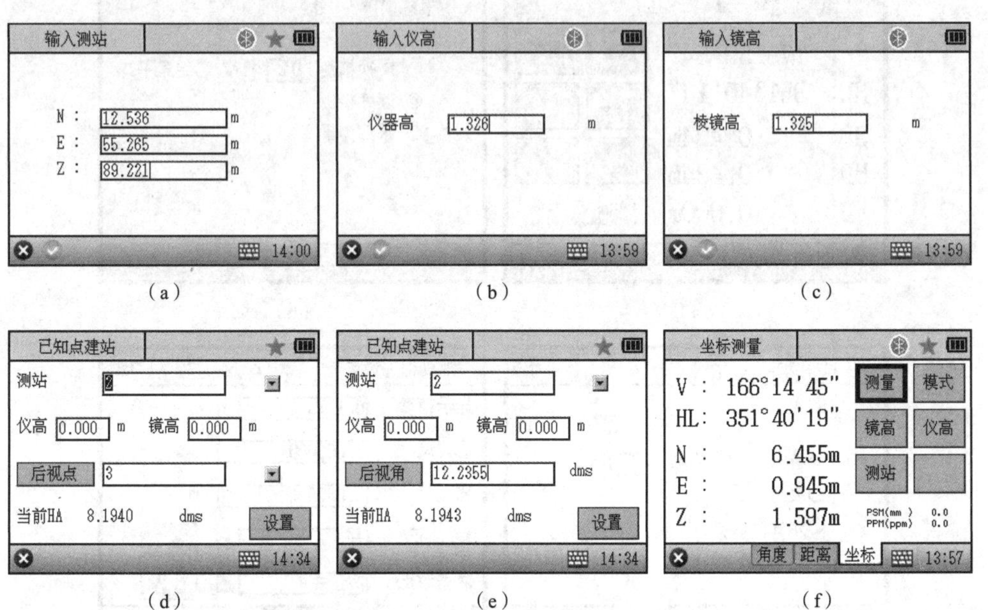

图 2-38　全站仪坐标测量

知识点三　全站仪操作的注意事项

为确保安全操作，避免造成人员伤害或财产损失，在全站仪操作过程中应注意以下几个方面。

(1)禁止在高粉尘、无通风、易燃物附近等环境下使用仪器；禁止自行拆卸和重装仪器；禁止用望远镜观察经棱镜或其他反光物体反射的阳光；禁止坐在仪器箱上或使用锁扣、背带、手提柄损坏的仪器箱；严禁直接用望远镜观测太阳；确保仪器提柄固定螺栓和三角基座制动控制杆紧固可靠。

(2)禁止使用电压不符的电源或受损的电线、插座等；严禁给电池加热或将电池扔入火中，禁止用湿手插拔电源插头，以免爆炸伤人或造成触电事故；确保使用指定的充电器为电池充电。

(3)确保三脚架的固定螺旋、三角基座制动控制杆和中心螺旋紧固可靠。

(4)务必正确地关上电池护盖，套好数据输出和外接电源插口的护套；禁止电池护盖和插口进水或受潮，保持电池护盖和插口内部干燥、无尘；确保装箱前仪器和箱内干燥。

(5)严禁将仪器直接放置于地面上；防止仪器受强烈的冲击或振动；观测者不能远离仪器，务必在取出电池前关闭电源，仪器装箱前取出电池。仪器长期不用时，至少每三个月通电检查一次，以防止电路板受潮。

(6)为确保仪器的观测精度，应定期对仪器进行检验和校正。

任务四　GNSS-RTK

知识点一　GNSS 简介

一、GNSS 的概念

GNSS(Global Navigation Satellite System)是全球导航卫星系统的英文缩写，它是所有全球导航卫星系统及其增强系统的集合名词，是利用全球的所有导航卫星所建立的覆盖全球的全天候无线电导航系统。目前，可供利用的全球导航卫星系统有美国的 GPS(全球定位系统)、中国的 BDS(北斗)、欧洲的 Galileo(伽利略)、俄罗斯的 GLONASS(格洛纳斯)、印度的 IRNSS(印度区域导航卫星系统)及日本的 QZSS(准天顶卫星导航系统)。GNSS 能为用户提供连续、实时的三维位置、三维速度和精密时间，不受天气的影响。定位精度可达厘米级和毫米级。

GNSS 由卫星空间部分[导航卫星：GPS(24 颗)、BDS(35 颗)、伽利略(30 颗)、格洛纳斯(26 颗)、IRNSS(现有 7 颗)及 QZSS(现有 4 颗)]、地面控制部分(主控站、监测站、注入站)和用户设备部分(接收机)三部分组成，如图 2-39 所示。

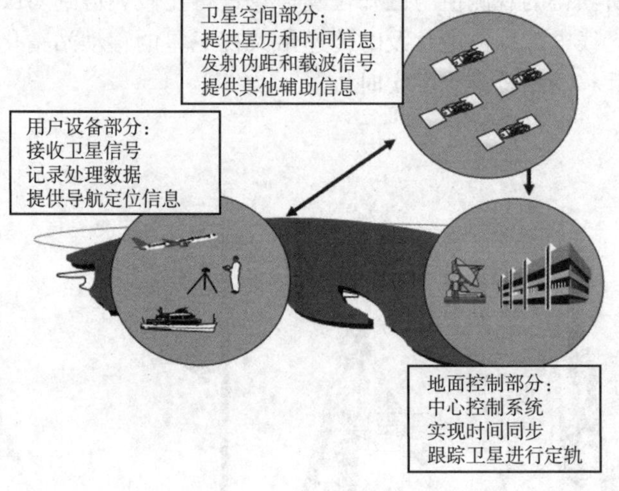

图 2-39　GNSS 组成

二、GNSS 的定位方法

(一)按参考点的不同位置划分

1. 绝对定位(单点定位)

在地球协议坐标系中，确定观测站相对地球质心的位置(地心坐标：WGS-84 坐标系、CGCS2000 坐标系)。

2. 相对定位

在地球协议坐标系中，确定观测站与地面某一参考点之间的相对位置(参心坐标：北京 54 坐标系和西安 80 坐标系)。

(二)按用户接收机作业时所处的状态划分

1. 静态定位

在定位过程中，接收机位置静止不动，是固定的。静止状态只是相对的，在卫星大地测量中的静止状态通常是指待定点的位置相对其周围点的位置没有发生变化，或变化极其缓慢，以致在观测期内可以忽略(主要用于建立全球性或国家级大地控制网，建立地壳运动监测网，建立长距离检校基线，进行岛屿与大陆联测、钻井定位，以及精密工程控制网建立等)。

2. 动态定位

在定位过程中，接收机天线处于运动状态。

知识点二　传统 RTK

一、传统 RTK 的含义

常规的 GPS 测量方法(如静态测量、快速静态测量、动态测量)都需要事后进行解算才能获得厘米级的精度，而 RTK 是能够在野外实时得到厘米级定位精度的测量方法，它采用了载波相位动态实时差分(Real - Time Kinematic)方法，是 GPS 应用的重大里程碑，它的出现为工程放样、地形测图、各种控制测量带来了新曙光，极大地提高了外业作业效率。

传统 RTK 的工作原理是将一台接收机置于基准站上，另一台或几台接收机置于载体(称为移动站)上，如图 2-40 所示，基准站和移动站同时接收同一时间、同一 GPS 卫星发射的信号，将基准站所获得的观测值与已知位置信息进行比较，得到 GPS 差分改正值。然后将这个改正值通过无线电数据链电台及时传递给共视卫星的移动站精化其 GPS 观测值，从而得到经差分改正后移动站较准确的实时位置。

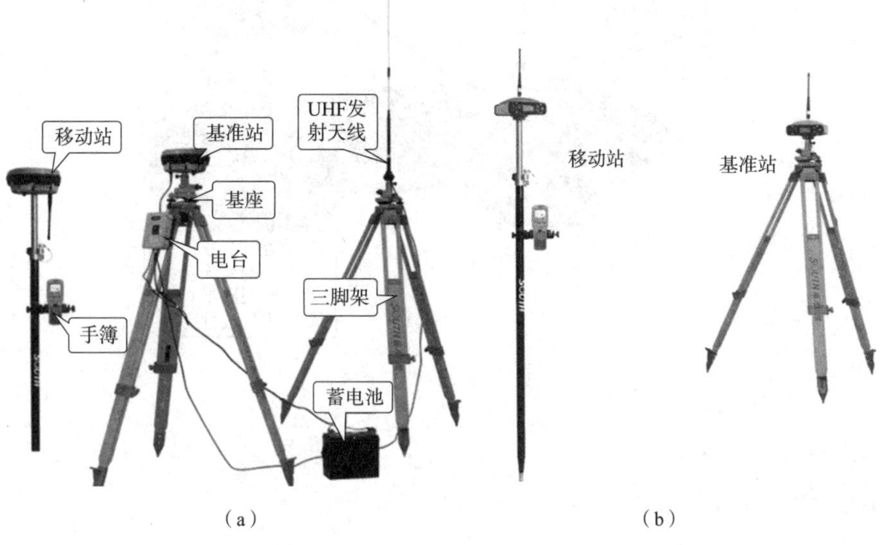

图 2-40　传统 RTK 电台模式

(a)外挂电台模式；(b)内置电台模式

二、传统 RTK 的数据链通信

(一)电台作业模式

电台作业模式是指数据链通过无线电进行发射和接收的工作模式，电台的频率一般采用 UHF(Ultra-High Frequency，超高频率，范围为 300 MHz～300 kMHz)。电台作业模式又可分为内置电台和外挂电台。电台作业模式主要通过电磁波来发送信号。

电台作业模式具有以下特点。

(1)作业距离一般为 0～20 km，在山区、城区及建筑物密集的地方传播距离就会受到影响。

(2)电台信号容易受干扰，所以要远离大功率干扰源，如高压线、铁塔等。

(3)电台的架设对环境有非常高的要求，一般选在比较空旷、周围没有遮挡的环境，且基站架设得越高，距离越远。

(4)对于电瓶的电量要求较高，出外业之前电瓶一定要充满或有足够的电量。

(二)网络模式 GPRS

GPRS(General Packet Radio Service，通用分组无线业务)是在现有的 GSM 系统的基础上发展出来的一种新的分组数据承载业务。

网络通信模式采用 GPRS 或 CDMA，具体流程为 GPRS/CDMA 拨号上网→Internet → 服务器 → Internet → GPRS/CDMA 拨号上网，如图 2-41 所示。

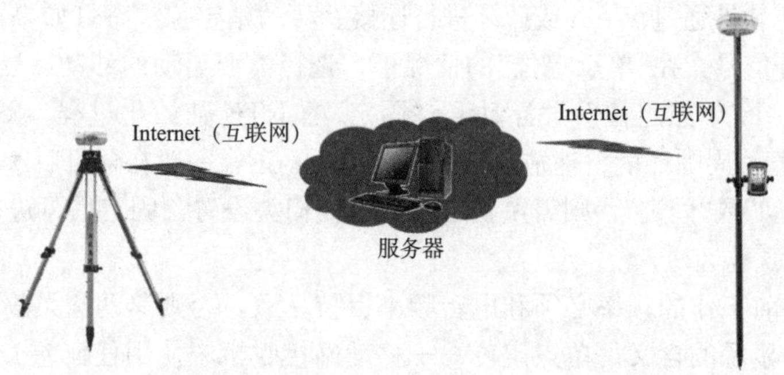

图 2-41　传统 RTK 网络模式

基准站网络通信方式有外挂模块、内置模块、通过串口直接接入 Internet 互联网；移动站网络通信方式有外挂模块、内置模块、手簿 CF 卡(手簿网络)、蓝牙手机。网络通信模式的优点是距离远、携带方便；缺点是容易造成差分数据延迟 2～5 s，在没有手机信号的地方无法使用，需要一定的手机通信费用。

三、电台模式设置

(一)基准站

1. 基准站架设类型

基准站的架设又可分为未知点启动基准站和已知点启动基准站。未知点启动基准站时可采用自启动基准站和手动启动基准站；基准站不需要严格的对中整平，大致水平即可；设置为自启动基准站后，下次基准站开机即可工作，无须其他设置，方便快捷。已知点启动基准站时只能使用手动启动基准站；基准站需要严格的对中整平。

2. 基准站架设的注意事项

(1)基准站架设时，选择环境相对空旷、地势相对较高且周围没有干扰的地方架设，尽量远离高压线、变压器及电厂等拥有强电磁场的环境，以及飞机场、军事管理区等有信号屏蔽的环境，这些环境都会对 RTK 的信号产生影响，导致无信号或信号弱等问题。在大面积水域作业时，水域的反射效果也会干扰主机信号，现阶段主机的抗干扰性较以往增强了许多，但有时仍不可避免有等强磁场的干扰。

(2)架设时，注意仪器的安装及各种线的连接，若移动站距离较远，还需要增设电台天线加长杆。

(3)外置电台基准站脚架和天线脚架之间应该保持至少 3 m 的距离，避免电台干扰 GNSS 信号。

(4)对于电台不需要经常进行设置，除非调节其功率或频道(通道)。一旦修改了基准站电台发射频道，则移动站也需要修改到相应的频道，否则无法搜索到差分信号。只有频道(通道)相同才能正常工作。

3. 基准站的启动

如果是自启动基准站，则开机即可(主机搜索卫星后便可发射，最后电台接上电瓶，注意正负极的连接)；如果是手动启动基准站，需要通过蓝牙或串口线与基准站主机连接，在工作模式中选择基准站的启动模式。

(二)移动站

1. 移动站的启动

移动站与手簿软件通过 Wi-Fi 或蓝牙进行连接。移动站定位状态灯如果一秒钟闪烁一次，表示收到电台差分信号，在“单点定位”的情况下，选择需要启动的移动站模式，移动站收到差分信号后会有一个“单点定位”→“浮动”→“固定”的 RTK 初始化过程。RTK 初始化时间，根据卫星 PDOP 值、周围环境、基站距离，或长或短，正常一般在开机后 90 s 左右。如果手簿上没有显示“浮动”或“固定”，则需重新启动及检查相关设置。固定后可进行测量工作。

2. 移动站注意事项

(1)移动站当前工作的频率必须和电台频率保持一致，否则移动站无法接收到信号。

(2)差分信号显示的含义。单点定位——移动站接收机未使用任何差分改正信息计算的 3D 坐标。浮动——移动站接收机使用差分改正信息计算的当前相对坐标。但对于浮点解来讲，相位的整周模糊度参数未能固定为一整数，而是用浮点的估值来替代它，不建议在此情况下测点。固定——在 RTK 模式下，整周模糊度参数固定后，移动站接收机计算的当前相对坐标。达到固定解后即可开始测量。

四、传统 RTK 操作流程

现以海星达 iRTK5 为例，介绍传统 RTK 的操作流程。

(一)建立项目

如图 2-42 所示，打开手簿上的 Hi-Survey 测量软件，单击“项目信息”按钮，输入项目名并单击“确认”按钮；单击“坐标系统”按钮，输入中央子午线；单击“基准面”按钮，选择“目标椭球”为“西安 80”；“平面转换”“高程拟合”“平面格网”和“选项”等先不用设置，单击“保存”按钮退出。

(二)设置基准站

如图 2-43 所示，首先架好基准站并打开主机电源，打开手簿上的 Hi-Survey 测量软件，单击“设备”→“设备连接”，连接方式选择“蓝牙”，搜索主机并配对；单击“设备”→“基准站”，输入目标高，点选“斜高”，单击地面点平滑采集，单击“确定”按钮；单击“数据链”，“数据链”选择“内置电台”，“频道”输入“10”，“协议”选择“HI-TARGET 9600”，“功率”选择“高”；单击“其他”，“电文格式”选择“RTCM(3.2)”，单击“设置”按钮。随后基站的信号灯开始闪烁，表明基站开始发射差分信号。

图 2-42　建立项目

图 2-43　设置基站

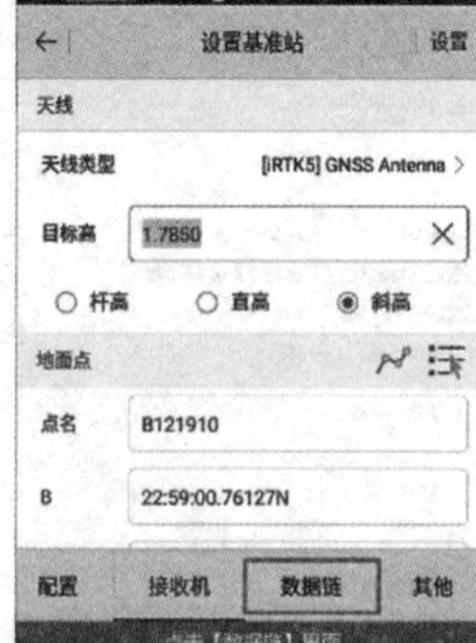
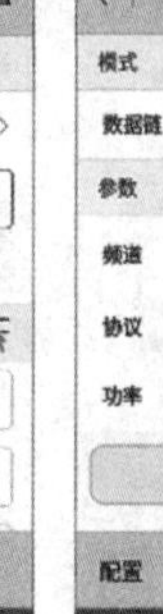

图 2-43 设置基站(续)

(三)设置移动站

如图 2-44 所示，首先架好移动站并打开主机电源，打开手簿上的 Hi-Survey 测量软件，单击“设备”→“设备连接”，连接方式选择蓝牙，搜索主机并配对；单击“设备”→“移动站”，“数据链”选择“内置电台”，“频道”输入“10”，“协议”选择“HI-TARGET9600”；单击“其他”，单击“设置”；单击“测量”→“碎部测量”，显示固定解说明移动站设置成功。

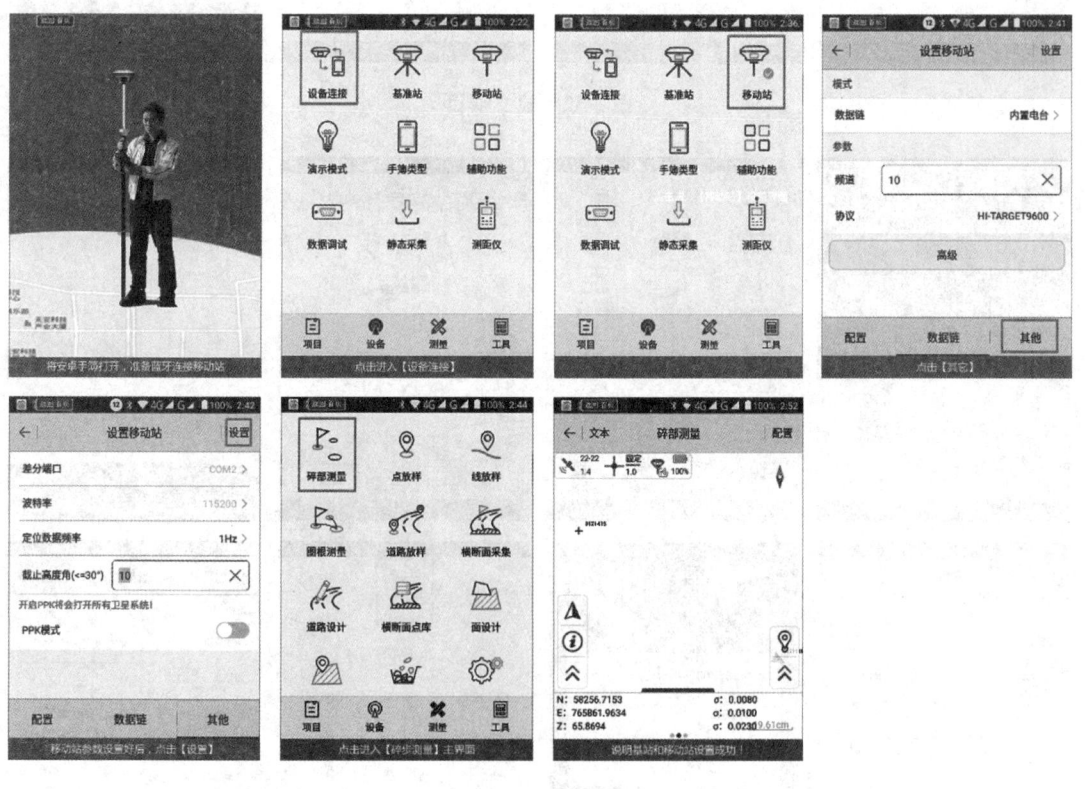

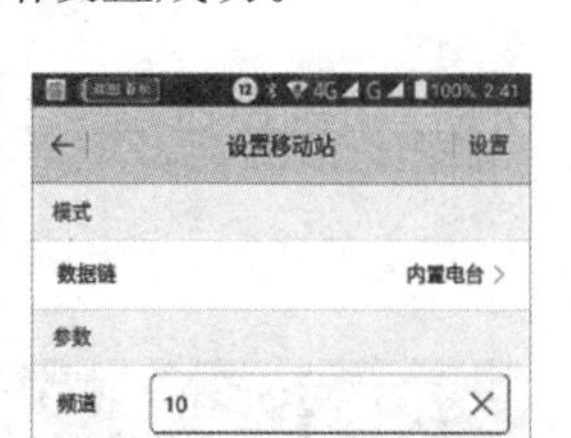
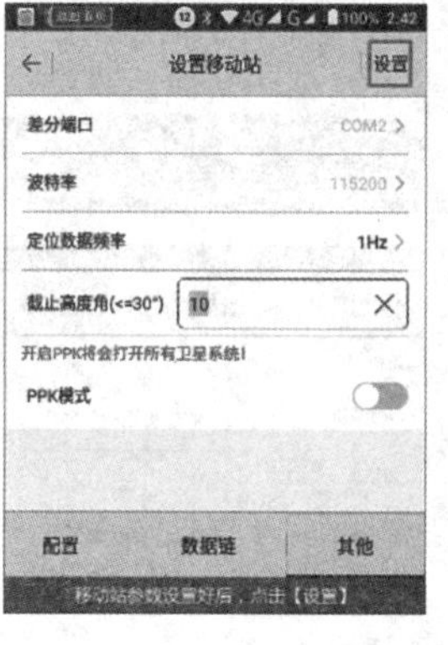
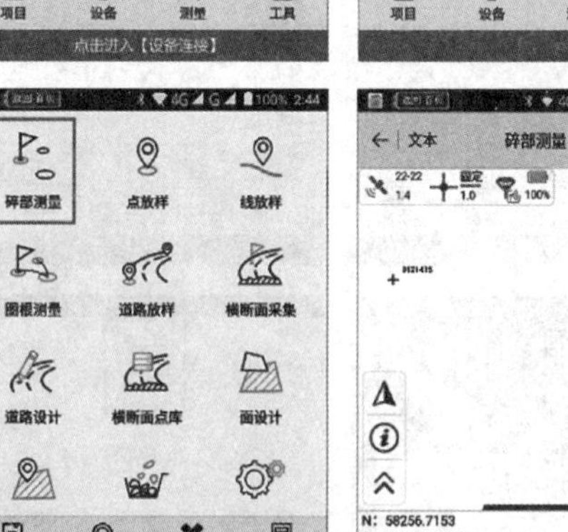

图 2-44 设置移动站

(四)坐标转换

如图 2-45 所示，单击“项目”→“坐标数据”→“控制点”，添加两个地面已知点的坐标；单击“测量”→“碎部测量”，采集这两个点的 WGS-84 大地坐标；单击“项目”→“参数计算”，单击“添加”按钮，“源点”处调入采集到的 WGS-84 大地坐标，“目标点”处调入对应的已知点坐标，“计算类型”选择“四参数＋高程拟合”，计算结果的尺度大小接近 1，说明计算结果正确。

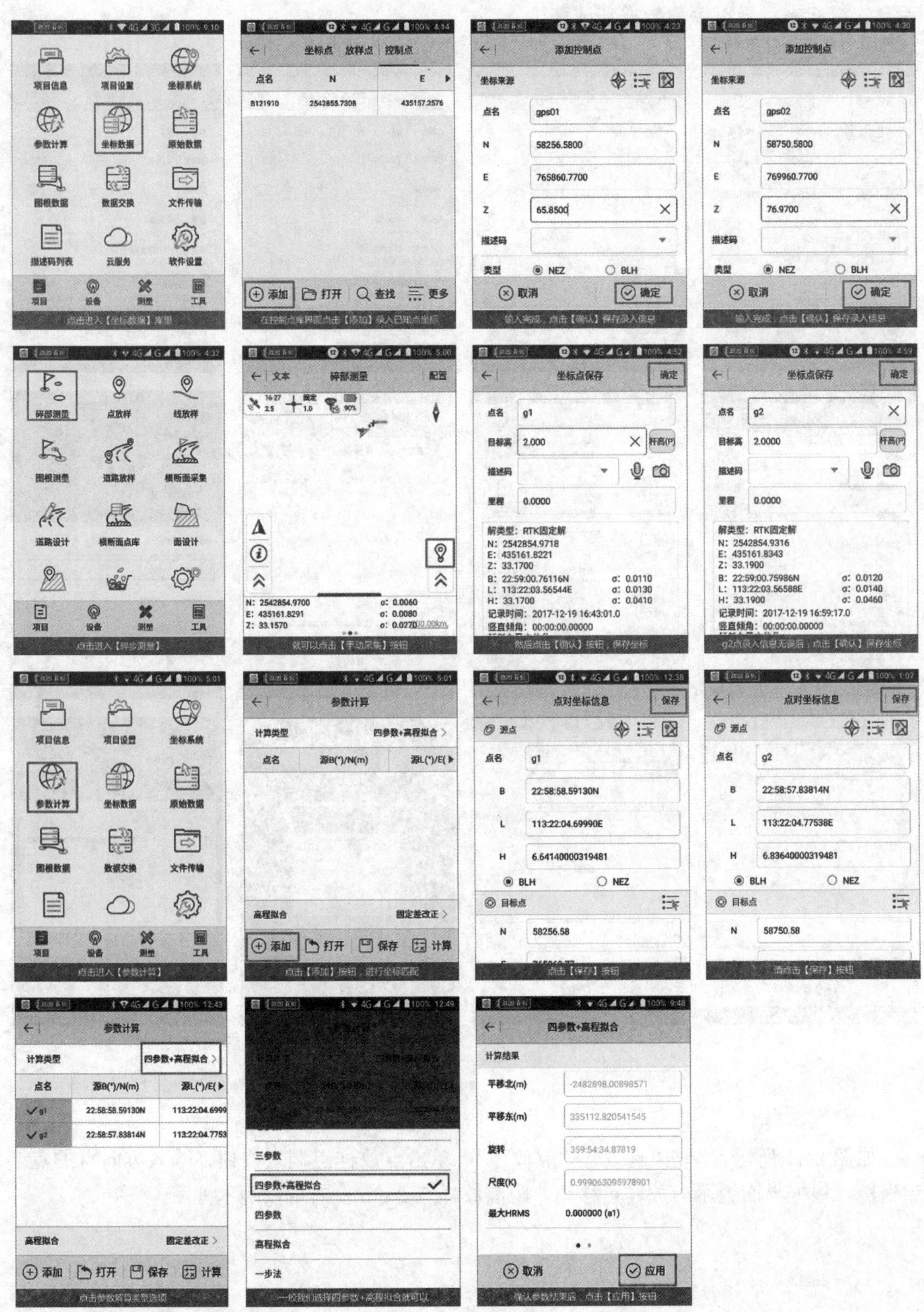

图 2-45　坐标转换

(五)碎部测量

如图 2-46 所示，单击“测量”→“碎部测量”，显示固定解的情况下采集碎度点坐标；单击“项目”→“数据交换”，选择导出数据格式，修改导出文件名；用 USB 数据线将计算机和手簿连接起来，导出手簿数据到计算机。

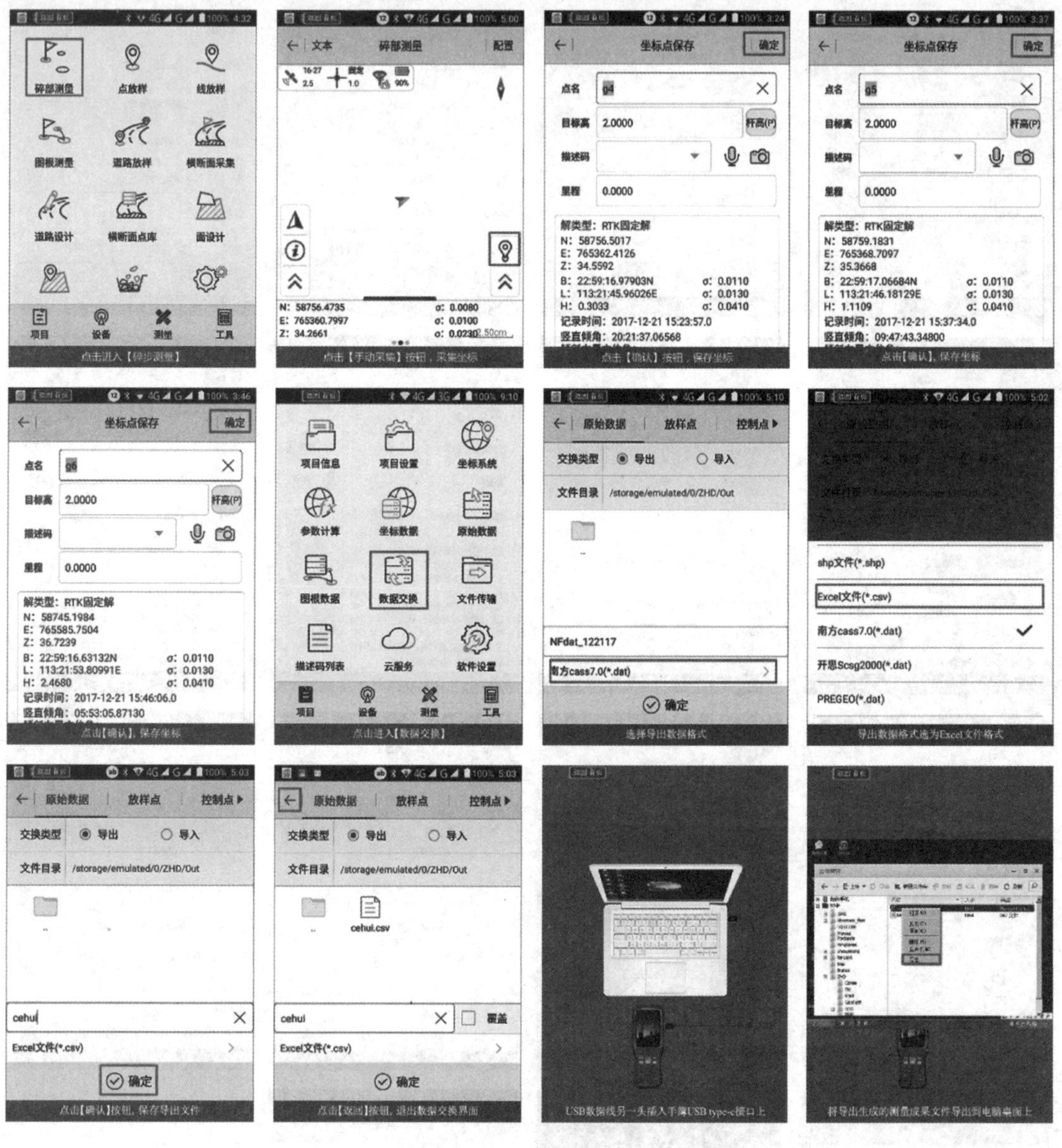

图 2-46　碎部测量

(六)点放样

如图 2-47 所示，单击“测量”→“点放样”，单击点放样点调入按钮，输入方向点的点名和坐标，根据界面提示向放样点移动，距离放样点 2 cm 左右可以砸木桩。

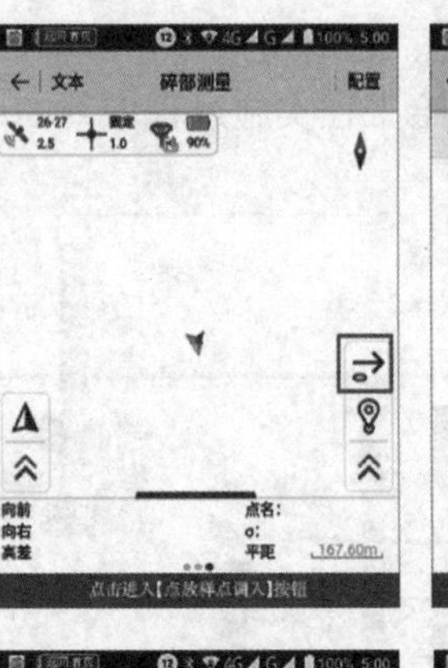

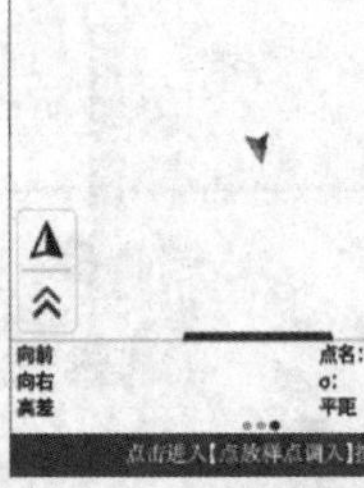
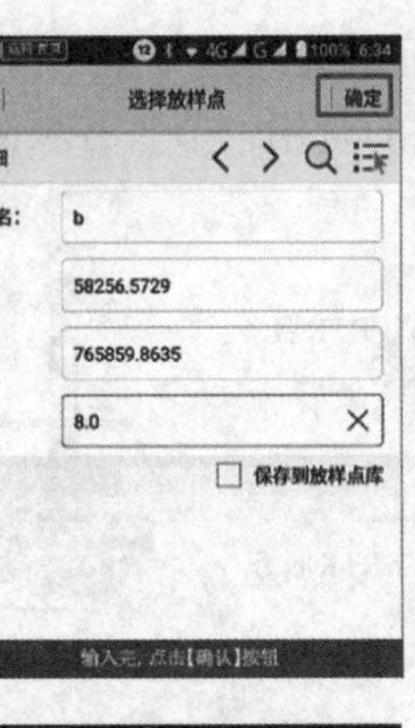

图 2-47 点放样

知识点三 网络 RTK

一、传统 RTK 的局限性及网络 RTK 的优势

传统 RTK 技术有一定的局限性，使其在应用中受到限制，主要表现在以下几个方面。

(1)用户需要架设本地的基准站。

(2)误差随距离增长。

(3)误差增长使移动站和基准站距离受到限制，且距离越远，初始化时间越长，可靠性和可行性也随距离增加而降低。

网络 RTK 技术实际上是一种多基站技术，它在处理上利用了多个基准站的联合数据。该系统不仅是 GPS 产品，而且是集 Internet 技术、无线通信技术、计算机网络管理和 GPS 定位技术于一身的系统，包括通信控制中心、固定站、用户部分。

网络 RTK 的优势主要有以下几项：

(1)无须架设基准站，省去了野外工作中的值守人员和架设基准站的时间，降低了作业成本，提高了生产效率。

(2)传统“1+1”GNSS 接收机真正等于 2，生产效率双提高。

(3)不需要四处找控制点。

(4)扩大了作业半径，网络覆盖范围内能够得到均等的精度，如图 2-48 所示。

(5)在 CORS 覆盖区域内，能够实现测绘系统和定位精度的统一，便于测量成果的系统转换和多用途处理。

(6)CORS的建立可以大大提高测绘精度、速度与效率，降低测绘劳动强度和成本，省去测量标志保护与修复的费用，节省各项测绘工程实施过程中约30%的控制测量费用。

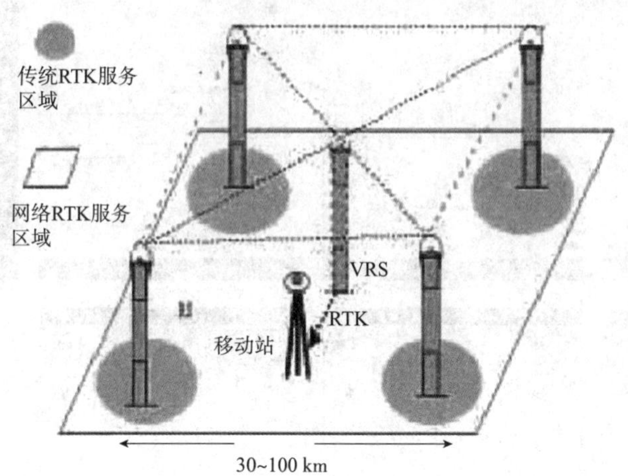

图 2-48　传统和网络 RTK 服务区域示意

二、网络 RTK 操作流程

与传统 RTK 相比较，网络 RTK 不需要设置基准站，且两者移动站的设置方法不同，其他操作流程与传统 RTK 基本相同。因此，仅介绍网络 RTK 移动站的设置，如图 2-49 所示。设置之前需要先将手簿联网，然后单击“设备”→“移动站”，“数据链”选择“手簿差分”，“截止高度角”输入“10”，“服务器”选择“CORS”，“IP”“端口”“源节点”“用户名”和“密码”根据供应商提供的数据录入即可。

图 2-49　网络 RTK 移动站设置

知识点四　坐标转换(点校正)

一、各种坐标系统

地球表面是一个凹凸不平的表面，对于地球测量而言，地表是一个无法用数学公式表达的曲面，这样的曲面不能作为测量和制图的基准面。假想用一个扁率极小的椭圆绕地球体短轴旋转，所形成的规则椭球体称为地球椭球体。地球椭球体与地球形体非常接近，是一个形状规则的数学表面，在其上可以做严密的计算，而且所推算的元素(如长度、角度)同大地水准面上的相应元素非常接近。在满足地心定位和双平行条件下，确定椭球参数(长半轴、扁率)使它在全球范围内与大地体最密合，称之为总地球椭球，基于总地球椭球建立的坐标系为地心坐标系。在局部区域，具有确定的椭球参数，经过局部定位和定向，同某一地区的国家大地水准面最佳拟合的地球椭球称为参考椭球，基于参考椭球建立的坐标系为参心坐标系。

(一)2000 国家大地坐标系

2000 国家大地坐标系的原点为包括海洋和大气的整个地球的质量中心；2000 国家大地坐标系的 Z 轴由原点指向历元为 2000.0 的地球参考极的方向，该历元的指向由国际时间局(BIH)给定的历元为 1 984.0 的初始指向推算，定向的时间演化保证相对于地壳不产生残余的全球旋转，X 轴由原点指向格林尼治参考子午线与地球赤道面(历元 2000.0)的交点，Y 轴与 Z 轴、X 轴构成右手正交坐标系。自 2008 年 7 月 1 日起，中国全面启用 2000 国家大地坐标系，2018 年 7 月 1 日起西安 80 和北京 54 坐标系正式退出历史舞台，自然资源系统全面使用 2000 国家大地坐标系。CGCS2000 坐标系支撑了国家北斗卫星导航系统的建设与应用，成了国家经济和社会发展的重要基石。该坐标系属于地心坐标系，原点在地球质心，长半轴 a=6 378 137 m；扁率 α=1/298.257 222 101。

(二)WGS-84 大地坐标系

WGS-84 大地坐标系是美国国防部研制确定的大地坐标系，Z 轴指向 BIH 1984.0 定义的协议地球极(CTP)方向，X 轴指向零子午面与 CTP 赤道交点，Y 轴与 X、Z 轴构成右手坐标系。该坐标系属于地心坐标系，原点在地球质心，长半轴 a=6 378 137 m；扁率 α=1/298.257 223 563。

RTK 默认采用的坐标系就是 WGS-84 大地坐标系。

(三)1980 西安坐标系

1980 西安坐标系开始定义为“1980 国家大地坐标系”。1982 年，经天文大地网整体平差建立，全网共 48 433 点。该坐标系属于参心坐标系，长半轴 a=6 378 140 m；扁率 α=1/298.257，原点在陕西省泾阳县。椭球面与似大地水准面在我国境内密合得最佳。

(四)1954 北京坐标系

20 世纪 50 年代从苏联引入(1942 年普尔科夫坐标系)，未进行整体平差，属于参心坐标系，克拉索夫斯基椭球体的长半轴 a=6 378 245 m；扁率 α=1/298.3。原点在普尔科夫天文台。主要缺点：长半轴约大了 108 m；椭球定位西高东低，东部高程异常达 67 m；不同区域接边处大地点坐标差达 1～2 m。

(五)新 1954 北京坐标系(新 54 系)

新 1954 北京坐标系(新 54 系)属于参心大地坐标系，椭球的几何参数同“54 系”，长半轴 a=6 378 245 m；扁率 α=1/298.3。大地原点及椭球轴向同“80 系”，高程基准面为 1956 年黄海平均高程面，点的坐标与“54 系”接近，精度同“80 系”。

(六)独立坐标系(地方坐标系)

为了减小投影变形或满足保密需要，也可使用独立(地方)坐标系，坐标原点一般在测区或城区中部，投影面多为当地平均高程面。

二、坐标转换的含义和方法

坐标转换就是计算出 WGS-84 和当地平面直角坐标系统之间的数学转换关系(有的 RTK 称为点校正)。在工程应用中，使用 GPS(RTK)卫星定位系统采集到的数据是 WGS-84 坐标系数据，而目前测量成果普遍使用的是以 1954 北京坐标系或 2000 国家大地坐标系或地方独立坐标系为基础的坐标数据。因此，必须将 WGS-84 坐标转换到 1954 北京坐标系或地方(任意)独立坐标系。

把 GPS(RTK)坐标系统转换到当地平面坐标系统包括基准转换、投影、坐标平移参数、水平残差和垂直残差、比例因子、旋转的角度等，如图 2-50 所示。

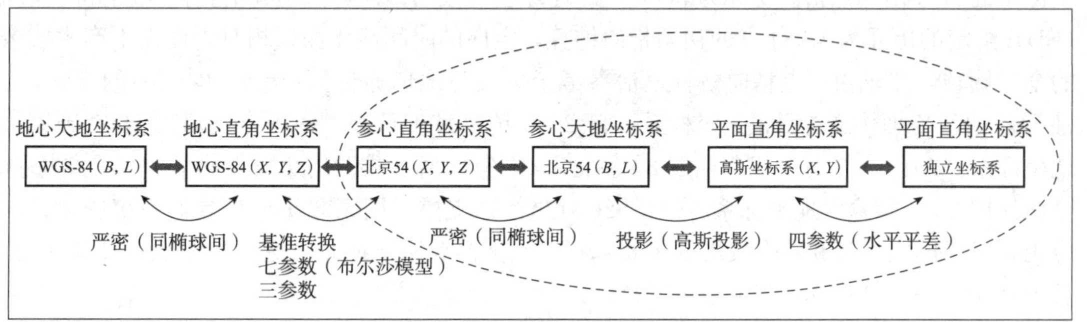

图 2-50　坐标转换流程图

要使一个坐标系统和另一个坐标系统产生关系，需要一组具有这两套坐标系统下坐标的地面点。因此，就需要一组 WGS-84 坐标和一组当地平面坐标：北、东和高程。根据转换所需已知点数量的不同，可分为三参数法、四参数＋高程拟合方法和七参数法。

1. 三参数法

利用一个已知点的 WGS-84 坐标和当地坐标求出 3 个平移参数，旋转角度为零，比例因子为 1。在不知道当地坐标系统的旋转角度、比例因子的情况下，单点校正的精度无法保障，控制范围更无法确定。因此，建议尽量不要使用这种方式。

2. 四参数＋高程拟合方法(RTK 最常用的作业模式)

利用两个已知点的 WGS-84 坐标和当地坐标求出 X 平移、Y 平移、α 旋转角、K 尺度比例因子和高程拟合参数；GPS 的高程系统为大地高(椭球高)，而测量中常用的高程为正常高。因此，GPS 测得的高程需要改正才能使用，高程拟合参数就是完成这种拟合的参数。计算高程拟合参数时，如果参与计算的公共控制点数目不同，则计算拟合所采用的模型也不同，达到的效果也不同。高程拟合有以下三种拟合方式。

(1)高程加权平均，所需已知点个数 3 个。

(2)高程平面拟合，所需已知点个数为 4～6 个。

(3)高程曲面拟合，所需已知点个数为 7 个以上。

在 RTK 参数转换中，用四参数转换平面坐标、用高程拟合的方法转换高程是精度最好的方法。

3. 七参数法

利用至少三个已知点的 WGS-84 坐标和当地坐标求出 X 平移、Y 平移、Z 平移、X 旋转角度、Y 旋转角度、Z 旋转角度、K 尺度比例因子七个参数。七参数的控制范围和精度虽然增加了，但七个转换参数都有参考限值，X、Y、Z 轴旋转角度一般必须是秒级的(工程之星中限值为小于 10″)；X、Y、Z 轴平移一般小于 1 000。若计算出的七参数不在这个限值以内，一般是不能使用的。而且七参数需要的已知点为等级控制网点，需要利用整个网的 WGS-84 坐标系下的三维约束平差结果和当地坐标系统的二维约束平差结果及各点的高程解算，求解较为复杂，理解起来相对困难。因此，具体使用七参数还是四参数要根据具体的施工情况而定。

三、坐标转换的注意事项

(1)在进行坐标转换时，如果设计图纸直接给出了控制点 WGS-84 坐标系的坐标值及项目实际使用的地方坐标系坐标值，则可以直接输入手簿进行计算。但往往设计单位一般只会给出项目实际使用的地方坐标系坐标值，而没有 WGS-84 坐标系的坐标值，这就需要我们实地测出控制点对应的 WGS-84 坐标系的坐标值进行计算。

(2)注意坐标系统、中央子午线、投影面(特别是海拔比较高的地方)、控制点与放样点是否是一个投影带。

(3)采用坐标转换的控制点如果有 2 个，则可计算出 3 个坐标的平移参数、旋转角度和比例因子，各残差都为零。比例因子至少在 0.999 9×× ××至 1.000 0×× ××之间，超过此数值，精度容易出现问题或已知点有问题；旋转的角度一般比较小，都在分以下(如 0°0′0.02″)，如果旋转上度，就要注意是不是已知点有问题。3 个点做点校正，有水平残差，无垂直残差。4 个点做点校正，既有水平残差，也有垂直残差。残差越小，说明校正的参数越精确。一般来说，水平残差和垂直残差都不应超过 2 cm，如果超过 2 cm，则说明参与点校正的已知点不在同一系统下或者有粗差(最大可能就是残差最大的那个点)。

(4)进行点校正的控制点最好分布在整个作业区域的边缘，能控制整个区域，并避免短边控制长边。一定要避免已知点的线性分布。例如，如果用三个已知点进行点校正，这三个点组成的三角形要尽量接近正三角形；如果是四个点进行点校正，就要尽量接近正方形，一定要避免所有的已知点的分布接近一条直线，这样会严重地影响测量的精度，特别是高程精度。

(5)如果在测量任务中只需要水平的坐标，不需要高程，建议用户至少要用两个点进行校正，但如果要检核已知点的水平残差，那么至少要用三个点；如果既需要水平坐标又需要高程，建议用户至少用三个点进行校正，但如果要检核已知点的水平残差和垂直残差，那么至少需要四个点进行校正。

(6)如果一个区域比较大，控制点比较多，要分区做校正，不要一个区域十几个点或更多的点全部参与校正。注意一个区域只做一次点校正即可，后面的再测量只需要重设当地坐标(基站平移)即可。

小结

本项目对常规测量仪器水准仪、经纬仪、全站仪和 GNSS-RTK 进行了系统的介绍。水准仪用于高程测量，水准仪根据构造不同可分为微倾式水准仪、自动安平水准仪和数字水准仪。微倾式水准仪操作较复杂，每次读数之前均需整平管水准器；自动安平水准仪在微倾式水准仪的基础上增加了倾斜补偿装置，取消了管水准器和微动螺旋，提高了工作效率；

数字水准仪以自动安平水准仪为基础，增加了数字读数装置和条码水准尺，读数客观、精度高。经纬仪用于水平角和竖直角的观测，构造、操作等均较水准仪复杂。全站仪既能测角也能量边，具有操作简单、精度高、体积小、全天候、受地形限制少等优点。GNSS (Global Navigation Satellite System，全球导航卫星系统)是所有全球导航卫星系统及其增强系统的集合名词，是利用全球的所有导航卫星所建立的覆盖全球的全天候无线电导航系统。RTK(Real - Time Kinematic)采用了载波相位动态实时差分方法，能够在野外实时得到厘米级定位精度的测量结果。

习题

一、单项选择题

1. 转动目镜对光螺旋的目的是看清楚(　　)。

A. 目镜　　B. 物镜　　C. 十字丝　　D. 目标

2. 水准仪能够提供水平视线的主要条件是(　　)。

A. 水准管轴平行于视准轴　　B. 视准轴垂直于竖轴

C. 视准轴垂直于圆水准器轴　　D. 竖轴平行于圆水准器轴

3. 消除视差的目的是(　　)。

A. 调节望远镜亮度　　B. 使目标成像正落在十字丝平面上

C. 使十字线清晰　　D. 使目标成像放大

4. 普通水准测量，应在水准尺上取读数(　　)位数。

A. 3　　B. 5　　C. 4　　D. 6

5. 水准仪各轴线之间的正确几何关系是(　　)。

A. 视准轴平行于水准管轴、竖轴平行于圆水准器轴

B. 视准轴垂直于竖轴、水准盒轴平行于水准管轴

C. 视准轴垂直于水准盒轴、竖轴垂直于水准管轴

D. 视准轴垂直于横轴、横轴垂直于竖轴

6. 圆水准器气泡居中时，其圆水准器轴应成(　　)位置。

A. 竖直　　B. 水平　　C. 倾斜　　D. 垂直

7. 测量仪器的望远镜是由(　　)组成的。

A. 物镜、目镜、十字丝、瞄准器　　B. 物镜、调焦透镜、目镜、瞄准器

C. 物镜、调焦透镜、十字丝、瞄准器　　D. 物镜、调焦透镜、十字丝、目镜

8. 转动目镜对光螺旋的目的是使(　　)十分清晰。

A. 瞄准器　　B. 物镜　　C. 十字丝分划板　　D. 目镜

9. 调节调焦螺旋可减小或消除视差，其顺序为先目镜后(　　)。

A. 十字丝分划板　　B. 物镜　　C. 目标　　D. 管水准器

10. 水准仪十字丝交叉点与物镜光心的连线称为望远镜的(　　)。

A. 横轴　　B. 竖轴　　C. 水准盒轴　　D. 视准轴

11. 圆水准器和管水准器轴的几何关系为(　　)。

A. 相交　　B. 交叉　　C. 平行　　D. 互相垂直

12. 经纬仪安置时，管水准器的作用是使仪器的(　　)。

A. 水准气泡居中　　B. 竖直度盘指标铅垂

C. 水平度盘水平　　D. 仪器精平

13. 水平角观测时，对中的目的是使(　　)与测站在同一铅垂线上。

A. 视准轴　　B. 圆水准器轴　　C. 竖直度轴中心　　D. 仪器中心

14. 用经纬仪观测水平角时，尽量照准目标的底部，其目的是消除(　　)误差对测角的影响。

A. 对中　　B. 照准　　C. 目标偏离中心　　D. 竖轴不垂直

15. 若经纬仪的视准轴与横轴不垂直，在观测水平角时，其盘左、盘右的误差影响是(　　)。

A. 大小相等　　B. 大小相等，符号相反

C. 大小不等，符号相同　　D. 大小相等，符号相同

16. 用经纬仪观测水平角时，采用盘左、盘右的方法可以消除(　　)误差的影响。

A. 横轴误差　　B. 水平度盘刻度误差

C. 仪器对中误差　　D. 竖轴误差

17. 各测回间改变零方向的度盘位置是为了削弱(　　)误差影响。

A. 视准轴　　B. 横轴　　C. 指标差　　D. 度盘分划

18. 目前国产 DJ6 级光学经纬仪度盘分划值是(　　)。

A. $1°$和$30'$　　B. $2°$和$1°$　　C. $30'$和$15'$　　D. $2°$和$4°$

19. 光学经纬仪有 DJ1、DJ2、DJ6 多种型号，数字 1、2、6 表示(　　)中误差的值。

A. 水平角测量一测回角度　　B. 竖直方向测量一测回方向

C. 竖直角测量一测回角度　　D. 水平方向测量一测回方向

20. 通过经纬仪竖轴的同一竖直面内不同高度的点在水平度盘上读取的读数是(　　)。

A. 点位越高，读数越大　　B. 不相同

C. 点位越高，读数越小　　D. 相同

21. 测水平角时，水平度盘与指标的运动关系是(　　)。

A. 水平度盘不动，指标动　　B. 指标不动，水平度盘动

C. 水平度盘和指标都动　　D. 指标和水平度盘都不动

22. 为了减小目标偏心对水平角观测的影响，应尽量瞄准标杆的(　　)。

A. 顶部位置　　B. 底部位置　　C. 中间位置　　D. 任何位置

23. 水平角观测中，目标偏心误差对水平角的影响最大时是(　　)。

A. 偏心误差垂直于观测方向　　B. 偏心误差平行于观测方向

C. 测站与目标距离较大　　D. 测站与目标距离较大

24. RTK 四参数计算至少需要(　　)个点参与解算。

A. 1　　B. 2　　C. 3　　D. 4

二、判断题

1. 在 3 m 双面水准尺上，黑、红两面尺零点刻画数值差总是 4.787 m。(　　)

2. 当十字线成像清晰目标影像有视差时，主要应调节物镜对光以清除视差。(　　)

3. 水准测量时，前后视距离相等可以消除仪器的 i 角误差。(　　)

4. 十字丝交点和目镜光心连线称为视准轴。(　　)

5. 在水准观测中，要经常用手扶住三脚架，以防仪器被碰倒。（　）

6. 使用自动安平水准仪时，只需安好三脚架而不必安平仪器即可进行观测。（　）

7. 微倾式水准仪每次读数之前和之后都要检查水准气泡是否居中。（　）

8. 盘左又称正镜，是指观测者对着望远镜的物镜时，竖直度盘在望远镜的左边。（　）

9. 在水平角测量中，用全站仪或经纬仪的十字丝的横丝照准目标的底部。（　）

10. DJ6 的 6 是指经纬仪观测水平角方向时测量半测回方向中误差不大于 6″。（　）

11. 经纬仪十字丝分划板上丝和下丝的作用是测量视距。（　）

12. 经纬仪既可以观测水平角，还可以观测竖直角和磁方位角。（　）

13. 采用经纬仪目标瞄准之后，度盘上那条分刻线落在分微尺上，此条分划线的值就是度。（　）

14. 经纬仪对中是为了使仪器中心与地面点标志中心处于同一条铅垂线上。（　）

15. 经纬仪的操作步骤是整平、对中、照准、读数。（　）

16. 经纬仪观测水平角时，要求盘左逆时针方向旋转望远镜，盘右顺时针方向旋转望远镜。（　）

17. 经纬仪整平的目的是使视线水平。（　）

18. 全站仪的补偿器按工作原理可分为单轴补偿器、双轴补偿器和三轴补偿器。（　）

19. 用全站仪进行距离或坐标测量前，不仅要设置正确的大气改正数，还要设置棱镜常数。（　）

20. 全站仪是一种集测角、测距、测高、计算、存储功能于一体的光、机、电测量仪器。（　）

21. 当全站仪使用棱镜作为反射体时，需在测量前设置好棱镜常数，棱镜常数设置后，关机后该常数消失。（　）

项目三 控制测量

知识目标

1. 了解控制测量的种类和技术指标要求；
2. 熟悉导线控制测量的形式和外业工作；
3. 掌握导线控制测量的内业计算方法；
4. 掌握三、四等水准测量的观测方法。

能力目标

1. 能布设平面控制网和高程控制网；
2. 能进行控制测量；
3. 能对控制测量数据进行内业处理；
4. 能完成实际工程控制测量任务。

素养目标

1. 培养学生精益求精的工匠精神；
2. 增强学生沟通能力和团队合作能力。

知识导引

在测量工作中，为了限制测量误差的传播，满足测图或施工的需要，必须遵循“从整体到局部，先控制后碎部，由高级到低级”的原则，即在测区内先进行控制测量，然后进行测绘和放样。在测区范围内选定一些对整体具有控制作用的点，称为控制点，组成一定的几何图形，称为控制网，用精密仪器和严密的方法精确测定各控制点位置的工作称为控制测量。控制测量可分为平面控制测量和高程控制测量。

想一想：国家等级的控制测量是如何实施的？我国的国家大地原点在哪里？水准原点在哪里？它们是怎么得来的？

任务一　控制测量概述

控制测量包括平面控制测量和高程控制测量两类。平面控制网按精度可划分为等与级两种规格，由高向低依次宜为一、二、三、四等和一、二、三级。平面控制网的建立可采用卫星定位测量、导线测量、三角形网测量等方法。卫星定位测量可用于二、三、四等和一、二级控制网的建立；导线测量可用于三、四等和一、二、三级控制网的建立；三角形网测量可用于二、三、四等和一、二级控制网的建立。本项目将详细介绍导线测量的相关内容。

高程控制测量是指建立垂直方向控制网的控制测量工作。它的任务是在测区范围内以统一的高程基准，精确测定所设一系列地面控制点的高程，为地形测图和工程测量提供高程控制依据。高程控制的测量方法有水准测量、三角高程测量、气压高程测量和 GPS 高程测量等。我国高程控制测量根据精度分为一、二、三、四、五等。各等级高程控制宜采用水准测量，四等及以下等级也可采用电磁波测距三角高程测量，五等还可采用卫星定位高程测量。一等水准测量是国家高程控制网的骨干，是研究地壳垂直运动及有关科学问题的依据。二等水准测量附合于一等水准环上，是国家高程控制的全面基础。三、四等水准测量为直接求得平面控制点的高程提供地形测图和各种工程建设的高程需要。首级高程控制网的等级应根据工程规模、控制网的用途和精度要求选择。首级网应布设成环形网，加密网宜布设成附合路线或结点网。测区的高程系统宜采用 1985 国家高程基准。在已有高程控制网的地区测量时，可沿用原有的高程系统；小测区不具备联测条件时，也可采用假定高程系统。高程控制点间的距离一般地区应为 1～3 km，工业厂区、城镇建筑区宜小于 1 km。一个测区至少应有 3 个高程控制点。

任务二　导线测量

知识点一　导线测量简介

一、导线测量的概念

在测区范围内的地面上按一定要求选定的具有控制意义的点称为控制点。将测区内相邻控制点连接成直线所构成的折线称为导线，其中的控制点也称为导线点，折线边也称为导线边。导线测量就是依次测定各导线边的长度和各转折角值，再根据起始数据，推算各边的坐标方位角，计算出各导线点的坐标，从而确定各点平面位置的测量方法。

导线测量是建立平面控制的常用方法。其特点是布设灵活，要求通视方向少，边长直接丈量，精度均匀。它适用于狭长地带、隐蔽地区、地物分布较复杂的城市地区。

使用经纬仪测量转折角，使用钢尺测定边长，称之为经纬仪导线；若使用光电测距仪或全站仪测定导线边长，则称之为电磁波测距导线。

二、导线的布设形式

根据测区的具体情况，导线的布设形式有闭合导线、附合导线和支导线三种。

(一)闭合导线

以高级控制点 A、B 中的 B 为起点，AB 边的方位角 α_{AB} 为起始方位角，经过若干个导线点后，仍回到起始点 B，形成一个闭合多边形的导线称为闭合导线，如图 3-1 所示。它有两个检核条件：一个是多边形内角和条件；另一个是坐标增量条件。

视频：导线的布设形式

(二)附合导线

以高级控制点 B 为起始点，AB 方向为起始方向，经过若干个导线点后，附合到另外一个高级控制点 C 和已知方向 CD 上，这种导线称为附合导线，如图 3-2 所示。它有两个检核条件：一个是坐标方位角条件；另一个是坐标增量条件。

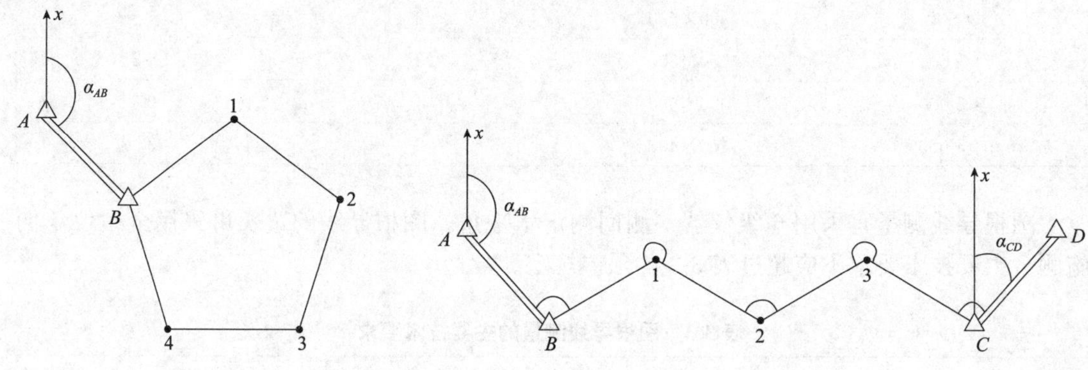

图 3-1　闭合导线示意　　　图 3-2　附合导线示意

(三)支导线

从一高级控制点上引出的导线，它既不闭合到起始点上，也不附合到另一高级控制点上，这种导线称为支导线。支导线没有检核条件，有错误也不易发现，故一条支导线一般不能多于 3 个点，如图 3-3 所示。

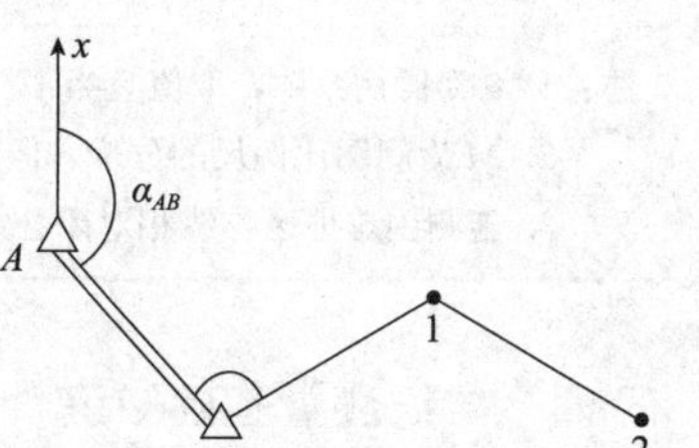

图 3-3　支导线示意

闭合导线、附合导线和支导线统称为单一导线。

三、导线测量主要技术指标

依照《工程测量标准》(GB 50026—2020)，各等级导线测量的主要技术要求见表 3-1。

表 3-1　各等级导线测量的主要技术指标要求

等级	导线长度/km	平均边长/km	测角中误差/(″)	测距中误差/mm	测距相对中误差	测回数				方位角闭合差/(″)	导线全长相对闭合差
						0.5″级仪器	1″级仪器	2″级仪器	6″级仪器		
三等	14	3	1.8	20	≤1/150 000	4	6	10	—	$3.6\sqrt{n}$	≤1/55 000
四等	9	1.5	2.5	18	≤1/80 000	2	4	6	—	$5\sqrt{n}$	≤1/35 000
一级	4	0.5	5	15	≤1/30 000	—	—	2	4	$10\sqrt{n}$	≤1/15 000
二级	2.4	0.25	8	15	≤1/14 000	—	—	1	3	$16\sqrt{n}$	≤1/10 000
三级	1.2	0.1	12	15	≤1/7 000	—	—	1	2	$24\sqrt{n}$	≤1/5 000

注：1. n 为测站数；

2. 当测区测图的最大比例尺为 1∶1 000 时，一、二、三级导线的导线长度、平均边长可放长，但最大长度不应大于表中规定相应长度的 2 倍。

另外，直接供地形测图使用的控制点称为图根控制点，简称图根点，测定图根点位置的工作称为图根控制测量。图根点相对于邻近等级控制点的点位中误差不应大于图上

0.1 mm，图根点的数量不宜少于表 3-2 的规定。

表 3-2　一般地区图根点的数量

测图比例尺	图幅尺寸/mm	图根点数量/个	
		全站仪测图	RTK 测图
1∶500	500×500	2	1
1∶1 000	500×500	3	1～2
1∶2 000	500×500	4	2
1∶5 000	400×400	6	3

图根导线测量宜采用 6″级仪器一测回测定水平角，图根导线的边长可采用全站仪单向施测。主要技术要求不应超过表 3-3 的限差规定。

表 3-3　图根导线测量的主要技术要求

导线长度/m	相对闭合差	测角中误差/(″)		方位角闭合差/(″)	
		首级控制	加密控制	首级控制	加密控制
$\leqslant\alpha\cdot M$	$\leqslant 1/(2\,000\times\alpha)$	20	30	$40\sqrt{n}$	$60\sqrt{n}$
注：1. α 为比例系数，取值宜为 1，当采用 1∶500、1∶1 000 比例尺测图时，α 值可在 1～2 之间选用； 2. M 为测图比例尺的分母，但对于工矿区现状图测量，不论测图比例尺大小，M 应取值为 500； 3. 施测困难地区导线相对闭合差不应大于 $1/(1\,000\times\alpha)$。					

四、导线测量基础知识

(一)坐标增量

视频：导线测量基础知识

地面上两点的直角坐标值之差称为坐标增量，用 Δx_{AB} 表示 A 点至 B 点的纵坐标增量，Δy_{AB} 表示 A 点至 B 点的横坐标增量。坐标增量有方向性和正负，例如，Δx_{BA}、Δy_{BA} 表示 B 点至 A 点的纵、横坐标增量，其正负号与 Δx_{AB}、Δy_{AB} 相反。

在图 3-4 中，设 A、B 两点的坐标分别为 $A(x_A,\ y_A)$、$B(x_B,\ y_B)$。则 A 至 B 点的坐标增量为

$$\begin{cases}\Delta x_{AB}=x_B-x_A\\ \Delta y_{AB}=y_B-y_A\end{cases}\tag{3-1}$$

而 B 至 A 点的坐标增量为

$$\begin{cases}\Delta x_{BA}=x_A-x_B\\ \Delta y_{BA}=y_A-y_B\end{cases}\tag{3-2}$$

很明显，A 点至 B 点与 B 点至 A 点的坐标增量，绝对值相等，正负号相反。由于坐标增量均带有方向性(由下标表示)，需务必注意下标的书写次序。

(二)坐标正算

由一个已知点的坐标及该点至未知点的距离和坐标方位角，计算未知点坐标，称为坐标正算。

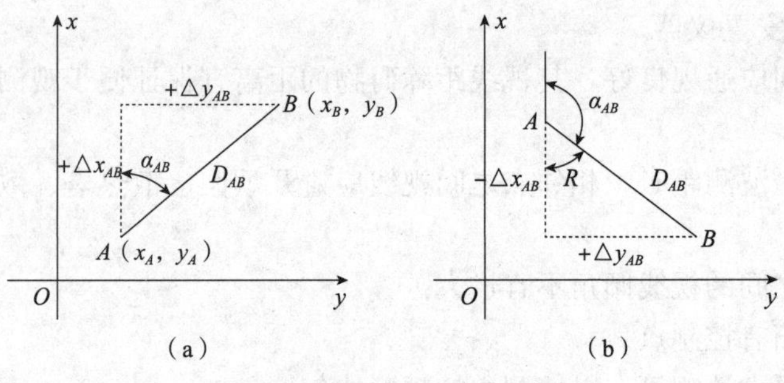

图 3-4　坐标正反算

已知 A 点的坐标为 A（x_A，y_A），测出 A 点至 B 点的坐标方位角 α_{AB} 和水平距离 D_{AB}，求 B 点的坐标（x_B，y_B）。其计算公式如下：

$$\begin{cases} x_B = x_A + \Delta x_{AB} = x_A + D_{AB}\cos\alpha_{AB} \\ y_B = y_A + \Delta y_{AB} = y_A + D_{AB}\sin\alpha_{AB} \end{cases} \tag{3-3}$$

(三)坐标反算

已知 A、B 两点的直角坐标，推算这两点之间的水平距离 D_{AB} 及坐标方位角 α_{AB}，称为坐标反算。如图 3-4 所示，已知 A 点的直角坐标为（x_A，y_A），B 点的直角坐标为（x_B，y_B），则距离 D_{AB} 及方位角 α_{AB} 的计算公式如下：

$$D_{AB} = \sqrt{\Delta x_{AB}^2 + \Delta y_{AB}^2} = \sqrt{(x_B - x_A)^2 + (y_B - y_A)^2} \tag{3-4}$$

$$\alpha_{AB} = \arctan\frac{\Delta y_{AB}}{\Delta x_{AB}} + \begin{cases} 0°（第一象限） \\ 180°（第二、三象限） \\ 360°（第四象限） \end{cases} \tag{3-5}$$

式中，α_{AB} 的象限可根据坐标增量 Δx_{AB}、Δy_{AB} 的正负确定，可参见表 3-4。

表 3-4　象限角、方位角、坐标增量的关系

象限	象限角 R 与方位角 α 的关系	Δx	Δy
Ⅰ	$\alpha=R$	＋	＋
Ⅱ	$\alpha=180°-R$	－	＋
Ⅲ	$\alpha=180°+R$	－	－
Ⅳ	$\alpha=360°-R$	＋	－

知识点二　导线测量外业工作

导线测量的外业工作包括踏勘选点、水平角观测、延长测量、导线定向。

一、踏勘选点

根据测区的地形情况选择一定数量的导线点。在选点之前，首先应收集测区已有的小比例尺地形图和控制点的成果资料，其次在地形图上拟订导线的布设方案，最后到野外进行实地踏勘，根据实地情况进行修改与调整，选定点位并建立标志。若无地形图可利用，实地踏勘选点。选点时应注意以下几点。

(1)点位应选择在土质坚实、稳固可靠、便于保存的地方，视野应相对开阔，便于加

密、扩展和寻找及安置仪器。

(2)相邻点之间应通视良好，其视线距障碍物的距离宜保证便于观测，以不受旁折光的影响为原则。

(3)当采用电磁波测距时，相邻点之间视线应避开烟囱、散热塔、散热池的发热体及强电磁场。

(4)相邻两点之间的视线倾角不宜过大。

(5)充分利用旧有控制点。

(6)导线边长要大致相等，以使测角的精度均匀。

(7)导线点的数量要足够，密度要均匀，以便控制整个测区。

导线点选定后，用木桩(或钢筋钉)打入地面，桩顶钉一小铁钉，以表示点位，如图 3-5 所示。水泥地面上也可用红漆圈一圆圈，圆内点一小点或画一“十”字作为临时性标志。重要的地方应埋设水泥桩，桩顶嵌入带有“十”字的金属标志，如图 3-6 所示。为了便于测量和使用管理，导线点要统一编号，并绘制导线线路草图和点之记，如图 3-7、图 3-8 所示。

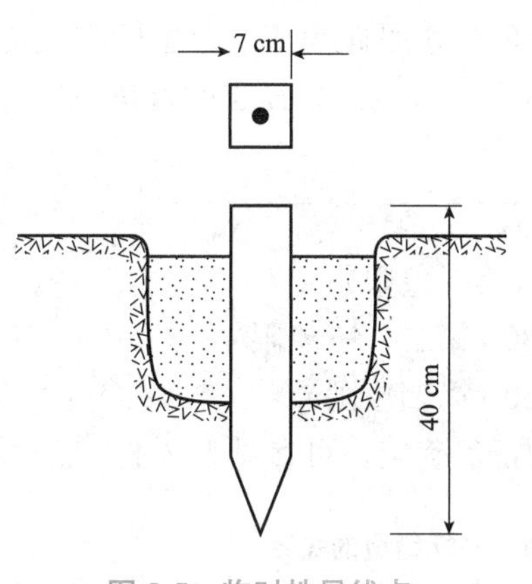

图 3-5　临时性导线点

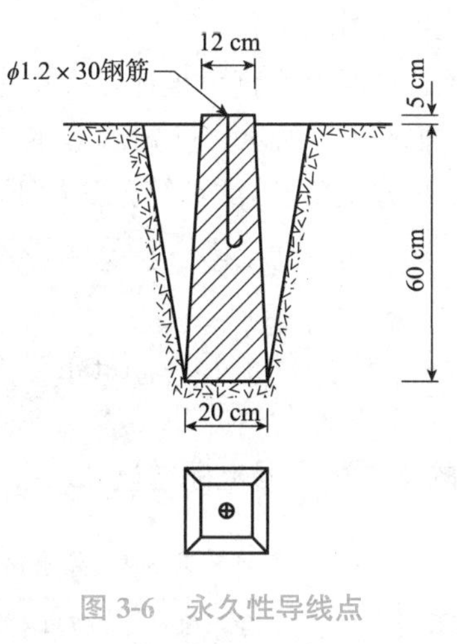

图 3-6　永久性导线点

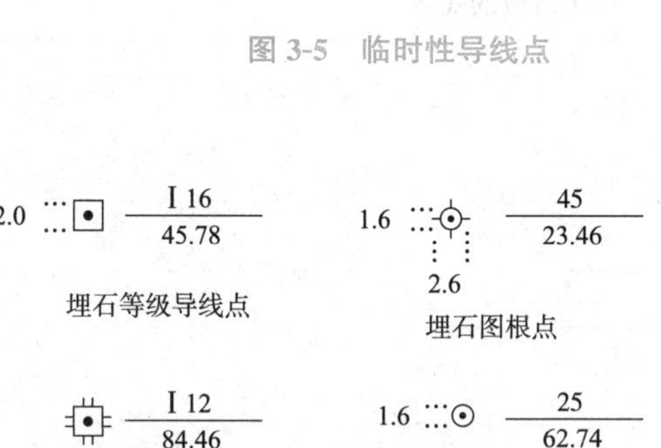

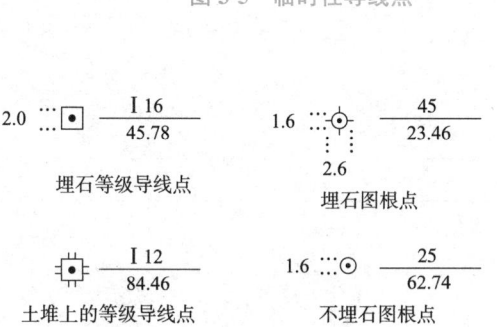

图 3-7　导线点在图上的符号

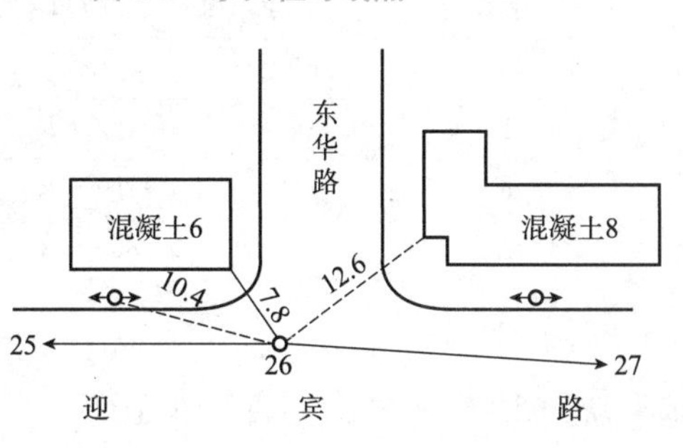

图 3-8　导线点的点之记

二、水平角观测

导线转折角有左、右之分，以导线为界，沿前进方向左侧的角为左角，沿前进方向右侧的角为右角。在附合导线中一般测量其左角，在闭合导线中一般测量其内角。闭合导线若按逆时针方向编号，其内角即左角；反之均为右角。

三、边长测量

导线边长可以用光电测距仪测定，也可以用钢尺丈量。若用光电测距仪测定，应测定导线边的水平距离；若用钢尺丈量，对一、二、三级导线，应采用精密量距法进行丈量；对于图根导线，则用一般方法往返进行丈量，其相对误差一般不得超过 1/3 000，在特殊困难地区不得超过 1/1 000。

四、导线定向

导线定向的目的是使导线点的坐标纳入国家坐标系或该地区的统一坐标系中。当导线与测区已有控制点连接时，必须测出连接角，即导线边与已知边发生联系的角，如图 3-9 所示的角 β。

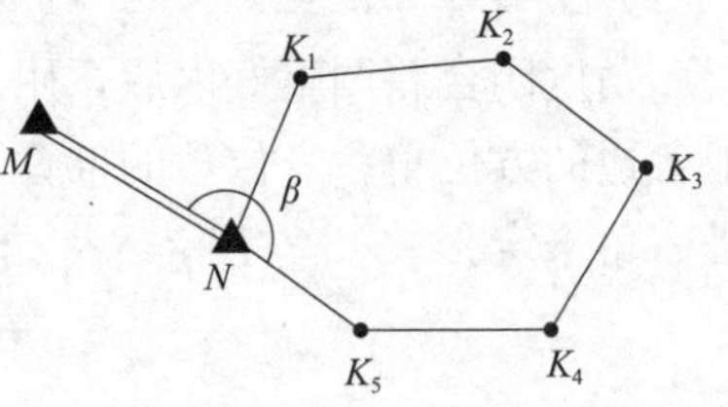

图 3-9 导线定向

对于独立导线，需用罗盘仪测定起始方位角。

知识点三 导线测量的内业计算

导线测量外业结束后即可进行内业计算，内业计算的目的是计算出各导线点的坐标。计算前应检查外业观测成果有无丢失、记错或算错，成果是否符合规范规定的精度要求。同时，要绘制草图注明导线点号和相应的边长、角度，以供计算时使用。闭合导线和附合导线都要满足一定的几何条件，由于观测中存在误差，这些条件一般不会直接满足，而产生闭合差，导线内业计算可以合理分配这些闭合差，使规定的几何条件得到满足，并给出各导线点的坐标值。

一、闭合导线的内业计算

闭合导线是由折线组成的多边形，因而闭合导线必须满足两个几何条件：一个是多边形内角和条件，即多边形内角观测值之和应该等于多边形内角和理论值；另一个是坐标条件，即从起算点开始，逐点推算导线各点的坐标，最后推算到起点。因为是同一个点，所以推算出的坐标应该等于已知坐标。闭合导线计算的方法与步骤如下。

视频：闭合导线的内业计算

(一)角度闭合差计算与调整

n 边形内角和的理论值应为

$$\sum\beta_{理}=(n-2)\times180° \tag{3-6}$$

由于测角误差的影响，观测所得的内角和 $\sum\beta_{测}$ 不等于理论值 $\sum\beta_{理}$，两者之差称为角度闭合差，用 f_β 表示。

$$f_\beta=\sum\beta_{测}-\sum\beta_{理}=\sum\beta_{测}-(n-2)\times180° \tag{3-7}$$

角度闭合差的大小在一定程度上反映着测角的精度。根据表 3-1，一～三级导线测量的角度闭合差的容许值分别为 $10''\sqrt{n}$、$16''\sqrt{n}$ 和 $24''\sqrt{n}$，根据表 3-3，加密控制图根导线测量的角度闭合差为 $60''\sqrt{n}$。

当角度闭合差 $f_\beta<f_{\beta允}$ 时，将角度闭合差以相反的符号平均分配给各观测角，即在每个角度观测值上加上一个改正数 v_β，其数值为

$$v_\beta=\frac{-f_\beta}{n} \tag{3-8}$$

改正值 v_β 取值到秒。当 f_β 不能被 n 整除而有余数时，可将余数秒人为调整到短边的邻角上。经改正后的角值总和应等于$\sum\beta_{理}$，以此来校核计算是否有误。

再将 v_β 加至各观测角 β_i 上，计算出改正后的角值为

$$\hat{\beta}_i=\beta_i+v_\beta \tag{3-9}$$

(二)导线各边坐标方位角的推算

角度闭合差调整好以后，用改正后的角值从第一条边的已知方位角开始依次推算出其他各边的方位角。方位角的推算可以采用左角公式或右角公式，根据导线转折角是左角还是右角来定。

$$左角公式：\alpha_{前}=\alpha_{后}+\beta_{左}-180° \tag{3-10}$$

$$右角公式：\alpha_{前}=\alpha_{后}-\beta_{右}+180° \tag{3-11}$$

计算的结果若小于0°，则加360°；若大于360°，则减360°。

在推算方位角时，要从最后一条边的方位角推算起始边的坐标方位角，其值和已知方位角一定相等，以此作为方位角计算中的检核。

(三)坐标增量及坐标增量闭合差的计算与调整

当已知导线各边边长和坐标方位角后，可按下式计算各边的坐标增量：

$$\Delta x=D\cos\alpha \tag{3-12}$$

$$\Delta y=D\sin\alpha \tag{3-13}$$

为了满足坐标条件，闭合导线各边坐标增量的代数和理论上应等于零，即

$$\sum\Delta x_{理}=0 \tag{3-14}$$

$$\sum\Delta y_{理}=0 \tag{3-15}$$

由于量距误差的存在和角度闭合差调整后的残余误差的影响，计算所得坐标增量的代数和不等于零，此值称为闭合导线的坐标增量闭合差，用下式表示：

$$f_x=\sum x_{测}-\sum x_{理}=\sum x_{测} \tag{3-16}$$

$$f_y=\sum y_{测}-\sum y_{理}=\sum y_{测} \tag{3-17}$$

由于坐标增量闭合差 f_x，f_y 的存在，导线在平面图形上不能闭合，造成错开的现象，这种错开的距离长度称为导线全长闭合差，用 f 表示，计算公式为

$$f=\sqrt{f_x^2+f_y^2} \tag{3-18}$$

导线测量精度高低通常用全长相对闭合差 K 来衡量，导线全长闭合差 f 与导线全长之比称为导线全长相对闭合差，简称为导线相对闭合差，一般化成分子为1的分数来表示，即

$$K=\frac{f}{\sum D}=\frac{1}{\frac{\sum D}{f}} \tag{3-19}$$

根据表3-1，一～三级导线测量的导线全长相对闭合差的容许值 $K_{容}$ 分别为1/15 000、1/10 000、1/5 000；根据表3-3，图根导线测量的全长相对闭合差的容许值 $K_{容}$ 分别为1/4 000～1/2 000。

当 K 小于 $K_{容}$ 时，导线测量的精度符合要求，可将增量闭合差以相反的符号，按各边长度成比例分配给各坐标增量，使改正后的坐标增量的代数和等于0。各坐标增量改正值可按下式计算：

$$V_{xi}=-\frac{f_x}{\sum D}\times D_i \tag{3-20}$$

$$V_{yi}=-\frac{f_y}{\sum D}\times D_i \tag{3-21}$$

式中，V_{xi}、V_{yi} 为第 i 条边的纵、横坐标增量的改正值；D_i 为第 i 条边的边长；$\sum D$ 为导线全长。

纵、横坐标增量改正值之和应满足下式：

$$\sum V_x=-f_x \tag{3-22}$$

$$\sum V_y=-f_y \tag{3-23}$$

改正后的坐标增量计算公式为

$$\Delta\hat{x}=\Delta x+V_{xi} \tag{3-24}$$

$$\Delta\hat{y}=\Delta y+V_{yi} \tag{3-25}$$

纵、横坐标增量的代数和应分别等于零，即

$$\sum\Delta\hat{x}=0 \tag{3-26}$$

$$\sum\Delta\hat{y}=0 \tag{3-27}$$

在表格计算中，坐标增量改正值计算好后，一般写在增量计算值上面。为书写简便，通常以坐标增量的末位为单位书写，并应上下对齐。

(四)导线点的坐标计算

根据起始点的已知坐标和改正后的坐标增量，按计算路线依次计算各导线点的坐标。其计算公式为

$$x_i=x_{i-1}+\Delta\hat{x}_{i-1} \tag{3-28}$$

$$y_i=y_{i-1}+\Delta\hat{y}_{i-1} \tag{3-29}$$

最后推算出起点坐标。两者应完全相等，以此校核坐标计算的准确性。

【例 3-1】 图 3-10 所示为一级闭合导线的计算略图，B 和 $1H$ 为已知的高程控制点，$1H$ 点的坐标为(12 037.542，20 207.028)，B-$1H$ 的方位角为 335°30′07″，计算 $2H$、$3H$ 和 $4H$ 点的坐标。

【解】：计算过程见表 3-5。

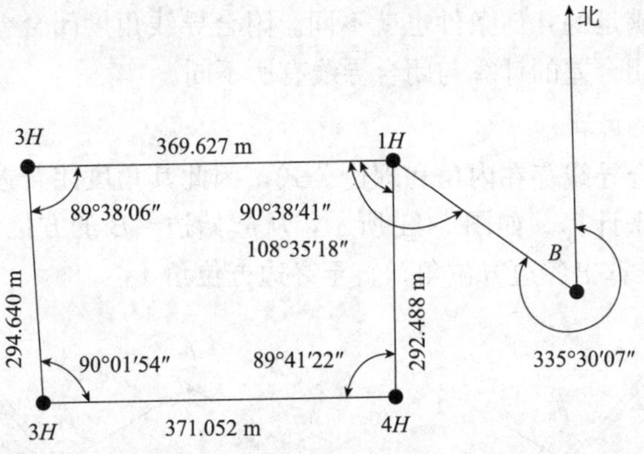

图 3-10　闭合导线计算略图

表 3-5　闭合导线坐标计算

点号	观测角(左角)/(° ′ ″)	改正后角度值/(° ′ ″)	坐标方位角/(° ′ ″)	距离/m	坐标增量		改正后坐标增量		坐标	
					Δx/m	Δy/m	Δx/m	Δy/m	x/m	y/m
B										
1H	108 35 8	108 35 18	335 33 07							
2H	0 89 38 06	89 38 06	264 08 25	369.627	+1 −37.736	−1 −367.696	−37.735	−367.697	12 037.542	20 207.028
3H	−1 90 01 54	90 01 53	173 46 31	294.640	+1 −292.903	−1 +31.947	−292.902	+31.946	11 999.807	19 839.331
4H	−1 89 41 22	89 41 21	83 48 24	371.052	+1 +40.030	−2 +368.886	+40.031	+368.884	11 706.905	19 871.277
1H	−1 90 38 41	90 38 40	353 29 45	292.488	+1 +290.605	−1 −33.132	+29.606	−33.133	11 746.936	20 240.161
2H			264 08 25						12 037.542	20 207.028
Σ	360 00 03	360 00 00		1327.807	−0.004	+0.005	0.000	0.000		
辅助计算	$f_\beta=\sum\beta_{测}-360°=3''$　　$f_x=\sum\Delta x=-4$ mm　　$f_y=\sum\Delta y=5$ mm $f_{\beta容}=\pm10''\sqrt{n}=\pm20''$　　$f=\sqrt{f_x^2+f_y^2}=6$ mm　　$K=\frac{f}{\sum D}=\frac{1}{221\ 301}$ $\lvert f_\beta\rvert<\lvert f_{\beta容}\rvert$ 合格　　$K_{容}=\frac{1}{15\ 000}$　　$K<K_{容}$　　合格									
注：角度计算等取位至 1″，距离、坐标计算等取位至 1 mm。										

二、附合导线的内业计算

视频：附合导线的内业计算

附合导线的内业计算步骤与闭合导线相同，但由于附合导线与闭合导线的几何图形不同，满足的几何条件也就不同。附合导线角度闭合差的计算及纵、横坐标增量闭合差的计算与闭合导线有所不同。

(一)角度闭合差的计算

附合导线不像闭合导线存在内角和理论公式，因此其角度闭合差只能用推算方位角的方法来计算。如图 3-11 所示，从起始边 AB 的方位角 α_{AB} 通过各转折角 β，可推算出各边方位角，直至终边方位角 α_{CD}。

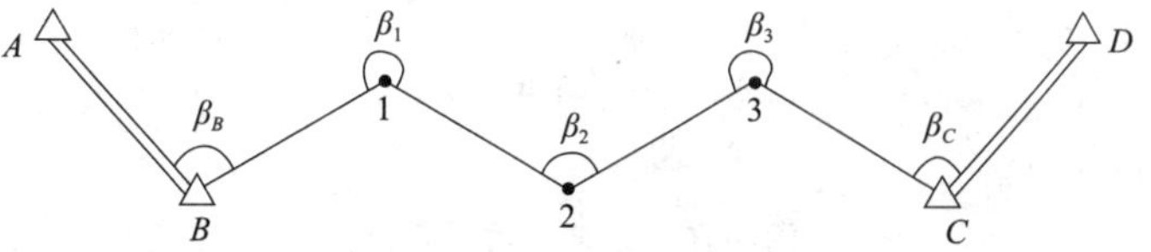

图 3-11　附合导线示意

转折角为左角时，上式可以写成一般公式为

$$左角：\alpha'_{终}=\alpha_{始}+\sum\beta_{左}-n\times180° \tag{3-30}$$

转折角为右角时，一般公式为

$$右角：\alpha'_{终}=\alpha_{始}-\sum\beta_{右}+n\times180° \tag{3-31}$$

根据上面两个公式计算的结果若大于 360°，则减若干个 360°；若小于 0°，则加若干个 360°，使最终结果在 0°和 360°之间。

由于角度观测值存在误差，$\alpha'_{终}$与已知的 $\alpha_{终}$ 不相等，而产生角度闭合差 f_β，即

$$f_\beta=\alpha'_{终}-\alpha_{终} \tag{3-32}$$

若闭合差在容许范围之内，当观测角是左角时，将闭合差按相反符号平均分配给各左角；当观测角是右角时，则将闭合差按相同符号平均分配给各右角。

(二)坐标增量闭合差的计算

附合导线的起点和终点都是高级控制点，两点坐标增量的理论值为

$$\sum\Delta x_{理}=x_{终}-x_{始} \tag{3-33}$$

$$\sum\Delta y_{理}=y_{终}-y_{始} \tag{3-34}$$

由于测量的角度和边长均存在误差，根据改正后的方位角和边长所计算的坐标增量之和往往不等于理论值，其差值称为附合导线坐标增量闭合差，即

$$f_x=\sum\Delta x_{测}-(x_{终}-x_{始}) \tag{3-35}$$

$$f_y=\sum\Delta y_{测}-(y_{终}-y_{始}) \tag{3-36}$$

式中，$x_{始}$、$y_{始}$ 分别为附合导线起始点的纵、横坐标，以图 3-11 为例，对应于 x_B 和 y_B；$x_{终}$、$y_{终}$ 分别为附合导线终点的纵、横坐标，以图 3-11 为例，对应于 x_C 和 y_C。

有关附合导线全长闭合差的计算，以及 f_x，f_y 的调整方法与闭合导线完全相同，此处不再赘述。

【例 3-2】 图 3-12 所示为某图根附合导线的计算略图，A、B、C、D 是已知点，外业观测资料为导线边距离和各转折角，见图中标注。计算 1、2、3 和 4 点的坐标。

【解】：计算过程见表 3-6。

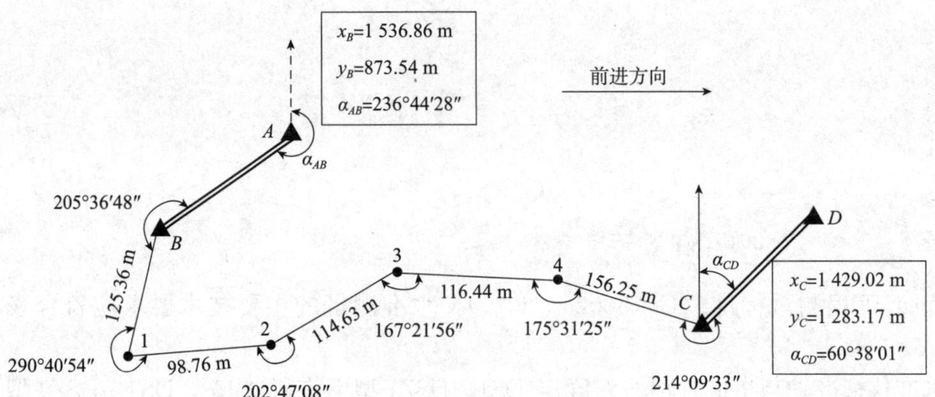

图 3-12　附合导线计算略图

表 3-6　附合导线坐标计算

点号	观测角（右角）/(° ′ ″)	改正后角度值/(° ′ ″)	坐标方位角/(° ′ ″)	距离/m	坐标增量 Δx/m	坐标增量 Δy/m	改正后坐标增量 Δx/m	改正后坐标增量 Δy/m	坐标 x/m	坐标 y/m
A										
			236 44 28							
B	−13 205 36 48	205 36 35							1 536.86	837.54
			211 07 53	125.36	+4 −107.31	−2 −64.81	−107.27	−64.83		
1	−12 290 40 54	290 40 42							1 429.59	772.71
			100 27 11	98.71	+3 −17.92	−2 97.12	−17.89	97.10		
2	−13 202 47 08	202 46 55							1 411.70	869.81
			77 40 16	114.63	+3 30.88	−2 141.29	30.91	141.27		
3	−13 167 21 56	167 21 43							1 442.61	1 011.08
			90 18 33	116.44	+4 −0.63	−2 116.44	−0.59	116.42		
4	−13 175 31 25	175 31 12							1 442.02	1 127.50
			94 47 21	156.25	+5 −13.05	−3 155.70	−13.00	155.67		
C	−13 214 09 33	214 09 20							1 429.02	1 283.17
			60 38 01							
D										
Σ	1256 07 44	1256 06 25		641.44	−108.03	445.74	−107.84	445.63		
辅助计算	$f_\beta=\alpha_{始}-\sum\beta_{测}+n\cdot180°-\alpha_{终}=-1'17''$　$f_x=-0.19$ m　$f_y=0.11$ m $f_{\beta容}=\pm60''\sqrt{6}=\pm147''$　$f=\sqrt{f_x^2+f_y^2}=0.22$ m $\lvert f_\beta\rvert<\lvert f_{\beta容}\rvert$ 合格　$K=\frac{f}{\sum D}=\frac{1}{2\,916}$，$K_{容}=\frac{1}{2\,000}K<K_{容}$　合格									
注：角度计算等取位至 1″，距离、坐标计算等取位至 1 cm。										

任务三　水准测量

知识点一　水准测量主要技术要求

依照《工程测量标准》(GB 50026—2020)，水准测量的主要技术要求应符合表 3-7 的规定。

水准仪视准轴与水准管轴的夹角 i，DS1、DSZ1 型不应超过 15″，DS3、DSZ3 型不应超过 20″；补偿式自动安平水准仪的补偿误差，二等水准不应超过 0.2″，三等水准不应超过 0.5″。水准尺上的米间隔平均长与名义长之差，线条式因瓦水准尺不应超过 0.15 mm，条形因瓦水准尺（简称条码水准尺）不应超过 0.10 mm，木质双(单)面水准尺不应超过 0.50 mm。

表 3-7　水准测量的主要技术要求

等级	每千米高差全中误差/mm	路线长度/km	水准仪级别	水准尺	观测次数		往返较差、附合或环线闭合差	
					与已知点联测	附合或环线	平地/mm	山地/mm
二等	2	—	DS1、DSZ1	条码因瓦、线条式因瓦	往返各一次	往返各一次	$4\sqrt{L}$	—
三等	6	≤50	DS1、DSZ1	条码因瓦、线条式因瓦	往返各一次	往一次	$12\sqrt{L}$	$4\sqrt{n}$
			DS3、DSZ3	条码式玻璃钢、双面		往返各一次		
四等	10	≤16	DS3、DSZ3	条码式玻璃钢、双面	往返各一次	往一次	$20\sqrt{L}$	$6\sqrt{n}$
五等	15	—	DS3、DSZ3	条码式玻璃钢、单面	往返各一次	往一次	$30\sqrt{L}$	—

注：1. 结点之间或结点与高级点之间的路线长度不应大于表中规定的 70%；
2. L 为往返测段、附合或环线的水准路线长度(km)，n 为测站数；
3. 数字水准测量和同等级的光学水准测量精度要求相同，作业方法在没有特指的情况下均称为水准测量；
4. DSZ1 级数字水准仪若与条码式玻璃钢水准尺配套，精度降低为 DSZ3 级；
5. 条码因瓦水准尺和线条式因瓦水准尺在没有特指的情况下均称为因瓦水准尺；
6. DSZ 表示自动安平光学水准仪或数字水准仪，DS 表示光学水准仪。

水准观测宜采用数字水准仪和条码水准尺作业，也可采用光学水准仪和线条式因瓦尺或黑红面水准尺作业。数字水准仪和光学水准仪观测的主要技术要求应分别符合表 3-8 和表 3-9 的规定。

表 3-8　数字水准仪观测的主要技术要求

等级	水准仪级别	水准尺类别	视线长度/m	前后视的距离较差/m	前后视的距离较差累积/m	视线离地面最低高度/m	测站两次观测的高差较差/mm	数字水准仪重复测量次数
二等	DSZ1	条码因瓦	50	1.5	3.0	0.55	0.7	2
三等	DSZ1	条码因瓦	100	2.0	5.0	0.45	1.5	2
四等	DSZ1	条码因瓦	100	3.0	10.0	0.35	3.0	2
	DSZ1	条码式玻璃钢	100	3.0	10.0	0.35	5.0	2
五等	DSZ3	条码式玻璃钢	100	近似相等	—	—	—	—

注：1. 二等数字水准测量观测顺序，奇数站应为后—前—前—后，偶数站应为前—后—后—前。
2. 三等数字水准测量观测顺序应为后—前—前—后；四等数字水准测量观测顺序应为后—后—前—前。
3. 水准观测时，若受地面振动影响，应停止测量。

表 3-9　光学水准仪观测的主要技术要求

等级	水准仪级别	视线长度/m	前后视距差/m	任一测站上前后视距差累积/m	视线离地面最低高度/m	基、辅分划或黑、红面读数较差/mm	基、辅分划或黑、红面所测高差较差/mm
二等	DS1、DSZ1	50	1.0	3.0	0.5	0.5	0.7
三等	DS1、DSZ1	100	3.0	6.0	0.3	1.0	1.5
	DS3、DSZ3	75				2.0	3.0
四等	DS3、DSZ3	100	5.0	10.0	0.2	3.0	5.0
五等	DS3、DSZ3	100	近似相等				

注：1. 二等光学水准测量观测顺序，往测时，奇数站应为后—前—前—后，偶数站应为前—后—后—前；返测时，奇数站应为前—后—后—前，偶数站应为后—前—前—后。

2. 三等光学水准测量观测顺序应为后—前—前—后；四等光学水准测量观测顺序应为后—后—前—前。

3. 二等水准视线长度小于 20 m 时，视线高度不应低于 0.3 m。

4. 三、四等水准采用变动仪器高度观测单面水准尺时，所测两次高差较差，应与黑面、红面所测高差之差的要求相同。

知识点二　二等水准测量

一等水准网一般作为国家的高程控制网，且每隔 15 年需复测一次，每次复测的起讫时间不超过 5 年。在各项工程的不同建设阶段的高程控制测量中，极少进行一等水准测量，因此《工程测量标准》(GB 50026—2020)未将一等水准测量列入其中，仅给出了二等及以下水准测量的有关规定。本知识点以采用数字水准仪观测一个测段为例，介绍二等水准测量观测程序和注意事项，其记录和计算参见表 3-10。

一、二等水准测量的观测程序

视频：二等水准测量的观测程序

二等水准测量每一测段的水准测量路线应进行往测和返测，这样可以消除或减弱性质相同、正负号也相同的误差影响，如水准标尺垂直位移的误差影响。每一测段的往测与返测，其测站数均应为偶数，由往测转向返测时，两水准标尺应互换位置，并应重新整置仪器。在水准路线上每一测段仪器测站安排成偶数，可以削减两水准标尺零点不等差等误差对观测高差的影响。往、返测奇数站照准标尺的顺序为后视标尺、前视标尺、前视标尺、后视标尺，简称为后—前—前—后，往、返测偶数站照准标尺的顺序为前—后—后—前。

以奇数站为例，测站操作程序如下。

(1)首先将仪器整平(望远镜垂直轴旋转，圆气泡始终位于指标环中央)。

(2)将望远镜对准后视标尺(此时，标尺应按圆水准器整置于垂直位置)，用垂直丝照准条码中央，精确调焦至条码影像清晰，按测量键，将显示屏上的视距值和标尺值分别记录到表 3-10 中(1)和(2)的位置。

(3)旋转望远镜照准前视标尺条码中央，精确调焦至条码影像清晰，按测量键，将显示屏上的视距值和标尺值分别记录到表 3-10 中(3)和(4)的位置。

(4)重新照准前视标尺，按测量键，将显示屏上的标尺值记录到表 3-10 中(5)的位置。

(5)旋转望远镜照准后视标尺条码中央，精确调焦至条码影像清晰，按测量键，将显示屏上的标尺值记录到表 3-10 中(6)的位置。

偶数测站的操作程序同奇数测站，但照准标尺的顺序改为前—后—后—前，对应数据的记录顺序见表 3-10。

表 3-10　二等水准测量观测手簿

测站编号	后距	前距	方向及尺号	标尺读数		两次读数之差	备注
	视距差	累积视距差		第一次读数	第二次读数		
奇数站	(1)	(3)	后	(2)	(6)	(9)	
			前	(4)	(5)	(10)	
	(7)	(8)	后—前	(11)	(12)	(13)	
			h	(14)			
偶数站	(3)	(1)	后	(4)	(5)	(9)	
			前	(2)	(6)	(10)	
	(7)	(8)	后—前	(11)	(12)	(13)	
			h	(14)			
1	31.5	31.6	后	153 969	153 958	+11	
			前	139 269	139 260	+9	
	−0.1	−0.1	后—前	+14 700	+14 698	+2	
			h	+0.14 699			
2	36.9	37.2	后	137 400	1 374 111	−11	
			前	114 414	114 400	+14	
	−0.3	−0.4	后—前	+22 986	+23 011	−25	
			h	+0.229 98			
3	41.5	41.4	后	113 916	143 906	+10	
			前	109 272	139 260	+12	
	+0.1	−0.3	后—前	+4 644	+4 646	−2	
			h	+0.046 45			
4	46.9	46.5	后	139 411	139 400	+11	
			前	144 150	144 140	+10	
	+0.4	+0.1	后—前	−4 739	− 4 740	+1	
			h	−0.047 40			
5	23.4	24.5	后	142 306	142 315	−9	
			前	137 615	137 606	+9	
	−1.1	−1.9	后—前	+4 691	+ 4 709	−18	
			h	+0.047 00			
6	14.5	14.2	后	132 575	132 567	+8	
			前	178 933	178 927	+6	
	0.3	−1.6	后—前	−46 358	−46 360	+2	
			h	−0.463 59			

二、测站的计算与检核

(一)视距差的计算与检核

前后视距(1)和(3)：$\not>$50 m。

前、后视距差(7)＝(1)－(3)或(3)－(1)：$\not>$1.5 m。

前、后视距差累积(8)＝本站(7)＋上站(8)：$\not>$3 m。

(二)高差的计算与检核

第一次读数高差：(11)＝(2)－(4)(奇数站)或(11)＝(4)－(2)(偶数站)。

第二次读数高差：(12)＝(6)－(5)(奇数站)或(12)＝(5)－(6)(偶数站)。

校核：两次高差之差(13)＝(11)－(12)$\not>$0.7 mm。

高差中数：(14)＝[(11)＋(12)]/2。

另外，后、前尺两次读数之差(9)＝(2)－(6)，(10)＝(4)－(5)(奇数站)；

(9)＝(4)－(5)，(10)＝(2)－(6)(偶数站)。

没有限差要求。

三、二等水准测量的注意事项

(1)一、二等水准测量采用单路线往返观测，同一区段的往返测，应使用同一类型的仪器和转点尺承沿同一道路进行。同一测段的往测(或返测)与返测(或往测)应分别在上午和下午进行。若观测条件较好，若干里程的往返测可同在上午或下午进行。但这种里程的总站数，一等不应超过该区段总站数的 20%，二等不应超过该区段总站数的 30%。

(2)在连续各测站上安置水准仪的三脚架时，应使其中两脚与水准路线的方向平行，而第三脚轮换置于路线方向的左侧与右侧。

(3)除路线转弯处外，每一测站上仪器与前后视标尺的三个位置应接近一条直线。

(4)每一测段的往测和返测，其测站数均应为偶数。由往测转向返测时，两支标尺应互换位置，并应重新整置仪器。

(5)对于数字水准仪，应避免望远镜直接对着太阳；尽量避免视线被遮挡，遮挡不要超过标尺在望远镜中截长的 20%。

(6)扶尺时应借助尺撑，使标尺上的气泡居中，标尺垂直。

(7)观测员在观测中，不允许为通过限差的规定而凑数，以免成果失去真实性。

(8)记录员除记录与计算外，还必须检查观测数据是否满足限差要求，否则应立即通知观测员重测，观测员要牢记观测程序，记录不要错误，字迹整齐，不得涂改。测站数计算和检查完毕确信无误后才可搬站离开。

(9)扶尺员在观测之前必须将标尺立直扶稳，严禁双手脱离标尺，以防摔坏标尺的事故发生。

(10)观测前 30 min，应将仪器置于露天阴影处，使仪器与外界气温趋于一致；使用数字水准仪前应进行预热，预热不少于 20 次单次测量。观测时应用测伞遮蔽阳光；迁站时应罩以仪器罩。

知识点三 三、四等水准测量

三、四等水准测量一般与国家一、二等水准网联测，三、四等水准点的高程应从附近的一、二等水准点引测，首级网应布设成环形网，加密网宜布设成附合路线或结点网，水准点位应选择在土质坚硬、密实稳固的地方或稳定的建筑物上，并埋设水准标石或墙上水准标志，也可利用埋设了标石的平面控制点作为水准点，二、三等水准点应绘制点之记，其他控制点可视需要而定。若测区附近没有国家一、二等水准点，则可在小区域范围内假设起算点的高程，采用闭合水准路线的方法，建立独立的首级高程控制网。

三、四等水准测量观测应在通视良好、望远镜成像清晰及稳定的情况下进行。下面以采用光学水准仪观测一个测段为例，介绍三、四等水准测量双面尺法的观测程序和方法。其记录和计算参见表 3-11。

一、三等水准测量的观测程序

视频：测站的计算与检核

(1)确定测站位置，并安置仪器。测站位置应使视线长度和前后视距差满足表 3-9 的技术要求；如不满足，则需移动前视尺或水准仪，使其满足。

(2)瞄准后视尺，读取黑面上、下、中丝读数，记录到表 3-11 中(1)、(2)、(3)的位置。

(3)瞄准前视尺，读取黑面上、下、中丝读数，记录到表 3-11 中(4)、(5)、(6)的位置。

(4)瞄准前视尺，读取红面中丝读数，记录到表 3-11 中(7)的位置。

(5)瞄准后视尺，读取红面中丝读数，记录到表 3-11 中(8)的位置。

三等水准测量测站观测顺序为后—前—前—后(或黑—黑—红—红)，其优点是可以消除或减弱仪器和尺垫下沉误差的影响。

二、四等水准测量的观测程序

视频：三等水准测量的观测程序

(1)确定测站位置，并安置仪器。测站位置应使视线长度和前后视距差满足表 3-9 的技术要求；如不满足，则需移动前视尺或水准仪，使其满足。

(2)瞄准后视尺，读取黑面上、下、中丝读数，记录到表 3-11 中(1)、(2)和(3)的位置。

(3)瞄准后视尺，读取红面中丝读数，记录到表 3-11 中(8)的位置。

(4)瞄准前视尺，读取黑面上、下、中丝读数，记录到表 3-11 中(4)、(5)和(6)的位置。

(5)瞄准前视尺，读取红面中丝读数，记录到表 3-11 中(7)的位置。

四等水准测量测站观测顺序后—后—前—前(或黑—红—黑—红)。四等水准测量也可以采用三等水准测量的观测顺序。

三、测站的计算与检核

(一)视距的计算与检核

视频：四等水准测量的观测程序

后视距(9)=[(1)−(2)]×100 m：三等$\not>$75 m，四等$\not>$100 m。

前视距(10)=[(4)−(5)]×100 m：三等$\not>$75 m，四等$\not>$100 m。

前、后视距差(11)=(9)−(10)：三等$\not>$3 m，四等$\not>$5 m。

前、后视距差累积(12)=本站(11)+上站(12)：三等$\not>$6 m，四等$\not>$10 m。

(二)水准尺读数的检核

同一根水准尺黑面与红面中丝读数之差：

后尺黑面与红面中丝读数之差(14)=(3)+K−(8)：三等$\not>$2 mm，四等$\not>$3 mm。

前尺黑面与红面中丝读数之差(13)=(6)+K−(7)：三等$\not>$2 mm，四等$\not>$3 mm。

上式中的 K 为红面尺的起点数，值为 4.687 m 或 4.787 m。

(三)高差的计算与检核

黑面测得的高差：(15)＝(3)－(6)。

红面测得的高差：(16)＝(8)－(7)。

校核：黑、红面高差之差(17)＝(15)－[(16)±0.100]或(17)＝(14)－(13)：

三等≯3 mm，四等≯5 mm。

高差中数：(18)＝ [(15)＋(16)±0.100]/2。

在测站上，当后尺红面起点为4.687 m，前尺红面起点为4.787 m时，取＋0.100；反之，取－0.100。

四、每页计算校核

(一)高差部分

在每页上，后视红、黑面读数总和与前视红、黑面读数总和之差，应等于红、黑面高差之和。

对于测站数为偶数的页：

2[(3)＋(8)]－2[(6)＋(7)]＝∑[(15)＋(16)]＝2∑(18)。

对于测站数为奇数的页：

∑[(3)＋(8)]－2[(6)＋(7)]＝ ∑[(15)＋(16)]＝2∑(18)±0.100。

(二)视距部分

在每页上，后视距总和与前视距总和之差应等于本页末站视距差累积值与上页末站视距差累积值之差。校核无误后，可计算水准路线的总长度。

∑(9)－∑(10)＝本页末站之(12)－上页末站之(12)，

水准路线总长度＝∑(9)＋ ∑(10)。

表3-11　三、四等水准测量观测手簿

测站编号	点名	后尺 下丝 / 上丝	前尺 下丝 / 上丝	方向及尺号	水准尺读数/m		K＋黑－红/mm	高差中数	备注
		后视距/m	前视距/m		黑面	红面			
		视距差 d	累计差∑d						
		(1)	(4)	后	(3)	(8)	(14)	(18)	
		(2)	(5)	前	(6)	(7)	(13)		
		(9)	(10)	后—前	(15)	(16)	(17)		
		(11)	(12)						
Ⅰ	BM_1—TP_1	1.614	0.774	后1	1.384	6.171	0	0.832 5	K_1＝4.787 m K_2＝4.687 m
		1.156	0.326	前2	0.551	5.239	－1		
		45.8	44.8	后—前	0.833	0.932	1		
		1	1						
Ⅱ	TP_1—TP_2	2.188	2.252	后2	1.934	6.622	－1	－0.074 0	
		1.682	1.758	前1	2.008	6.796	－1		
		50.6	49.4	后—前	－0.074	－0.174	0		
		1.2	2.2						

续表

测站编号	点名	后尺 下丝 / 上丝 / 后视距/m / 视距差 d	前尺 下丝 / 上丝 / 前视距/m / 累计差 $\sum d$	方向及尺号	水准尺读数/m 黑面	水准尺读数/m 红面	K＋黑－红/mm	高差中数	备注
Ⅲ	TP_2 | TP_3	1.922	2.066	后 1	1.726	6.512	1	－0.141 0	
		1.529	1.668	前 2	1.866	6.554	－1		
		39.3	39.8	后—前	－0.14	－0.042	2		
		－0.5	1.7						$K_1=4.787$ m $K_2=4.687$ m
Ⅳ	TP_3 | BM_2	2.041	2.220	后 2	1.832	6.520	－1	－0.174 0	
		1.622	1.790	前 1	2.007	6.793	1		
		41.9	43	后—前	－0.175	－0.273	－2		
		－1.1	0.6			$\sum(18)=0.4435$			
检核		$\sum(9)=177.6$		后	$\sum(3)=6.876$		$\sum(8)=25.825$		
		$\sum(10)=177.0$		前	$\sum(4)=6.432$		$\sum(7)=25.382$		
		$\sum d=(12)$末$=0.6$		后—前	$\sum(16)=0.444$		$\sum(17)=0.443$		
		$L=354.6$			$[\sum(16)+\sum(17)]/2=0.4435=\sum(18)$				

小结

本项目主要介绍了控制测量的种类、施测方法和技术要求，详细阐述了导线测量的概念、导线的布设形式、导线测量的外业工作，重点介绍了闭合导线控制测量、附合导线控制测量内业计算步骤和方法，以及三、四等水准测量的观测程序和测站计算检核方法。

习题

1. 完成下表所示闭合导线的内业计算。

点号	观测角（左角）/(° ′ ″)	改正后角度值/(° ′ ″)	坐标方位角/(° ′ ″)	距离/m	坐标增量 Δx/m	坐标增量 Δy/m	改正后坐标增量 Δx/m	改正后坐标增量 Δy/m	坐标 x/m	坐标 y/m
A			275 47 30	65.121					1 000	1 000
S_1	83 15 06			32.618						
S_2	117 17 00			64.24						
S_3	70 39 15			54.974						
A	88 49 12									
S_1										

续表

点号	观测角（左角）/(° ′ ″)	改正后角度值/(° ′ ″)	坐标方位角/(° ′ ″)	距离/m	坐标增量		改正后坐标增量		坐标	
					Δx/m	Δy/m	Δx/m	Δy/m	x/m	y/m
Σ										
辅助计算	$f_\beta=\Sigma\beta_测-\Sigma\beta_理=$　$f_x=\Sigma\Delta x=$　$f_y=\Sigma\Delta y=$　$f=\sqrt{f_x^2+f_y^2}=$ $f_{\beta容}=\pm 60''\sqrt{n}=$　$K=\frac{f}{\Sigma D}=\frac{1}{\quad}$　$K_容=\frac{1}{2\ 000}$								略图	
注：角度计算等取位至 1″，距离、坐标计算等取位至 1 mm。										

2. 完成下表所示附合导线的内业计算。

点号	观测角（左角）/(° ′ ″)	改正后角度值/(° ′ ″)	坐标方位角/(° ′ ″)	距离/m	坐标增量		改正后坐标增量		坐标	
					Δx/m	Δy/m	Δx/m	Δy/m	x/m	y/m
2G									3 931.998	6 169.065
2E	303 23 16			92.808					3 729.621	6 170.580
21	146 45 47			177.059						
22	83 20 56			78.051						
2C	96 59 40								3 701.770	5 925.058
2H									3 701.583	6 087.033
Σ										
辅助计算	$f_\beta=\alpha_始+\Sigma\beta_左-n\cdot 180°-\alpha_终=$　$f_x=\Sigma\Delta x_测-\Sigma\Delta x_理=$　$f_y=$ $\Sigma\Delta y_测-\Sigma\Delta y_理=f_{\beta容}=\pm 60''\sqrt{n}=$　$f=\sqrt{f_x^2+f_y^2}=$ $K=\frac{f}{\Sigma D}=\frac{1}{\quad}$　$K_容=\frac{1}{2\ 000}$								略图	
注：角度计算等取位至 1″，距离、坐标计算等取位至 1 mm。										

3. 完成下表所示三、四等水准测量观测手簿的计算。

测站编号	点名	后尺 下丝 / 上丝	前尺 下丝 / 上丝	方向及尺号	水准尺读数/m		K+黑−红/mm	高差中数	备注
		后视距/m	前视距/m		黑面	红面			
		视距差 d	累计差 Σd						
		(1)	(5)	后	(3)	(8)	(13)		
		(2)	(6)	前	(4)	(7)	(14)	(18)	K_1=4.687 m K_2=4.787 m
		(9)	(10)	后—前	(16)	(17)	(15)		
		(11)	(12)						

续表

测站编号	点名	后尺 下丝 / 上丝	前尺 下丝 / 上丝	方向及尺号	水准尺读数/m		K+黑−红/mm	高差中数	备注
		后视距/m	前视距/m		黑面	红面			
		视距差 d	累计差 $\sum d$						
Ⅰ	BM_1—TP_1	1.392	1.457	后 1	1.258	5.943			K_1=4.687 m K_2=4.787 m
		1.12	1.197	前 2	1.327	6.114			
				后—前					
Ⅱ	TP_1—TP_2	1.479	1.378	后 2	1.29	6.075			
		1.1	1.012	前 1	1.195	5.882			
				后—前					
Ⅲ	TP_2—TP_3	1.361	1.488	后 1	1.169	5.856			
		0.976	1.109	前 2	1.299	6.084			
				后—前					
Ⅳ	TP_3—BM_2	1.489	1.311	后 2	1.311	6.099			
		1.132	0.922	前 1	1.118	5.804			
				后—前					
							$\sum(18)$=		
检核		$\sum(9)$=		后	$\sum(3)$=		$\sum(8)$=		
		$\sum(10)$=		前	$\sum(4)$=		$\sum(7)$=		
		$\sum d$=(12)末=		后—前	$\sum(16)$=		$\sum(17)$=		
		L=			$[\sum(16)+\sum(17)]/2$=				

项目四 三维激光扫描数字化测量

知识目标

1. 了解三维扫描工作原理；
2. 了解三维扫描设备的组成及分类；
3. 熟悉三级扫描数据采集流程；
4. 掌握三维扫描点云处理流程。

能力目标

1. 能制定三维扫描方案；
2. 能建站完成扫描对象数据采集；
3. 学会点云拼接及处理；
4. 学会点云模型的三维可视化漫游展示。

素养目标

1. 增强规范操作的职业习惯；
2. 增强吃苦耐劳的职业素养；
3. 培养学生精益求精的工匠精神；
4. 培养学生文化自信和使命担当。

知识导引

三维激光扫描技术是利用激光测距的原理，通过记录被测物体表面大量、密集的点的三维坐标、反射率和纹理等信息，快速构建出被测目标的三维模型及线、面、体等各种图件数据。三维激光扫描系统可以密集、大量地获取目标对象的数据点，因此相对于传统的单点测量，三维激光扫描技术也被称为从单点测量进化到面测量的革命性技术突破。该技术在文物古迹保护、建筑、规划、土木工程、工厂改造、室内设计、建筑监测、交通事故处理、司法证据收集、灾害评估、船舶设计、数字城市、军事分析等领域也有了很多的尝试、应用和探索。

> 想一想：三维激光扫描技术有哪些应用场景？

任务一　三维激光扫描概述

知识点一　三维激光扫描技术简介

一、三维激光扫描技术工作原理及特点

视频：三维激光扫描技术简介

三维激光扫描技术(Terrestrial Laser Scanning，TLS)是20世纪90年代中期随着科技不断发展而出现的一种高新技术，同时，也是继GPS(空间定位系统)之后的又一项测绘技术新突破。

三维激光扫描技术是一种集成了多种高新技术的新型测绘技术。在扫描仪器内部，扫描控制模块调整并测量每个脉冲激光的角度，针对每个扫描点可测得发射点至扫描点的斜距，再配合扫描的水平和垂直方向角，可以得到每个扫描点与发射点的空间相对坐标，同时，可以通过专业软件和测量数据建立物体的三维实体模型。

三维激光扫描技术具有非接触性、快速性、主动性等特性，实时获取的数据具有高密度、高精度等特点，其应用可能引起测绘技术的又一次革命。

二、三维激光扫描技术应用领域

三维激光扫描技术所具备的技术特点使其具有广阔的应用前景，它的自动化程度、测量能力、人力成本、测量速度、数据处理效率等整体经济效益均明显优于其他测量技术。其主要应用于以下领域。

(一)测绘工程领域

大坝和电站基础地形测量，公路测绘、铁路测绘、河道测绘，桥梁、建筑物地基等测绘，隧道的检测及变形监测(图4-1)，大坝的变形监测，隧道地下工程结构测量及矿山体积计算。

图4-1　隧道变形监测

(二)结构测量方面

桥梁改、扩建工程，桥梁结构测量；结构检测、监测、几何尺寸测量、空间位置冲突测量、空间面积和体积测量、三维高保真建模(图4-2)、海上平台测量，造船厂、电厂、化

工厂等大型工业企业内部设备的测量；管道、线路测量，各类机械制造安装。

图 4-2　绍兴光相桥三维点云模型

（三）建筑、古迹测量方面

建筑物内部及外观的测量保真、古迹（古建筑、雕像等）的保护测量（图 4-3）；文物修复，古建筑测量、资料保存等古迹保护，遗址测绘，赝品成像，现场虚拟模型，现场保护性影像记录。

图 4-3　兵马俑点云模型

（四）紧急服务业

反恐怖主义、陆地侦察和攻击测绘、监视、移动侦察、灾害估计、交通事故勘察，如图 4-4 所示。犯罪现场正射图、森林火灾监控、滑坡泥石流预警、灾害预警和现场监测、核泄漏监测。

（五）娱乐业

电影产品的设计，为电影演员和场景进行的设计（图 4-5），3D 游戏的开发、虚拟旅游指导、人工成像、场景虚拟、现场虚拟。

图 4-4　交通事故勘察

图 4-5　影视特效中的应用

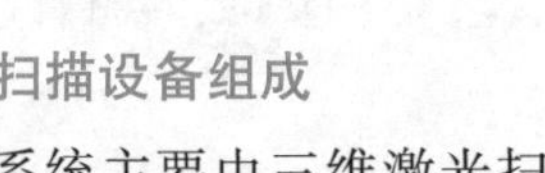

知识点二　三维激光扫描设备简介

一、三维激光扫描设备组成

视频：三维激光扫描设备简介

三维激光扫描系统主要由三维激光扫描仪、计算机、电源供应系统、支架及系统配套软件构成，如图 4-6 所示。三维激光扫描仪作为三维激光扫描系统的主要组成部分，是由激光发射器、接收器、时间计数器、马达控制可旋转的滤光镜、控制电路板、微电脑、CCD 机及软件等组成的。工作原理是通过测距系统获取扫描仪到待测物体的距离，再通过测角系统获取扫描仪至待测物体的水平角和垂直角，进而计算出待测物体的三维坐标信息。在扫描的过程中再利用本身的垂直和水平马达等传动装置完成对物体的全方位扫描，这样连续地对空间以一定的取样密度进行扫描测量，就能得到被测目标物体密集的三维彩色散点数据，称为点云。

二、三维激光扫描设备分类

一般依据测距原理、搭载平台、扫描距离、扫描仪成像方式来分类，下面做简要介绍。

(一)按测距原理划分

依据激光测距原理可分为脉冲式、相位差式、激光三角式、脉冲-相位差式四种类型。

(二)依据搭载平台划分

当前从三维激光扫描测绘系统的空间位置或系统搭载平台来划分，可分为以下四类。

1. 机载型激光扫描系统

机载型激光扫描系统也称机载 LiDAR 系统。这类系统由激光扫描仪(IS)、飞行惯导系统(INS)、DGPS 定位系统、成像装置(UI)、计算机及数据采集器、记录器、处理软件和电源构成，如图 4-7 所示。

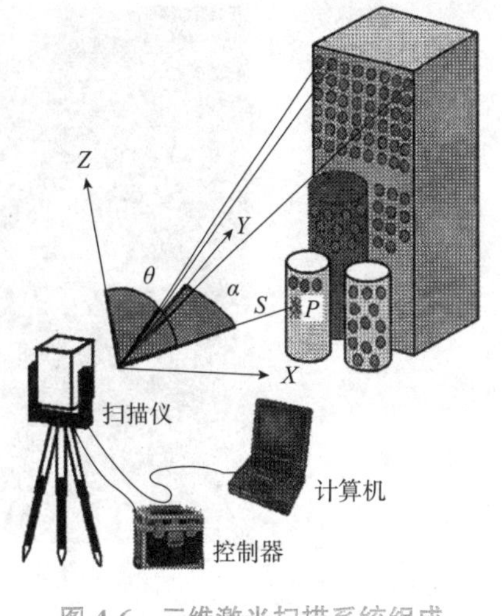

图 4-6 三维激光扫描系统组成

2. 地面激光扫描测量系统

地面激光扫描测量系统可划分为两类：一类是移动式扫描系统，也称为车载激光扫描系统，还可称为车载 LiDAR 系统，如图 4-8 所示；另一类是固定式扫描系统，也称为地面三维激光扫描系统(地面三维激光扫描仪)，还可称为地面 LiDAR 系统。

图 4-7 机载型激光扫描系统

图 4-8 车载激光扫描系统

3. 手持型激光扫描系统

手持型激光扫描系统是一种便携式的激光测距系统，如图 4-9 所示，可以精确地给出物体的长度、面积、体积，一般配备有柔性的机械臂。

4. 星载激光扫描系统

星载激光扫描系统也称星载激光雷达，如图 4-10 所示，是安装在卫星等航天飞行器上的激光雷达系统，运行轨道高且观测视野广。

(三)依据扫描距离划分

按三维激光扫描仪的有效扫描距离进行分类，目前国家无相应的分类技术标准，大概可分为以下四种类型。

图 4-9　Faro © FREESTYLE 2 手持式激光扫描系统

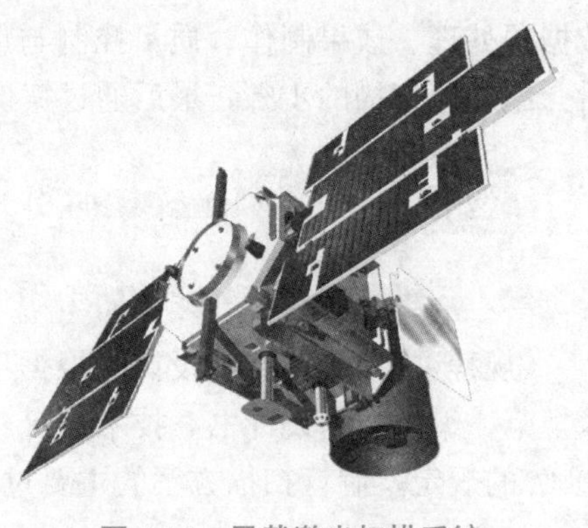

图 4-10　星载激光扫描系统

1. 短距离激光扫描仪

短距离激光扫描仪最长扫描距离只有几米，一般最佳扫描距离为 0.6～1.2 m，通常主要用于小型模具的量测。不但扫描速度快，而且精度较高，可以在短时间内精确地给出物体的长度、面积、体积等信息。手持式三维激光扫描仪属于这类扫描仪。

2. 中距离激光扫描仪

最长扫描距离只有几十米的三维激光扫描仪属于中距离三维激光扫描仪，它主要用于室内空间和大型模具的测量。

3. 长距离激光扫描仪

最长扫描距离超过百米的三维激光扫描仪属于长距离三维激光扫描仪，它主要应用于建筑物、大型土木工程、煤矿、大坝、机场等的测量。

(四)依据扫描仪成像方式划分

按照扫描仪成像方式可分为如下三种类型。

1. 全景扫描式

全景扫描式激光扫描仪采用一个纵向旋转棱镜引导激光光束在竖直方向扫描，同时利用伺服马达驱动仪器绕其中心轴旋转。

2. 相机扫描式

相机扫描式与摄影测量的相机类似。它适用于室外物体扫描，特别对长距离的扫描很有优势。

3. 混合型扫描式

混合型扫描式的水平轴旋转不受任何限制，垂直旋转受镜面的局限，集成了上述两种类型的优点。

> 想一想：三维激光扫描技术优缺点有哪些？

任务二　三维激光扫描外部作业

高精度完整的点云数据工作过程一般包括项目计划制订、外业数据采集和内业数据处理三个环节。《地面三维激光扫描作业技术规程》(CH/Z 3017—2015)(以下简称《规程》)中指出：地面三维激光扫描总体工作流程应包括技术准备、技术设计、控制测量、数据采集、数据预处理、成果制作、质量控制与成果归档。本任务首先阐述制订扫描方案的方法，然后介绍外业扫描的步骤，最后通过案例介绍数据采集过程。

知识点一 三维激光扫描外部作业方案设计

一、三维激光扫描外业前期工作

《规程》中指出：技术设计应根据项目要求，结合已有资料、实地踏勘情况及相关的技术规范，编制技术设计书。技术设计书的编写应符合《测绘技术设计规定》(CH/T 1004—2005)的规定，制订扫描方案的主要过程如下。

(一)明确项目任务要求

当扫描项目确定后，承包方技术负责人必须向项目发包方全面、细致地了解项目的具体任务要求，这是制订项目技术设计的主要依据。

(二)现场勘查

为了保证项目技术设计的合理性并能顺利实施，需要全面、细致地了解项目现场的环境，双方相关人员必须到扫描现场进行踏勘。踏勘过程中注意查看已有控制点的位置、保存情况及使用的可能性。根据扫描对象的形态、空间分布、扫描需要的精度及需要达到的分辨率确定扫描站点的位置、标靶的位置等。根据扫描站点位置考虑扫描模型的拼接方式，并绘制现场草图(有条件可用大比例尺的地形图、遥感影像图等作为工作参考)，对主要扫描对象进行拍照。根据现场勘查及照片信息找到整个扫描过程中的难点，并对其提出相应的解决办法。

二、三维激光扫描外业方案制订

《规程》中规定：技术设计书的主要内容应包括项目概述、测区自然地理概况、已有资料情况、引用文件及作业依据、主要技术指标和规格、仪器和软件配置、作业人员配置、安全保障措施、作业流程。详细说明见《规程》。主要的设计内容概括如下。

(一)扫描仪选择与参数设置

目前，扫描仪的品牌型号比较多，在激光波长、激光等级、数据采样率、最小点间距、模型化点定位精度、测距精度、测距范围、激光点大小、扫描视场等指标方面各有千秋，为项目实施选择仪器提供了较大的空间，一般应根据仪器成本、模型精度、应用领域等因素综合考虑。

仪器选择时应首先考虑项目任务技术要求、现场环境等因素，再结合仪器的主要技术参数确定项目使用的仪器，多数情况下一台仪器就能够满足作业要求，但是在特殊情况下(如项目任务量较大、工期较短、扫描对象有特别要求)需要多台仪器参与扫描，甚至使用不同品牌型号的仪器。

目前，不同品牌仪器的性能参数还不统一，在选择仪器前应充分了解仪器的相关标称精度情况，结合项目技术要求选择相应的参数配置，如最佳的扫描距离、每站扫描区域、分辨率等指标。参数选择的原则是能够满足用户的精度需要即可，精度过高，会造成扫描时间增加、工作效率下降、成本上升、数据处理工作量与难度增加等不良后果。

(二)测量控制点布设方案

扫描仪本身在扫描过程中会自动建立仪器坐标系统，在无特殊要求时能够满足项目需要。但是为了将三维激光扫描数据转换到统一坐标系统(国家、地方或独立坐标系)下，需要使用全站仪、RTK 或其他测量仪器配合观测，这样在点云数据拼接后就可通过公共点将所有的激光扫描数据转换到统一坐标系下，方便以后的应用。测量控制点布设要考虑现场环境、点位精度要求等，可以参考测绘相关的技术规范。

针对测量控制网的布设，对简单建筑物变形监测控制网进行布设的原则如下。

(1)控制网的精度要高于建筑物建模要求的精度。

(2)控制网布设的网型合适，要能满足三维激光扫描仪完全获取建筑物数据的要求。

(3)控制网中各相邻控制点之间通视良好，要求一个控制点至少与两个控制点通视。

(4)为了提高测量精度，要求控制点与被测建筑物之间的距离保持在 50 m 以内。

对复杂建筑物建模观测控制网进行布设的原则如下。

(1)观测控制网建设精度高于复杂建筑物模型要求精度一个等级。

(2)控制网各控制点平面坐标采用高精度全站仪实施导线测量，高程采用精密水准测量方法，并进行严格的平差计算。

(3)控制网网型合适，满足三维激光扫描仪完整获取建筑物数据的要求。对部分结构复杂的区域，应加密变形监测控制点，使扫描时能更好地获得扫描数据。

(4)控制网中各相邻控制点之间通视良好，要求一个控制点至少与两个控制点通视。

(5)为了提高测量精度，要求控制点与被测建筑物之间的距离保持在 50 m 以内或更近的距离。

(三)三维激光扫描野外扫描方案设计

在整个项目技术设计中，野外扫描方案是最重要的组成部分。扫描之前要做好全面、仔细的方案设计。根据测量场景大小、复杂程度和工程精度要求，确定扫描路线，布置扫描站点，确定扫描站数及扫描系统至扫描场景的距离及扫描分辨率。仪器参数的确定将直接影响到扫描精度和效率，分辨率一般根据扫描对象和需要获取的空间信息进行确定。对扫描方案设计中的主要内容说明如下。

1. 标靶

扫描仪的内部有一个固定的空间直角坐标系统。当在一个扫描站上不能测量物体全部而需要在不同位置进行测量时；或者需要将扫描数据转换到特定的工程坐标系中时，都要涉及坐标转换问题。因此，就需要测量一定数量的公共点，来计算坐标变换参数。为了保证转换精度，公共点一般采用特制的球面(形)标志(也称球形标靶)。例如：徕卡系列的扫描仪配套的球形标靶如图 4-11 所示；平面标志(也称平面标靶)如图 4-12 所示；不同形状的平面标靶如图 4-13 所示；不同形状的平面标志如图 4-14 所示，在变形监测时一般采用贴片固定在监测对象上。

图 4-11　球形标靶

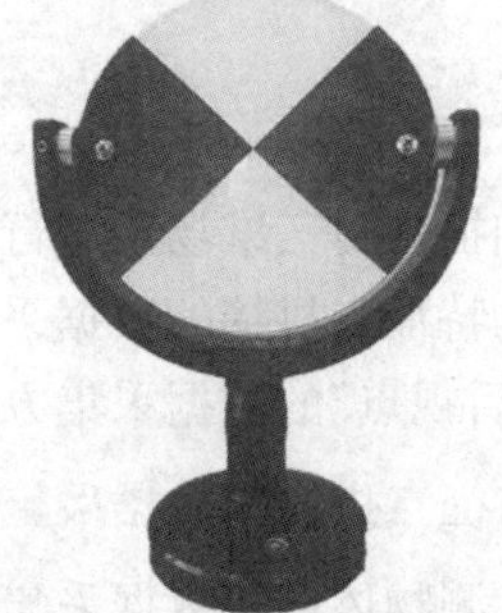

图 4-12　平面标靶

图 4-13　不同形状的平面标靶

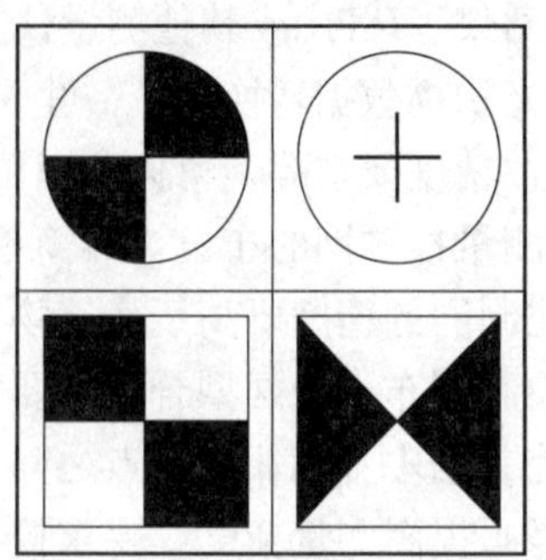

图 4-14　不同形状的平面标志

放置标靶时注意的事项主要有：能够良好识别，不要被物体遮挡；不要将标靶放在一条直线上，否则会降低拼接精度；安放位置要确保稳定；标靶之间应有高度差。

为满足点云数据的拼接要求，相邻测站至少要求有 3 个公共点重合，因此购置仪器时一般至少要配置有 4 个标靶。如果有条件，可以多配置，扫描时每站的扫描范围会增大，同时也会提高工作效率。

2. 测站设置

根据扫描实施方案，设置站点要保证三维激光扫描仪在有效范围内发挥最大的效率，科学地设置站点可大幅提高测量效率。在需要扫描标靶的情况下，换站前要计划好下站位置，要确保下站也能看到标靶；若不需要标靶，测站的位置要保证能尽量多地看到特征点，以方便后续的点云拼接。

一般情况下，采用地物特征点和标靶控制点拼接数据时，测站设置遵守的一般原则如下。

(1)使扫描仪所架设的各个测站可以扫描到目标区域的全部范围。

(2)对测站数进行优化，采用最小的设站数量、最大的覆盖面积，在保证采样率的前提下减少拼接次数，减小点云数据的拼接误差和数据总量。

(3)相邻两站之间有不少于三个可清晰识别的标靶或特别标志，扫描仪至扫描对象平面的距离要在仪器标称测距精度的最佳工作范围，一般要与扫描对象平面垂直。

(4)在可视范围内，保证 90%以上的数据完整性，站与站之间的重复率在 20%～30%，可以保证研究对象整个点云数据的完整性和不同站点间拼接的最低要求。针对古建筑的特殊部位，要进行数据补充，保证完整性。对于大型的复杂建筑，尤其是具有一定高度的建筑，应采用其他辅助手段，保证点云数据的完整性。

知识点二　三维激光扫描点云数据采集流程

地面三维激光扫描仪对三维场景进行数据采集一般可采用三种数据采集方法，即基于地物特征点拼接的数据采集方法、基于标靶的数据采集方法和基于“测站点＋后视点”的数据采集方法。

视频：三维激光扫描数据采集方法简介

一、基于地物特征点拼接的数据采集方法

根据每测站对待测物体进行数据采集时，获取的点云数据重叠区域内具有地物(公共)特征点的特性，进行后续数据处理。在外业数据采集时，

扫描仪可以架设在任意位置进行扫描，同时不需要后视标靶进行辅助。在扫描过程中，只需要保证相邻两站之间的扫描数据有 30%的重叠区域。

数据处理主要通过选择各测站重叠区域的公共特征点计算旋转矩阵进行拼接。特征点选择完成后软件可以计算出待拼接点云相对于基础点云的旋转矩阵，将两站数据拼接在一起。结果再与第三站进行拼接，采用此方法将其余各站的数据拼接成一个整体。

此方法可以在任意位置架设扫描仪进行数据采集，不需要架设后视或公共标靶，只要求扫描测站之间有 30%以上的重叠区域，外业测量简单灵活，布设方式灵活。内业数据拼接时需要人工选取公共点云进行拼接，拼接过程复杂、精度较低。该方法适用于特征明显、测量精度要求不高的工程中，一般使用较少。

二、基于标靶的数据采集方法

基于标靶的点云数据采集方法采用的反射标靶可以是球体、圆柱体或圆形标靶。进行外业数据采集时，在待测物体四周通视条件相对较好的位置布设反射标靶，作为任意设置测站的共同后视点。任意位置设站对待测物体扫描时，要求测站能同时后视到 3 个及以上后视标靶。扫描结束后，再对待测物体四周能后视到的标靶进行精扫，获取标靶的精确几何坐标。根据实际工作经验，在进行基于标靶的数据采集时，每站之间获取 4 个以上的标靶数据，在后期数据处理时能得到更好的点云拼接效果，如图 4-15 所示。

利用设备配套软件拼接时，相邻两站进行拼接处理，最后拼接成一个整体。基于标靶的数据采集方法目前主要应用于雕塑、独立树、堆体、人体三维扫描等测量面积相对较小、独立的物体扫描工程中。如果面积较大或被扫描物遮挡，在换站的同时就要移动标靶到下一个能通视的位置，保证每一测站至少能扫描到 3 个以上的标靶，如图 4-16 所示的堆体，共扫描 4 站(S1～S4)，标靶摆放在 6 个位置(b1～b6)，按照逆时针的方向移动。

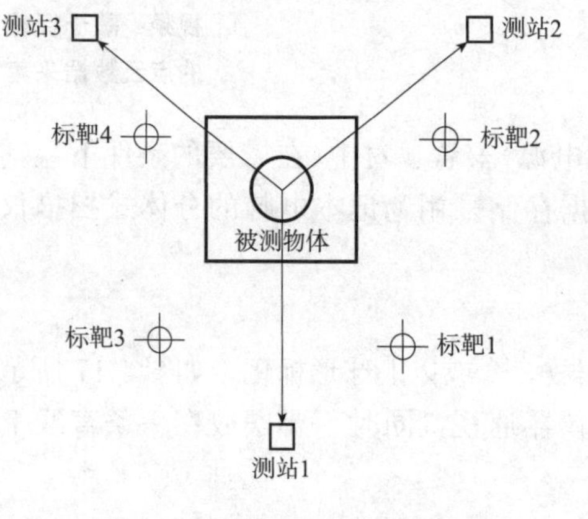

图 4-15　不同形状的平面标志

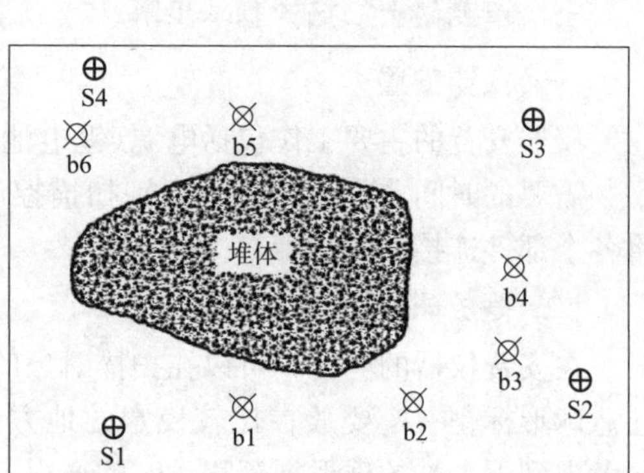

图 4-16　不同形状的平面标志

基于标靶的数据采集方法可以在任意位置架设扫描测站点，但要求相邻两测站间有 3 个以上固定位置的公共标靶，扫描时需要对公共标靶进行精扫。这种方法不需要获取每个测站和标靶的测量坐标，内业点云拼接简单、快速，拼接精度较高。该方法适合小型、单一物体的扫描工程。

三、基于“测站点＋后视点”的数据采集方法

此方法类似于常规全站仪测量的方法，也是最接近传统测量模式的方法。该方法需要

在已知控制点上设站扫描，各控制点的坐标需要采用其他的方法进行测量，如导线测量、GPS-RTK 方法等。采用 GPS-RTK 作业方法时，可以通过扫描仪自带的接口将 GPS 接收机直接连接到扫描仪器上，进行同步测量。具体步骤如下。

(1)在已知控制点上架设三维激光扫描仪，对仪器进行对中整平工作。

(2)在另一与测站点相互通视的已知控制点上架设标靶，对标靶进行对中整平工作。

(3)根据测量物体的特征，对三维激光扫描仪按一定的参数进行设置后采集被测物体点云数据。

(4)在点云数据中找到标靶的位置并对标靶进行精细扫描，获得后视点标靶的相对坐标。

利用仪器配套的软件，输入对应控制点的坐标，将点云数据旋转到需要的测量坐标系中。已知控制点都是在同一坐标下进行测量得到的，因此各站点云数据通过配准操作后叠加在一起，就形成了统一的整体数据。

此方法中每个控制点都是在同一坐标系下，因此需要采用其他设备对控制点坐标进行测量，这就加大了外业工作量；在扫描过程中，只需要对一个后视标靶进行扫描即可完成定向，每站点云数据之间不需要有重叠区域；该方法点云拼接精度高，并且可以直接得到相应的测量坐标系，适用于大面积或带状工程的数据采集工作。

知识点三 基于标靶的点云数据采集

基于地物特征点拼接的数据采集方法拼接精度低；基于“测站点＋后视点”的数据采集方法相对麻烦，一般适应于大型项目；基于标靶的数据采集方法具有简单、快速、高精度的特点，故最为常用，本知识点对其数据采集流程重点介绍。

视频：基于标靶的点云数据采集

一、单测站上扫描的基本步骤

(一)仪器安置

仪器安置的主要工作包括电源(锂电池或交流电源)安置、对中(在需要的条件下)、整平，需要的时间非常短。对于个别扫描控制与数据存储采用笔记本电脑的分体式扫描仪，将各个部件连接完整。

(二)摆放球形标靶

在安置仪器的同时，可以在扫描对象的附近摆放 3 个或以上球形标靶，如图 4-17 所示。注意球形标靶一定要放在比较稳定的地方，要与仪器通视，同时不要摆放在一条直线上，要考虑到下一站的球形标靶移动时的通视。

(三)仪器参数设置

在确认仪器安置无误后，可以打开仪器电源开关，一般开机可能需要几分钟时间，之后出现操作的中文主菜单，可以用手单击屏幕操作。在开机完成后，可以进行扫描参数设置，主要包括工程文件名、文件存储位置、扫描范围、分辨率、标靶类型等。球形标靶摆放关系等相关参数设置要与项目技术设计相符。目前，多数国外产品支持中文菜单的操作，总体上操作比较简单。

图 4-17　球形标靶摆放

(四)开始扫描

在确认仪器参数设置正确后，可以执行扫描操作。仪器在扫描过程中会有扫描进程的显示及完成扫描剩余的时间显示，如果有问题，可以暂停或取消扫描。

在仪器扫描结束后，可以检查扫描数据质量，不合格的需要重新扫描。依据扫描方案，还可以进行照相(也可用专业相机)、对标靶进行精扫描等。

为了保证后续工作顺利完成，在测站上应做好观测记录，主要内容包括扫描测站位置略图、扫描仪品牌与型号、扫描时间、扫描操作人、测站编号、参数设置等，可自行设计表格填写，见表 4-1。

表 4-1　三维扫描外业记录表

项目名称：　　地点：　　仪器品牌型号：　　日期：

现场信息采集	点云数据			
	扫描对象		扫描站点	
	扫描时间		存储名	
	扫描现场略图(标绘仪器安放位置及扫描对象范围)			
	备注： 扫描记录员(签字)：			

续表

现场数据检查	数据检查(检查结果评价)
	扫描难易程度(简单 中等 困难) 拼接数据有无分层现象： 数据完整性： 表面积估算： 检查结果(数据合格　补扫　重新扫描) 数据检查员(签字)：
扫描员(签字)：	

(五)换站扫描

当确认测站相关工作完成无误，可以将仪器搬移到下一测站，是否关机取决于仪器的电源情况、两站之间的距离、仪器操作要求等因素。视扫描对象的情况决定是否移动标靶。

在仪器搬移到下一测站后，可以重复前 4 个步骤的工作。注意与前一个测站需要设置相同的工程文件名称、分辨率等特殊指标参数。

(六)数据输出

在全部扫描工作完成后，取下仪器自带的 SD 卡，将数据复制入计算机。

(七)结束扫描工作

在数据传输完成后，关闭仪器。整理相关部件，仪器马达停止运行后可装入仪器箱，可以结束扫描的外业工作。

二、三维扫描数据采集主要注意事项

由于仪器本身及扫描外界环境等因素，对获取的点云数据精度有一定的影响，为了保证获取扫描对象完整精度符合要求的点云数据，《规程》中规定在点云数据采集时需要满足一定的要求。在野外扫描中需要注意以下事项。

(1)在可能的条件下，应该使用最佳的距离和角度。在室内扫描或扫描距离较短的情况下，不同的角度会有不同的接收率，并不是正直扫描时接收率最高。

(2)防止在仪器工作温度过高时使用。如果天气较热，应尽可能将设备放在阴凉环境下，或者在仪器上部搭一块湿布，帮助仪器散热。

(3)仪器内部安装了高分辨率的数码相机，因此，在设定扫描机位点时应注意不要将设备直接对着太阳光。

(4)仪器在扫描操作时，应尽量避免风、施工机械引起地面颤动等造成的三脚架的晃动，以及扫描范围内人员走动、空气中浮尘等造成三维数据的噪声，若无法避免，在后期数据处理时应对其进行消除。

(5)激光在穿透湿度高的空气时会有很大程度的衰减，所以尽量避免在潮湿的区域作业。特别是封闭潮湿的环境，空气中的水汽不仅会吸收激光，而且被测目标表面的水也会产生镜面反射，这样会使扫描仪的测量距离降到非常小的范围。

知识点四 三维激光扫描点云数据采集案例

一、案例概况

校园雕塑如图 4-18 所示，雕塑尺寸：底座 2.8 m×1.5 m，底座到顶部高度为 4 m。

视频：三维激光扫描点云数据采集案例

图 4-18 校园雕塑

二、前期准备

(一)勘察测区工况

雕塑处于绿化景点中，建站、标靶摆放需考虑树木影响，场地地貌平缓，建站难度不大，考虑到地面不平整，标靶摆放底座位置需简单修整。

(二)确定扫描技术指标及配准路线

扫描点云精度与技术指标拟定为一等，配准采用标靶进行，连续传递次数不超过 4 次。

(三)绘制测区地形图

测区 1∶500 地形图如图 4-19 所示。

(四)初步确定测站及标靶布置

依据测区地形及构筑物、植物等初步确定测站及标靶布置，如图 4-20 所示。

(五)仪器选用

为满足设定扫描点云精度要求，按照《规程》中地面三维激光扫描仪主要技术要求，选用 FaroS350 三维激光扫描仪，主要参数如下。

(1)扫描半径：0.6～350 m。

(2)扫描速度：976 000 点/秒。

(3)测距误差：1 mm，低噪声。

(4)角精度：垂直/水平角为 19 弧秒。

(5)三维位置精度：2@10 m、3.5@25 m。

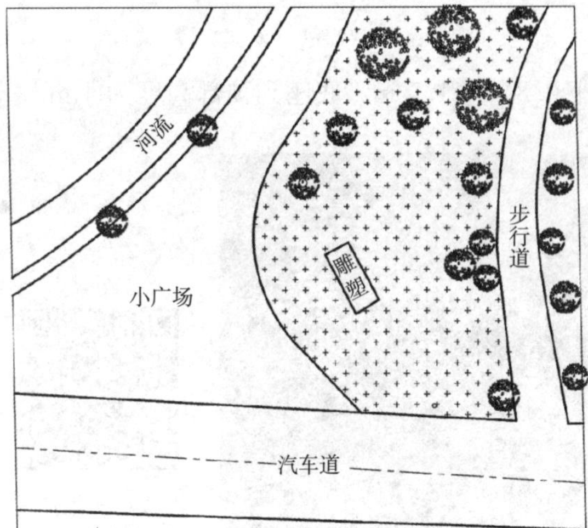

图 4-19　测区地形图

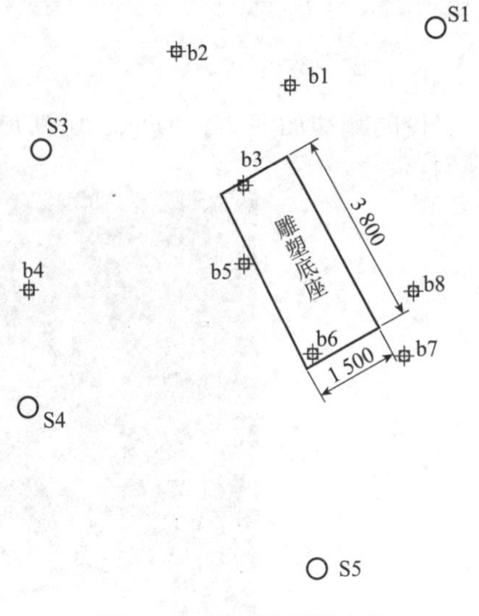

图 4-20　测站及标靶布置

三、扫描作业

(一)仪器检查

扫描仪各部件及附件齐全、匹配，仪器各个部件应连接紧密且稳定，对中功能检查正常。扫描仪、同轴相机通电后应能正常获取数据，电源容量和内存容量满足作业时间需求。

(二)扫描站布设

按照前期勘察，本项目扫描站均设置在视野开阔、地面稳定的安全区域，各站扫描范围覆盖整个扫描目标，均匀布设，设站数目尽量减少，共设扫描站 5 站。

(三)标靶布设

标靶在扫描范围内均匀布置且高低错落，每一扫描站的标靶个数不少于 4 个，相邻两个扫描站的公共标靶个数应不少于 3 个，均满足要求。

(四)仪器设置

放平三脚架，安装扫描仪，单击开机键，开机后界面如图 4-21 所示。单击“参数”进入“扫描参数”界面，如图 4-22 所示。单击“选择配置文件”，如图 4-23 所示，选择“室外…20 m”退回“扫描参数”界面，单击“分辨率/质量”(图 4-24)选择 1/2 分辨率，2x 质量。其余设置按照仪器默认设置即可。

(五)数据采集

按照预设线路，依次完成各站数据采集。

> 想一想：地面三维激光扫描仪内业处理的目的是什么？

图 4-21 “开机”界面

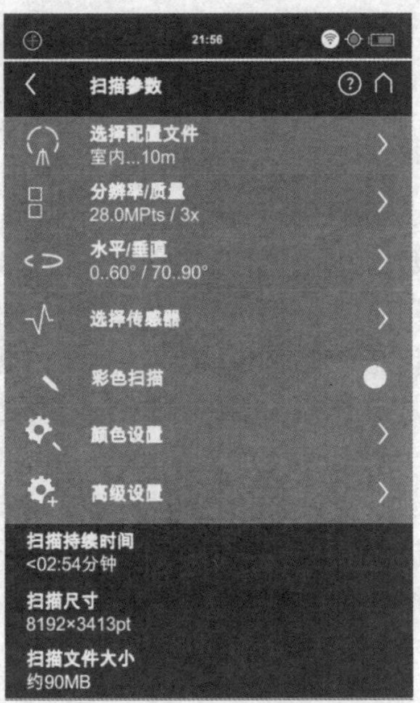

图 4-22 “扫描参数”界面

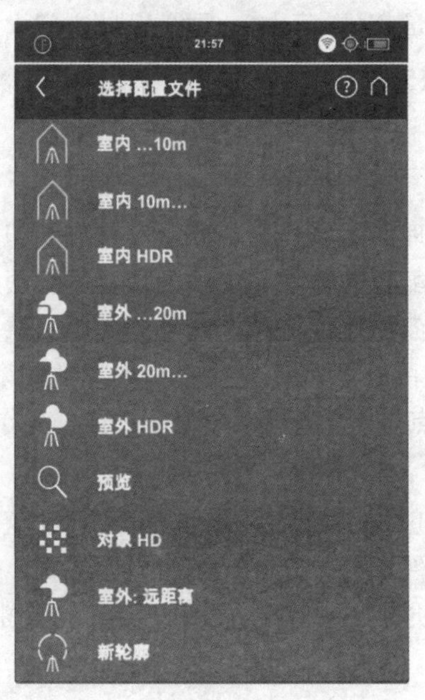

图 4-23 “选择配置”文件界面

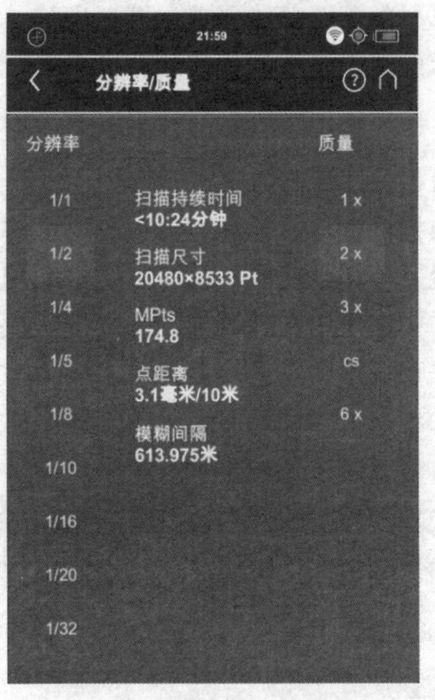

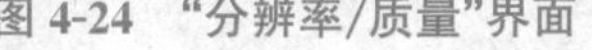
图 4-24 “分辨率/质量”界面

任务三　三维激光扫描内业处理

由于外业获取点云数据时的多种因素影响，点云数据质量直接影响到三维建模等方面的应用，点云数据处理环节非常重要，本任务主要介绍数据处理准备、数据处理流程，包括数据的配准、滤波、缩减、分割、分类。

知识点一 数据处理准备

一、数据处理软、硬件

(一)点云数据处理软件

点云数据处理软件是三维激光扫描系统的重要构成部分。点云数据以内部格式存储，用户需要用原厂家的专门软件来读取和处理。目前需要使用两种类型的软件，才能使三维激光扫描仪充分发挥其功能：一种是扫描仪自带的控制软件；另一种是专业数据处理软件。前者一般是扫描仪随机自带的软件，既可以用来获取数据，也可以对数据进行一般的处理，如 Riegl 扫描仪附带的软件 Riscan Pro、Optech 的 Iris-3D、徕卡的 Cyclone 及美国 Trimble 的 PointScape 点云数据处理软件等；后者主要用于点云数据的处理和建模等方面，多为第三方厂商提供，如 Imageware、PolyWorks、Autodesk Recap、Geomagic 等软件，它们都有点云影像可视化、三维影像点云编辑、点云拼接、影像数据点三维空间量测、空间三维建模、纹理分析和数据格式转换等功能。

(二)数据处理的硬件设备

目前，扫描后生成的数据文件都比较大，一般有几十个 Gb。笔记本电脑运行速度较慢，计算机的配置总体要求运算速度快、显示质量高(屏幕大)、硬盘存储空间大，可依据实际需求配置中高端的台式计算机或图形工作站。

二、数据处理作业人员的培训

(一)相关知识与方法

在数据处理前，处理人员一般要了解数据处理的基本概念、原理等基础知识，可通过图书、论文等文献获取。目前主要是利用与设备配套的软件完成预处理，关于国外配套软件详细的中文使用文献较少，一般多是设备销售商的培训资料，以及英文版的软件使用指南和软件在线帮助，使用起来比较困难。对软件的熟悉程度直接影响处理的效率与质量，因此，处理人员应该提前了解相关理论知识，重点是熟悉配套软件常用功能的操作方法。

(二)数据质量检查

在处理硬件与软件准备的基础上，扫描外业工作完成之后，一般可利用 U 盘或移动硬盘将原始数据文件复制到计算机上。运行配套软件，可打开(或导入)原始数据。在做数据处理前，通过浏览数据功能，要检查扫描数据的质量，包括测站数量、点云完整性等。

知识点二 内业处理流程

一、数据配准

(一)概念

点云数据处理时，坐标纠正(又称为坐标配准，也称为点云拼接)是最主要的数据处理之一，由于目标物的复杂性，通常需要从不同方位扫描多个测站才能将目标物扫描完整，每一测站扫描数据都有自己的坐标系统，三维模型的重构要求将不同测站的扫描数据纠正到统一的坐标系统下。在扫描区域中设置控制点或标靶点，使相邻区域的扫描云图上有三个以上的同名控制点或控制标靶，通过控制点的强制附合，将相邻的扫描数据测站和与扫描仪的位置与姿态有关的仪器坐标系为基准，需要解决的坐标变换参数有 3 个平移参数、3 个旋转参数、1 个尺度参数。

《规程》中定义了点云配准(Point Cloud Registration)的概念，即把不同站点获取的地面三维激光扫描点云数据变换到同一坐标系的过程。点云数据配准时应符合下列要求：一是当使用标靶、特征地物进行点云数据配准时，应采用不少于 3 个同名点建立转矩阵进行点云配准，配准后同名点的内符合精度应高于空间点间距中误差的 1/2；二是当使用控制点进行点云数据配准时，二等及以下应利用控制点直接获取点云的工程坐标进行配准。

常见的配准算法有四参数配准算法、六参数配准算法、七参数配准算法、迭代最近点算法(ICP)及其改进算法。点云数据的坐标配准目前国内外的研究都比较多，不同品牌的仪器都有与设备配套成熟的软件，如 Cyclone、PolyWorks 软件等。

(二)配准方法分类

1. 标靶拼接

标靶拼接是点云拼接最常用的方法。首先在扫描两站的公共区域放置 3 个或 3 个以上的标靶，对目标区域进行扫描，得到扫描区域的点云数据，然后利用不同站点相同的标靶数据进行点云配准。每一个标靶对应一个 ID 号，同一标靶在不同测站的 ID 号必须一致，才能完成拼接，如图 4-25 所示。

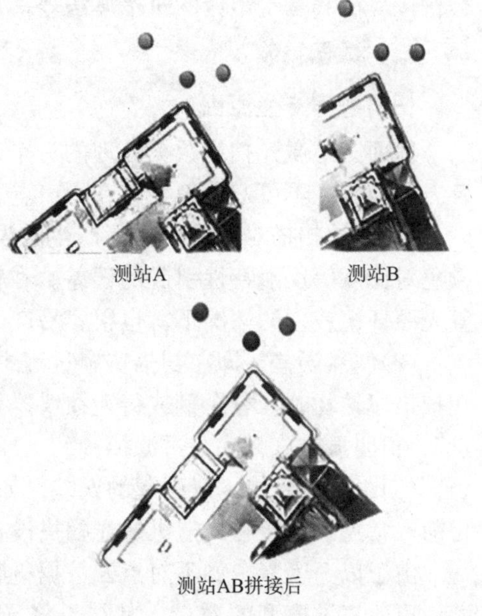

图 4-25　标靶拼接演示

以 Cyclone 软件为例，完成拼接的点云数据可以通过拼接窗口查看拼接误差精度等信息，该方法的拼接精度较高，一般小于 1 cm。如果需要将其统一到所需要的坐标体系下，就需要在满足拼接精度的前提下对拼接好的数据进行坐标转换，满足实际要求。

2. 点云拼接

基于点云拼接方法要求，在扫描目标对象时要有一定的区域重叠度，而且目标对象特征点要明显，否则无法完成数据的拼接。由于约束条件不足无法完成拼接的，需要再从有一定区域重叠关系的点云数据中寻找同名点，直至满足完成拼接所需要的约束条件，进而对点云进行拼接操作，此方法点云数据的拼接精度不高。

采用三维激光扫描仪采集数据时，要保证各测站测量范围之间有足够多的公共部分(大于 30%)，在点云数据通过初步的定位定向后，可以通过多站拼接实现多站间的点云拼接。公共部分的好坏会影响拼接的速度和精度。一般要求公共部分清晰，具有一些比较有明显特征的曲面。一般公共部分可利用的点云数据越多，多站拼接的质量越好。

在特殊情况下，可将标靶拼接与点云拼接结合使用。通常，在外业放置一定数量的标靶，而在内业进行数据配准时，当标靶数量不能满足解算要求时，就人工选取一些特征点，以满足配准参数结算的要求。这种方法在实际的点云配准中是很常用的，而且实践证明其精度也能达到要求。

3. 控制点拼接

为了提高拼接精度，三维激光扫描系统可以与全站仪或GPS技术联合使用，通过使用全站仪或GPS测量扫描区域的公共控制点的大地坐标，然后用三维激光扫描仪对扫描区域内的所有公共控制点进行精确扫描。其拼接过程与标靶拼接步骤基本相同，只是需要将以坐标形式存在的控制点添加进去，以该控制点为基站直接将扫描的多测站的点云数据与其拼接，即可将扫描的所有点云数据转换成工程实际需要的坐标系。使用全站仪获取控制点的三维坐标数据，其精度相对较高。因此，数据拼接的结果精度也相对较高，其误差一般在4 mm以内。

目前，已经有一些仪器支持以导线方式(假定坐标系、用户已有坐标系)进行扫描，在与设备配套的软件中会自动完成数据的拼接。例如，徕卡、TOPCON等品牌的扫描仪，减少了数据拼接的工作量。

另外，基于特征点云的混合拼接，该方法要求扫描实体时要有一定的重合度，拼接精度主要依赖拼接算法，可分为基于点信息的拼接算法、基于几何特征信息的拼接算法、动态拼接算法和基于影像的拼接算法等。

二、数据滤波

(一)噪声产生原因

地面三维激光扫描数据处理的一个基本操作是数据滤波，对于获取的点云数据，由于各方面原因，不可避免地会存在噪声点。其原因主要有以下几个方面。

(1)由被扫描对象表面因素产生的误差。例如，由不同的粗糙程度、表面材质、波纹、颜色对比度等反射特性引起的误差。在被摄物体的表面较黑或入射激光的反射光信号较弱等光照环境较差的情况下，也很容易产生噪声。

(2)偶然误差。即在扫描实施过程中由于一些偶然的因素造成的点云数据错误。例如，在扫描建筑物时，有车辆或行人在仪器与扫描对象间经过，这样得到的数据就是直接的“坏点”，很明显应该删除或过滤掉。

(3)由测量系统本身引起的误差。如扫描设备的精度、CCD摄像机的分辨率、振动等。目前，常见的非接触式三维激光扫描设备受到物体本身性质的影响更大。

由于以上因素，如不对点云数据进行去噪处理，这些噪声点将会影响特征点提取的精度、重建三维模型的质量，其结果将导致重构曲面、曲线不光滑，降低模型重构的精度。通过对原始扫描数据进行分析发现，若不对点云进行去噪处理，构建的实体形状与原研究对象大相径庭。因而，在三维模型重建之前，需对点云数据进行去噪光顺处理。

(二)噪声的处理方法

在处理由随机误差产生的噪声点时，要充分考虑点云数据的分布特征，根据分布特征采用不同的噪声点处理方法。目前，点云数据的分布特征主要有：扫描线式点云数据，按某一特定方向分布的点云数据；阵列式点云数据，按某种顺序排列的有序的点云数据；格网式(三角化)点云数据，即呈三角网互联的有序点云数据；散乱式点云数据，数据分布无章可循，完全散乱。不同点云数据的表达形式如图4-26所示。

第一种数据属于部分有序数据，第二种和第三种数据属于有序数据，这三种形式的数据点之间存在拓扑关系，去噪压缩相对简单，采用平滑滤波的方法就可以进行去噪处理。常用的滤波方法有高斯滤波、中值滤波、平均滤波。

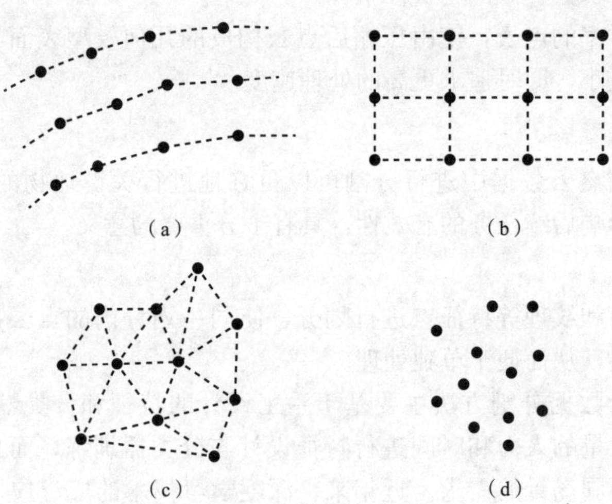

图 4-26　不同点云数据的表达形式

(a)扫描线式点云；(b)阵列式点云；(c)格网式点云；(d)散乱式点云

对于散乱式点云数据，数据点之间没有建立拓扑关系。目前，散乱式点云数据的去噪处理还没有一种快速、有效的方法。对散乱式点云数据滤波的研究主要分为两类：一类是将散乱式点云数据转换成网格模型，然后运用网格模型的滤波方法进行滤波处理；另一类是直接对点云数据进行滤波操作。常见的散乱式点云数据滤波方法有双边滤波算法、拉普拉斯(Laplace)滤波算法、二次 Laplace 方法、平均曲率流算法、稳健滤波算法。

根据噪声点的空间分布情况，可将噪声点大致分为以下四类。

(1)飘移点，即那些明显远离点云主体，飘浮于点云上方的稀疏、散乱点。

(2)孤立点，即那些远离点云中心区的小而密集的点。

(3)冗余点，即那些超出预定扫描区域的多余扫描点。

(4)混杂点，即那些和正确点云混淆在一起的噪声点。

对于前三类噪声点，通常可采用现有的点云处理软件通过可视化交互方式直接删除，而第四类噪声点必须借助点云去噪算法才能剔除。

三、数据缩减

数据缩减是对密集的点云数据进行缩减，从而实现点云数据量的减少，通过此操作，能够提高点云数据的处理效率。通常有以下两种方法。

(一)点云数据简化

在数据获取时，对点云数据进行简化，根据目标物的形状和分辨率的要求，设置不同的采样间隔来简化数据，使相邻测站间没有太多的重叠，这种方法效果明显，但是会大大降低分辨率。

(二)利用算法缩减

在正常采集数据的基础上，利用一些算法来进行缩减。常见的方法有基于 Delaunay 三角化的数据缩减算法(如顶点聚类法、区域合并法、边折叠法、小波分解方法)、基于八叉树的数据缩减算法和点云数据的直接缩减方法。点云压缩主要根据点云表征对象的几何特征，去除冗余点，保留生成对象形面的主要特征，以此提高点云存储和处理效率。理想的点云压缩方法应做到能用尽量少的点来表示尽量多的信息，目标是在给定的压缩误差范围内找到具有最小采样率的点云，使由压缩后点云构成的几何模型表面与原始点云生成的模型表面之间的误差最小，同时追求更高的处理速度。

四、数据分割与分类

在三维激光扫描点云数据中进行分割可以更好地进行关键地物的提取、分析和识别，分割的准确性直接影响后续任务的有效性，具有十分重要的意义。

(一)点云分割

根据空间、几何和纹理等特征点进行划分，使同一划分内的点云拥有相似的特征。点云分割的目的是分块，从而便于单独处理。

传统的激光点云数据分割方法主要基于手工设计的特征和分类器，如 SVM、RF 等。这种方法需要耗费大量的人力和时间进行特征设计与分类器训练，而且效果受到人为因素的影响，难以适应不同场景的需求。近年来，深度学习技术的广泛应用为激光点云数据分割提供了新的思路和方法。

深度学习方法利用神经网络自动从数据中学习特征和分类器，具有不需要手工设计特征和分类器的优点。常用的深度学习方法包括卷积神经网络(CNN)、循环神经网络(RNN)、多层感知器(MLP)等。其中，CNN 是应用最广泛的一种深度学习方法，在图像、语音、自然语言等领域都有成功的应用。

(二)点云分类

点云分类即为每个点分配一个语义标记。点云分类是将点云分类到不同的点云集，同一个点云集具有相似或相同的属性，如法向量、曲率、树木、人等。依据获取特征的方式不同，三维点云分类方法可分为基于点的分类、基于传统机器学习方法的分类和基于深度学习的分类三大类。

知识点三 点云内业处理案例

一、任务内容

完成任务二知识点三外业采集点云数据拼接。

二、处理软件

选用 Scene 软件，该软件为 Faro 激光扫描仪专门设计。通过使用自动对象识别及扫描项目配准和定位功能，能够轻松且高效地处理和管理扫描后的数据。Scene 软件提供全彩图像，还可以进行无靶标自动扫描定位，并且能够快速而有效地生成高质量的数据。本案例主要讲述基于标靶拼接流程。

视频：内业处理

低码率

三、操作步骤

(1)双击计算机上“Scene”图标打开软件，该软件界面依据点云处理工作流程依次设置六个选项卡，处理过程只需按照顺序操作即可，如图 4-27 所示。

(2)单击“项目”选项卡下的“创建项目”按钮，在弹出的“创建新扫描项目”对话框中选择项目存放位置并输入项目名称，单击“创建”完成项目创建，如图 4-28 所示。

(3)单击“导入”选项卡下的“导入扫描”按钮，计算机存盘中找到扫描站点并加选，将扫描数据拖入结构或浏览面板，完成扫描数据导入，如图 4-29 所示。

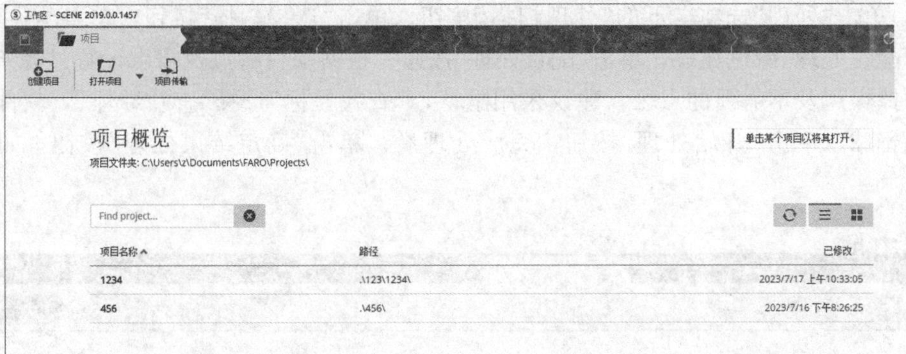

图 4-27　Scene 初始界面

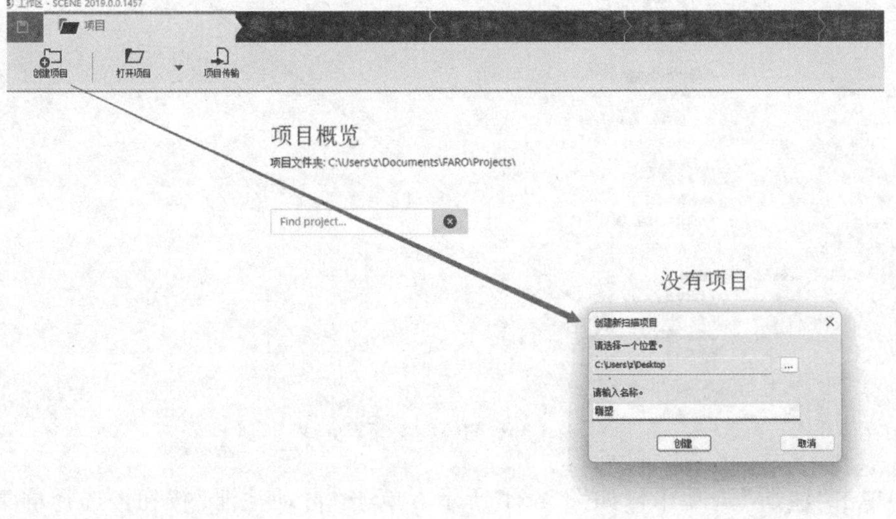

图 4-28　创建项目

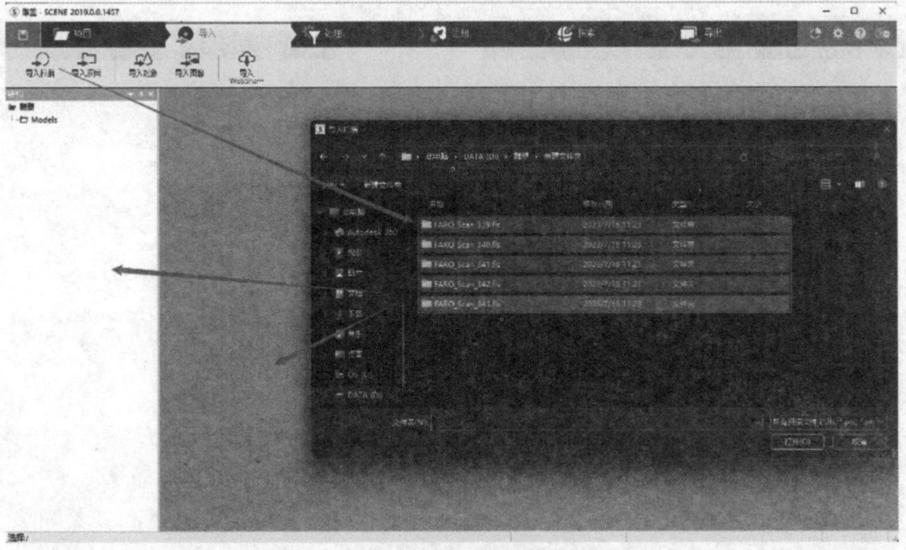

图 4-29　扫描数据导入

(4)单击“处理”选项卡下的“处理扫描”按钮，单击“选择扫描”按钮，单击项目名称“雕塑”，“配置处理”绿色亮显，单击“配置处理”按钮。根据项目特点及需求设置过滤条件，以便过滤掉噪声及不需要的点云，建议采用默认，“查找目标”选择“查找球体”，软件会自动追踪标靶球，单击“开始处理”按钮，完成处理后，单击“确定结束处理”按钮，如图 4-30 所示。

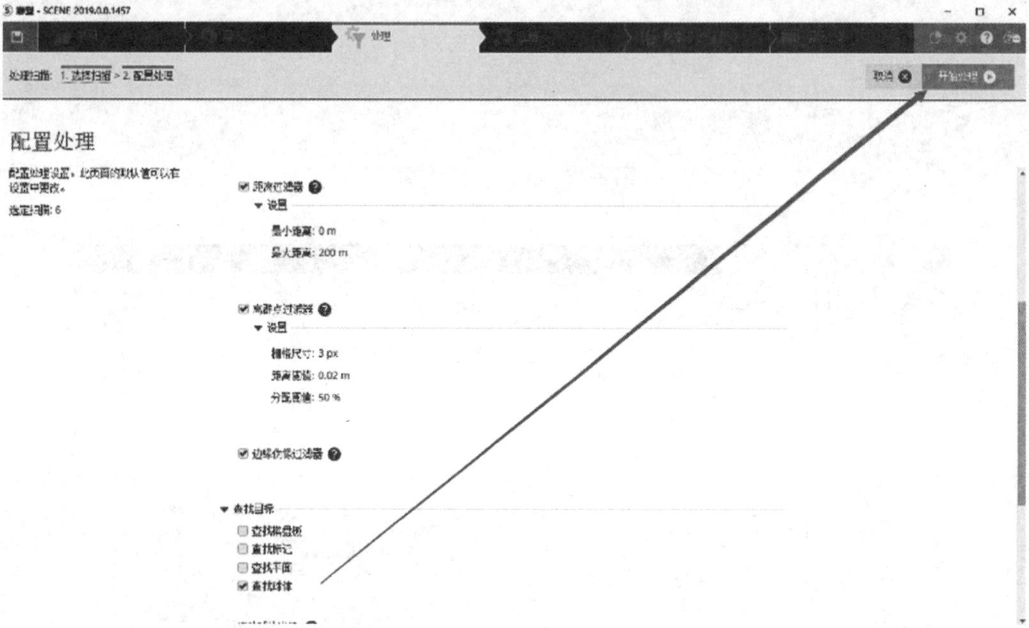

图 4-30　扫描数据配置处理

(5)单击“注册”选项卡，如图 4-31 所示，单击“自动注册”按钮，选择群集，点选“Scans”选择方法，标靶拼接选择“基于目标”，如果处理扫描后预览标靶识别正确，不需要选择“验证目标”，按照默认选择，单击“注册并验证”按钮，如图 4-32 所示。

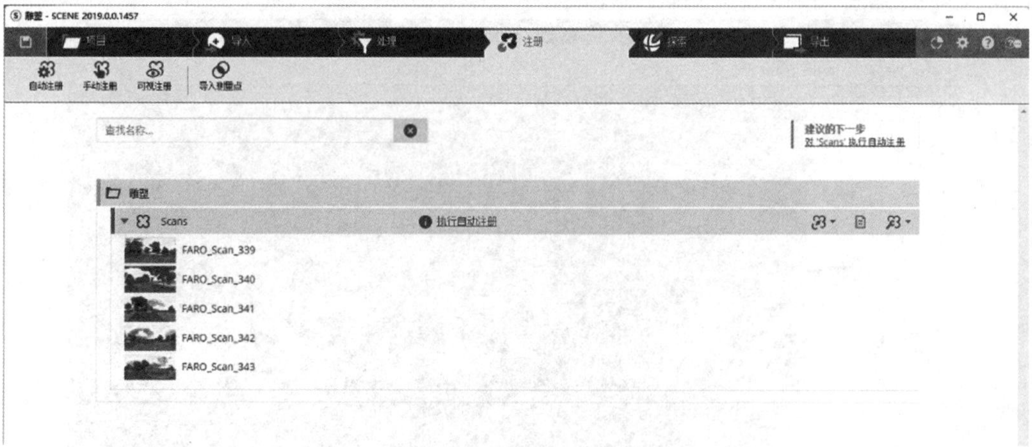

图 4-31　“注册”选项界面

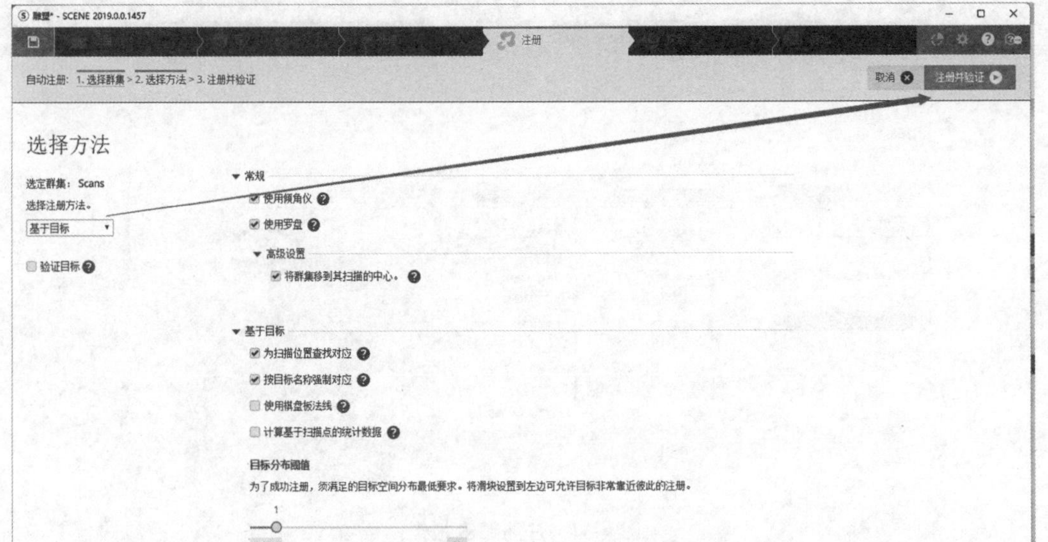

图 4-32　注册方法选择及参数设置(一)

(6)注册完成后，通过三维视图观看拼接效果，如图 4-33 所示，通过注册报告分析注册精度是否满足项目精度要求，如图 4-34 所示，确认后在“是否已正确注册全部扫描”选择“是”，单击“完成”按钮完成各站点云拼接，如图 4-35 所示。

图 4-33　注册方法选择及参数设置(二)

(7)单击“探索”选项卡，如图 4-36 所示，具备三维或实景查看、注释测量、点云的选择与删除、视点快照的保存等功能。通过“选择”功能删除目标物以外的多余点云，如图 4-37 所示。

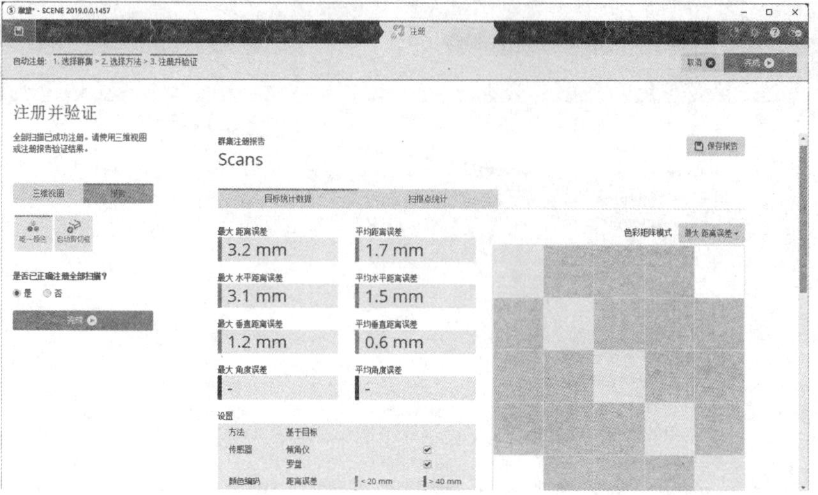

图 4-34　注册精度报告

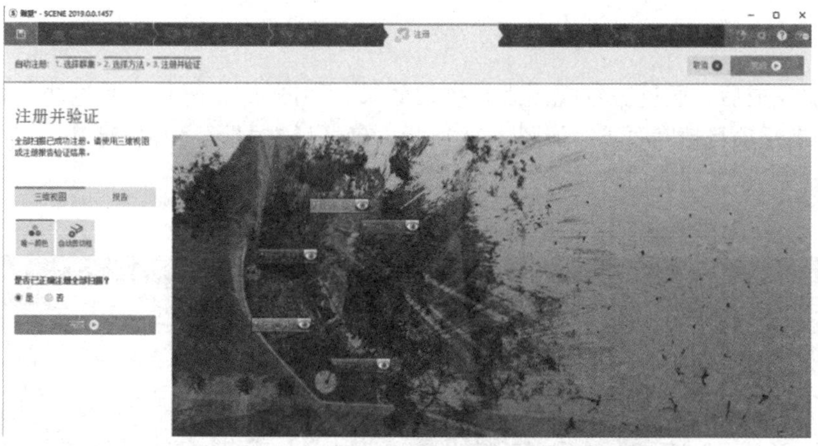

图 4-35　完成注册

图 4-36　“探索”选项卡

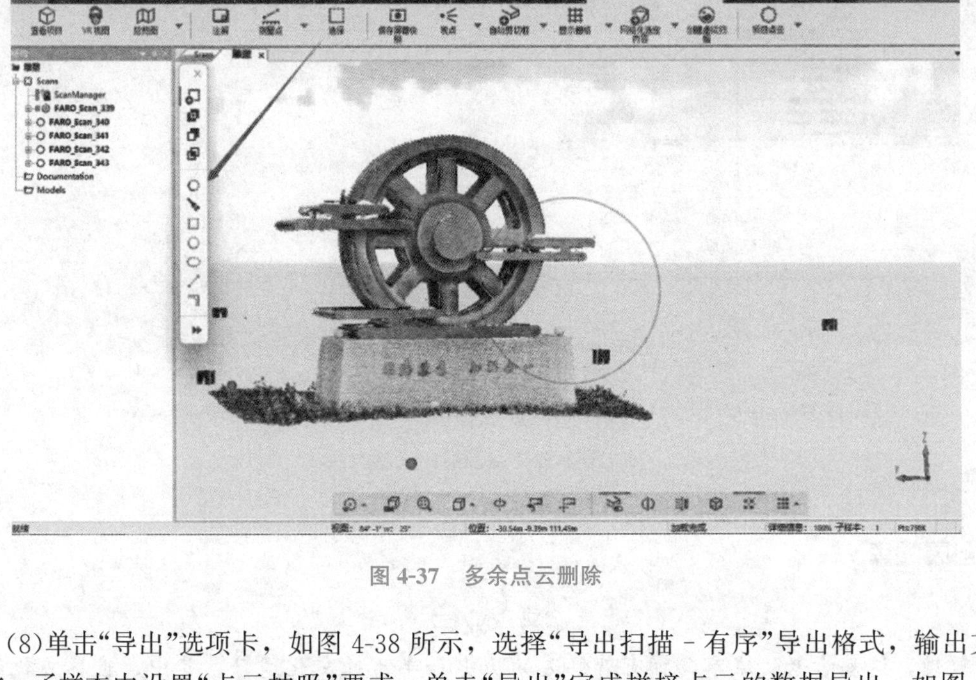

图 4-37　多余点云删除

(8)单击“导出”选项卡，如图 4-38 所示，选择“导出扫描 - 有序”导出格式，输出文件名称，子样本中设置“点云抽吸”要求，单击“导出”完成拼接点云的数据导出，如图 4-39 所示。

图 4-38　“导出”选项界面

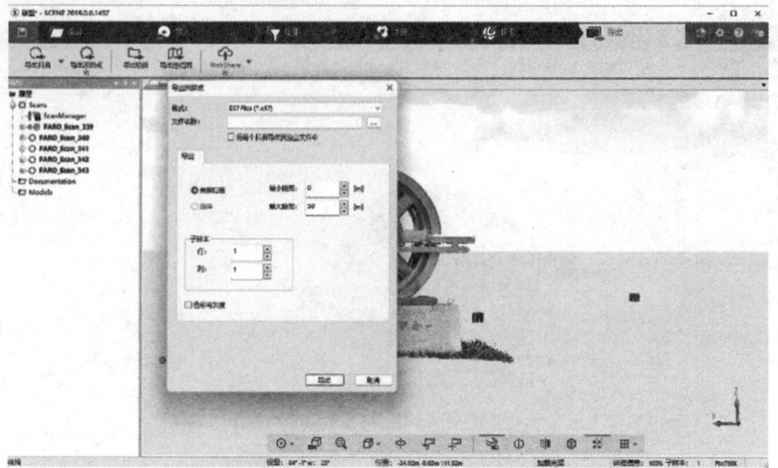

图 4-39　点云导出设置

拓展阅读

数字敦煌

敦煌，这座古老的城市，拥有着悠久的历史和丰富的文化遗产。其中，世界文化遗产敦煌莫高窟开凿于鸣沙山东麓的崖壁上，上下分为 5 层，南北长约 1 600 m。现保存有洞窟 735 个，其中有壁画的洞窟 492 个，壁画面积 45 000 m^2，彩塑 2 400 余尊，如图 4-40 所示，唐宋木结构的窟檐 5 座，藏经洞文献及文物 50 000 余件，是世界上现存规模最为宏大、保存最为完好的艺术宝库。然而，随着时间的流逝，莫高窟面临着风化、侵蚀等威胁。

图 4-40　敦煌洞窟彩塑

为了保护这些珍贵的文化遗产，敦煌研究院启动了三维数字化保护工程。该技术是一种利用计算机技术将实体转化为数字模型的过程。在莫高窟三维数字化保护工程中，技术人员采用三维激光扫描获取了莫高窟的详细三维数据，如图 4-41 所示。这些数据包括了洞窟内的壁画、雕塑、建筑等元素，以及洞窟外岩石、风沙等自然景观。

获取的三维数据经过处理生成高精度的数字模型。这些数字模型不仅可以用于保护莫高窟，还可以用于学术研究、文化交流等方面。同时，数字模型还可以用于文化交流和宣传，让更多的人了解和认识莫高窟这一世界文化遗产。

图 4-41　莫高窟三维激光点云提取

随着科学技术的发展，三维扫描技术越来越多被应用在遗址保护中，如古建筑、古城、雕塑、古墓等的数字化存档。除了敦煌莫高窟，我国布达拉宫、故宫博物院、军事博物馆等重要文物、建筑都曾通过三维激光扫描进行过数字化保存和展示。

小结

本项目作为三维激光扫描数据获取及处理的篇章，系统介绍了三维激光扫描的工作原理及应用领域，对三维激光扫描的总体工作流程包括技术准备与技术设计、控制测量、数据采集、数据预处理、成果制作、质量控制与成果归档做了详尽讲解，另外，通过校园雕塑案例的点云获取、处理及输出对三维激光扫描工作做了具体示范。

习题

一、选择题

1. 关于三维扫描，下列选项说法正确的有(　　)。

A. 三维扫描是一种三维数字化技术

B. 三维扫描是用于获取物体表面各点空间坐标的技术

C. 三维扫描是集光、机、电和计算机技术于一体的智能化、可视化的高新技术

D. 三维扫描主要用于对物体空间外形和结构进行扫描，以获得物体的三维轮廓和物体表面点的三维空间坐标

2. 三维扫描仪又称为(　　)。

A. 三维数字化仪　B. 平面扫描仪　C. 摄像机　D. 图形采集卡

3. 三维模型获取的方式有(　　)。

A. 三维设计软件　B. 逆向三维扫描　C. 三维激光扫描　D. 二维设计软件

4. 下列不属于激光点云数据特点的是(　　)。

A. 高密度、高精度　B. 空间分布不均匀

C. 空间拓扑关系明确　D. 无接触主动式测量

5. 根据搭载平台的不同，激光扫描系统主要可分为(　　)。

A. 星载激光扫描系统　　B. 机载型激光扫描系统

C. 车载激光扫描系统　　D. 地面激光扫描测量系统

6. 下列不属于激光点云数据预处理的是(　　)。

A. 点云滤波　　B. 点云特征提取　　C. 点云三维重建　　D. 点云配准

7. 根据测距原理的不同，激光测距可分为(　　)。

A. 脉冲法测距　　B. 视距法测距　　C. 相位法测距　　D. 三角法测距

8. 三维激光扫描仪的测距精度一般在(　　)。

A. 微米级　　B. 毫米级　　C. 厘米级　　D. 分米级

9. 以下不属于三维扫描仪的工作过程的是(　　)。

A. 计划制订　　B. 外业数据采集

C. 外业数据处理　　D. 内业数据处理

10. 基于特征的点云配准方法有(　　)。

A. 基于点特征的点云配准　　B. 基于线特征的点云配准

C. 基于面特征的点云配准　　D. 基于体特征的点云配准

二、判断题

1. 根据噪声点的空间分布情况，可将噪声点分为孤立点和冗余点两类。(　　)

2. 目前，三维激光扫描仪点频最高可达到千万点/秒。(　　)

3. 受被测物体反射强度影响，三维激光扫描无法获取透明的玻璃、水面的点云。(　　)

4. 同一测站获取的点云，距离测站中心越远，点云密度越小。(　　)

5. 三维激光扫描技术是测绘领域中继 GPS 技术之后又一次测绘技术革命。(　　)

6. 脉冲法测距使用于长距离测距，且测距精度高于相位法测距。(　　)

7. 在测距精度上，激光三角法测距优于脉冲法和相位法，测距精度可达亚毫米级，但测距范围一般在几十米以内。(　　)

8. 三维激光扫描仪获取的点云数据，每一点都有其特定的信息，不能对其进行精简操作，以免造成信息缺失。(　　)

9. 深度图像可以从激光点云数据中生成，其像素坐标包含地物点到扫描仪中心的距离信息。(　　)

10. 三维激光扫描仪向物体表面发射并接收反射回来的激光，可以获取地物点的空间位置、反射强度和 RGB 等信息。(　　)

11. 点云两两配准，是一个坐标系统一到另一个坐标系的过程。(　　)

项目五 无人机倾斜摄影测量

视频：课程导入及目标

知识目标

1. 了解无人机倾斜摄影安全作业基本要求；
2. 掌握像控点布设和航线规划原则；
3. 掌握“1＋X”测绘地理信息采集与处理中无人机航测理论知识；
4. 掌握三维重建原理及流程。

技能目标

1. 学会布设像控点及航线规划方法；
2. 能操控无人机进行倾斜摄影测量；
3. 能完成“1＋X”测绘地理信息采集与处理中无人机航测实操考核；
4. 能进行实景三维模型生产。

素养目标

1. 增强团队协作、务实创新的职业能力；
2. 培养学生追求新技术、勇攀技能高峰的责任感和使命感。

知识导引

无人机倾斜摄影数据获取是借助轻便型无人机，搭载倾斜摄影相机，对大面积地物进行快速影像采集，然后利用专业建模软件对建筑物进行三维模型创建，构建实景三维模型。建筑物的三维实体模型具有丰富的纹理特征，为城市数字孪生、虚拟交互等提供基础数据支撑。

无人机倾斜摄影测量技术广泛应用于露天矿的生态修复测量工程、山区与丘陵区等绘制作业、单体建筑三维测量、公路与铁路土方测量等多种工作场景。它克服了传统测量过程中效率低、测设难度大、性价比不高等问题。有效节约了测绘工程中的资金投入，具有较好的经济意义。

想一想：无人机倾斜摄影技术还能应用于哪些领域？

任务一　认识无人机

知识点一　无人机的飞行构造

视频：无人机的飞行原理

不同类型的无人机构造是有区别的，目前比较常用的无人机类型为多旋翼无人机、无人直升机、固定翼无人机、垂直起降固定翼无人机，在森林防火、电力巡线、航拍航测、影视拍摄、土地规划、农业飞防喷洒、环保检查、现场救援、交通疏导等领域多使用多旋翼无人机。本项目以四旋翼无人机为例，阐述多旋翼无人机的构造。

四旋翼无人机的构成基本硬件有飞行控制（飞控）计算机（飞行控制器）、飞机支架、电机、旋翼，如图 5-1 所示。

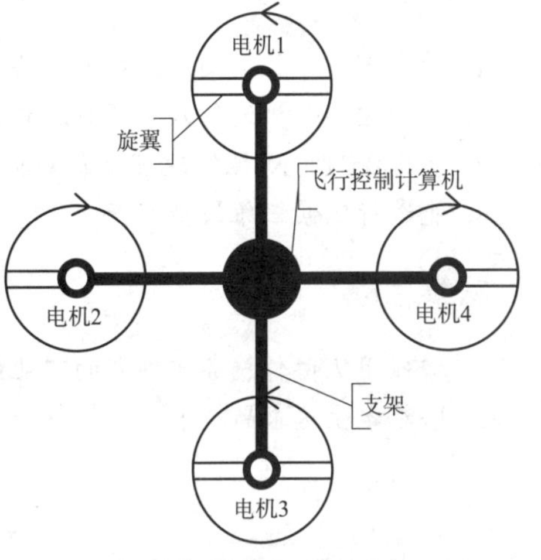

图 5-1　无人机构造示意

飞行控制计算机是无人机的核心，作用相当于人的大脑，对无人机的稳定性，数据传输的可靠性、精确度、实时性等都具有重要的影响，对其飞行性能起决定性的作用。其系统一般由传感器、机载计算机和伺服作动设备三大部分组成，实现的功能主要有无人机姿态稳定和控制、无人机任务设备管理和应急控制三大类。

（1）传感器。多轴无人机机身大量装配的各种传感器包括 GNSS、气压计、陀螺仪、指南针及地磁感应等，可以采集角速率、姿态、位置、加速度、高度和空速，是飞控系统的基础。

（2）机载计算机。作为无人机的 CPU，是飞控系统的核心，类似于人体大脑的中枢神经，负责整个无人机姿态的运算和判断；同时，也操控着传感器和伺服作动设备（人机执行机构）。

（3）伺服作动设备。人机执行机构都是伺服作动设备，是导航飞控系统的重要组成部分。其主要功能是根据飞控计算机的指令，按规定执行动作。对于固定翼无人机来说，主要通过调整机翼角度和发动机运转速度，实现对无人机的飞行控制。

知识点二　无人机的飞行原理

视频：无人机的构造

无人机飞行原理起源于竹蜻蜓飞行，手的搓动给予竹蜻蜓一个旋转的速度后，就会产生上升力，驱使竹蜻蜓起飞，但是无人机与竹蜻蜓相比又复杂很多，根据牛顿第三定律“每一个作用总是有一个相等的反作用和它相对抗；或者说，两物体彼此之间的相互作用永远相等，并且各自指向对方。”当旋翼由发动机通过旋转轴带动旋转时，旋翼给空气以作用力矩，必然在同一时间以大小相等、方向相反的反作用力矩作用于旋翼。这一反向的扭矩会使机身和旋翼反向高速旋转，如果不能抵消旋翼所造成的反向扭矩，飞机将无法起飞，直升机机尾处会有一螺旋桨，它可以在水平方向上给机身施加一个横向作用力，用来抵消主旋翼造成的反向扭矩，也可以通过用力大小来调整直升机水平头部指向，如图 5-2 所示。多旋翼电机数必须为双数倍，单数倍电机无法做到抵消旋翼所造成的反向扭矩。本项目以最常见的四旋翼无人机为例，在四个螺旋桨中，相邻两个螺旋桨的旋转方向相反，对角的两个螺旋桨旋转方向相同。如图 5-1 所示，电机 1 与电机 3 为逆时针旋转，产生的反向扭矩为顺时针方向；电机 2 与电机 4 为顺时针旋转，产生的反向扭矩为逆时针反向，当顺时针的作用力与逆时针的作用力大小相等时，无人机即可保持水平方向稳定，同时增加或减少四个电机输出功率，即可实现无人机的上升和下降；每个电机产生的升力大小相等，才可以保持飞机稳定起降。逆时针与顺时针的反向扭矩大小相等时，无人机不会发生旋转；当顺时针反向扭矩大于逆时针反向扭矩时，无人机将会向顺时针方向旋转，当逆时针反向扭矩大于顺时针反向扭矩时，则向逆时针方向旋转，既可控制无人机的机头指向，也可完成水平方向的转弯。如图 5-3 所示，斜向箭头指向为无人机机头朝向，3 号和 4 号电机螺旋桨提高转速，同时，1 号和 2 号电机螺旋桨降低转速，由于飞机后部获得的升力大于前部获得的升力，机身会向前倾斜，产生一个向前的作用分力，使飞机获得一水平方向的加速度，飞机能向前运动。同理，无人机的水平方向移动也是依靠两边电机转速的提升和降低来实现，右侧升力大于左侧升力，无人机向左侧移动，左侧升力大于右侧升力，无人机向右侧移动。

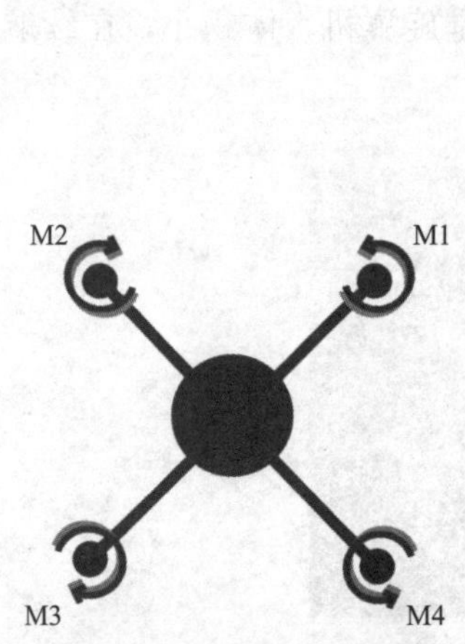

图 5-2　无人机扭矩示意

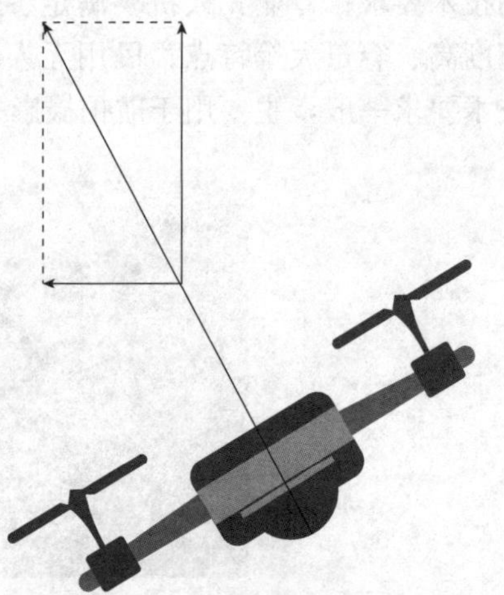
图 5-3　无人机水平向前飞行受力分析

知识点三　无人机种类划分

一、按动力划分

根据动力源的不同，无人机可分为油动无人机和电动无人机。油动无人机即采用油气作为驱动；电动无人机即采用电池作为驱动。两种无人机各有所长，油动无人机的优点为续航时间较长，其缺点为在安全问题上存在隐患，一旦发生坠机，很容易引发火灾；而电动无人机的优点是安全性较高，其缺点则为续航能力弱、工作时间短。

视频：无人机种类划分

二、按外形结构划分

按照构造形式分，无人机可分为多旋翼、固定翼无人机和无人直升机。按照螺旋桨数量，无人机又可细分为四旋翼无人机、六旋翼无人机和八旋翼无人机等，如图 5-4 所示。通常情况下，螺旋桨的数量越多，飞行就会越平稳，操作越容易。

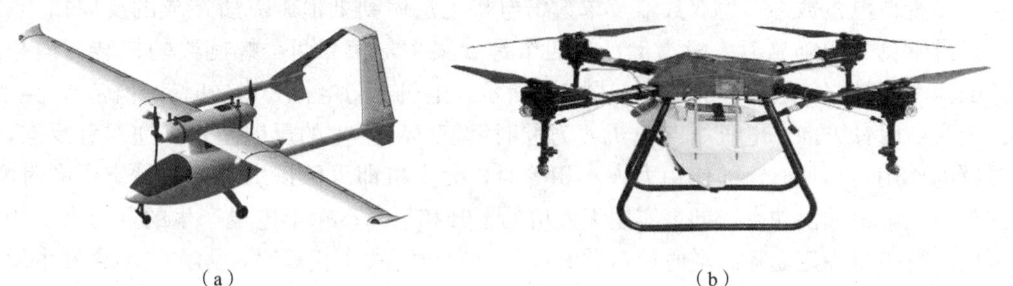

（a）　（b）

图 5-4　无人机构造形式（按外形结构划分）

（a）固定翼无人机；（b）四旋翼无人机

三、按用途划分

无人机根据用途不同，可分为军用无人机、专业无人机和民用无人机，如图 5-5 所示。军用无人机要求能够参与到战争中，并能够提供高精度定位的高科技武器，在各个方面都需要很高的技术要求；专业无人机要满足各个行业中专业需求，要求无人机具有续航能力强、拍摄精度高、容量大等特点；民用无人机一般是旋翼机，体积小，在续航能力及拍摄精度方面技术要求一般，主要用于航拍摄影。

（a）

（b）　（c）

图 5-5　无人机按用途分类实物图

（a）农用无人机；（b）无人机裂缝检测；（c）无人机电力巡检

想一想：无人机飞行方案设计要考虑哪些因素？

任务二　倾斜摄影方案设计

知识点一　倾斜摄影基本知识

一、摄影比例尺

将摄影相片当作水平相片，地面取平均地面高程，相片上线段 d 与地面上相应的水平距离 D 之比称为倾斜摄像比例尺。如图 5-6 所示，其中 f 为摄像机主距，H 为摄影航高，$1/m$ 为摄影比例尺，从图中可以得出 $1/m=f/H$。通常，倾斜摄影影像上存在的影像倾斜和地形起伏会引起像点位移，致使摄影比例尺不一致，所以上述摄影比例尺是一个近似值，称为主比例尺，主要供编制、管理、计算近似值等应用。在实际生产中，通常无须确定摄影比例尺，绘制底图所需比例尺根据在倾斜摄影测量规范中规定的成图比例和合同规定的测量精度要求确定。只有在单张影像测图和相片调绘时，有时需要比较精确的摄影比例尺，此时可采用实际测求的方法，即根据地面上两条正交的线段与影像上相应线段之比，计算出摄影比例尺。

视频：摄影比例尺

摄影比例尺的选择要根据成图比例尺、成图精度、合同要求、规范要求等因素来综合考虑选取；另外，还要考虑经济性和摄像资料可使用性。摄影比例尺越大，摄影地面分辨率越高，越有利于影像的解译与提高成图精度。但摄影比例尺过大，则要增加费用和工作量，所以，在确保满足规范和合同要求的前提下，选择较大比例，这样做有利于缩短成图周期、降低成本、提高测绘综合效益。一般，摄影比例尺分母与成图比例尺分母之比以 4～6 为宜。无人机多用于获取大比例尺地形图，大比例尺下的摄影比例尺和成图比例尺关系见表 5-1。

图 5-6　航空摄影比例尺及航高计算示意

表 5-1　倾斜摄影比例尺和成图比例尺关系

成图比例尺	摄影比例尺
1∶500	1∶2 000～1∶3 500
1∶1 000	1∶3 500～1∶7 000
1∶2 000	1∶7 000～1∶14 000
1∶5 000	1∶10 000～1∶20 000
1∶10 000	1∶20 000～1∶40 000
1∶25 000	1∶25 000～1∶60 000
1∶50 000	1∶35 000～1∶80 000
1∶100 00	1∶60 000～1∶100 000

二、航高

航高是指飞机在摄影瞬间相对某一水准面的高度。如图 5-6 所示，AB 为地面两点的连线，ab 为地面直线 AB 的倾斜摄影测量成像，当影像水平且地面也水平时，影像上任意线段的比例尺都相等，此时摄影比例尺 $1/m=f/H$，其中 f 为摄像机主距，H 为摄像航高。航高根据所取基准面的不同可分为相对航高和绝对航高。相对航高是指飞机在摄影瞬间相对于某一水准面的高度，它是相对于航区内地面平均高程基准面的设计航高，是根据飞机飞行的基本数据计算得到的($H=mf$)；绝对航高 $H_{绝}$ 是航摄飞机相对于平均海平面的航高，是摄影物镜在摄影瞬间的海拔高度，通过相对航高 H 与摄影地区地面平均高度 $H_{地}$ 计算得到，即

$$H_{绝}=H+H_{地}$$

三、地面分辨率(GSD)

GSD 是倾斜摄影的地面分辨率，是指航测图片上一个像素点(像元)α 代表真实世界的尺寸。例如，GSD 为 30 cm，表示影像上一个像素点(像元)为真实世界的 30 cm。在航空摄影测量中，GSD 根据倾斜摄影规范、合同要求综合确定。

知识点二 倾斜摄影基本要求

一、倾斜摄影分区划分原则

(1)分区界线应与图廓线相一致。

(2)分区内地形高差一般不大于 1/4 相对航高；当摄影比例尺大于或等于 1∶8 000 时，一般不应大于 1/6 相对航高。

(3)分区内的地物景物反差、地貌类型应尽量一致。

(4)当地面高差突变、地形特征显著不同时，可以破图幅划分倾斜摄影分区。

视频：倾斜摄影分区划分原则

(5)划分分区时，应考虑倾斜摄影飞机侧前方安全距离与安全高度。

(6)当采用 GNSS(全球定位系统)辅助空三(空中三角)倾斜摄影测量时，分区除应遵守上述各规定外，还应确保分区界线与加密分区界线相一致或一个摄影分区内可涵盖多个完整的加密分区。

二、航线敷设原则

(1)航线飞行方向一般设计为东西向，特定条件下也可按照地形走向或专业测绘的需要，设计南北向或沿线路、河流、海岸、境界等任意方向飞行。

(2)按常规方法敷设航线时，航线应平行于图廓线，位于摄区边缘的首末航线应设计在摄区边界线上或边界线外。

(3)对水域、海区敷设航线时，应尽可能避免像主点落水，应保证所有岛屿覆盖完整并能组成立体像对。

知识点三 倾斜摄影技术设计

无人机倾斜摄影技术设计是项目开始实施前，根据无人机倾斜摄影合同、规范、地形地貌和空域申请的有关规定，选择合适的无人机飞行运载平台和任务传感器，以无人机倾

斜摄影每个摄影分区、架次确定飞行基本参数的过程。其主要可分为任务分析和技术设计书编写两个阶段，技术设计书由专业设计人员进行编写，经批准后方可实施。

一、任务分析

任务分析是指根据无人机倾斜摄影合同，确定倾斜摄影区域和技术要求，收集倾斜摄影区域资料，并分析地形地貌，选择无人机倾斜摄影作业方案，确定主要倾斜摄影参数。倾斜摄影区域一般由甲方提供，外业小组根据甲方提供的倾斜摄影区及坐标系信息，将摄影区域各坐标信息转换成 CGCS2000 地理坐标系信息，便于后期建模使用，并根据比例尺要求和相关无人机航空摄影测量技术规范、合同要求，确定摄影地面分辨率(GSD)。

二、收集并分析已有资料，开展踏勘工作

收集倾斜摄影区域范围内最新测绘资料，了解作业区域内自然地理概况、地形地貌情况，准备设计用图，并开展摄影区域踏勘工作，重点关注路网、水系、高层建筑、高压线、变电站、军事设施等安全飞行要素。

三、申请空域

根据空域申请要求，提供倾斜摄影空域范围、无人机机型、倾斜摄影绝对航高、倾斜摄影作业时间、倾斜摄影作业单位等信息，依法申请空域。

四、计算倾斜摄影技术指标

(一)航高计算

航空摄影需要按规范和项目设计要求计算航高，以获取相应的倾斜摄影数据。但由于受到空中气流等因素的影响，飞机摄影时的航高会发生变化，摄影时的航高应满足以下要求：同一航线上相邻影像的航高差不应大于 30 m，最大航高与最小航高之差不应大于 50 m，实际航高与设计航高之差不应大于 50 m。航高的计算原理同凸透镜成像原理，如图 5-7 所示，在计算航高时，首先要选择摄影比例尺，当摄影比例尺和摄像机选定后，按测图精度和设计要求确定 GSD 的数值。从相似三角形原理可以推测航高的计算式(5-1)。

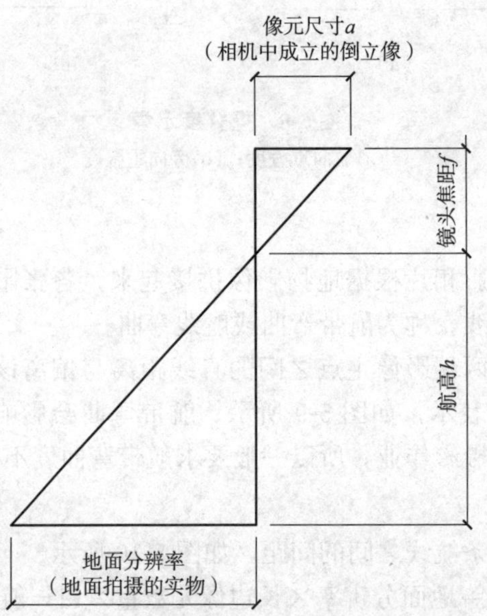

图 5-7　航高计算简图

$$\frac{a}{GSD}=\frac{f}{h}\rightarrow h=\frac{f\cdot GSD}{a} \quad (5\text{-}1)$$

式中，h 为飞行高度；f 为镜头焦距；a 为像元尺寸；GSD 为地面分辨率。

（二）影像重叠度参数计算

为了立体建模，要求影像之间有一定的重叠，包括航向重叠和旁向重叠。同一条航线内相邻两张影像的重叠称为航向重叠，航向重叠部分与整个像幅长度的百分比称为航向重叠度，常用字母 P 表示。相邻航线间的影像重叠称为旁向重叠，旁向重叠部分与整个像幅宽度的百分比称为旁向重叠度，用字母 Q 表示。在倾斜摄影测量中，为了保证能够立体建模，对重叠度有严格技术要求，航向重叠度一般为 60%～80%，最小不小于 53%，旁向重叠度一般为 15%～60%，最小不应小于 8%。如图 5-8(a)所示，1、2、3 为对应三张相片的序号，P_x 为 1 号相片和 2 号相片之间沿飞行方向的重叠部分长度，L_x 为像幅长度；如图 5-8(b)所示，P_y 为第一条航带Ⅰ-1 相片与第二条航带Ⅱ-1 相片之间垂直于飞行方向的重叠部分宽度，L_y 为像幅宽度；根据重叠度定义得出重叠度计算式(5-2)、式(5-3)。

视频：重叠度和航线间距参数确定

航向重叠度：$P=P_x/L_y\times100\%$ (5-2)

旁向重叠度：$Q=P_y/L_y\times100\%$ (5-3)

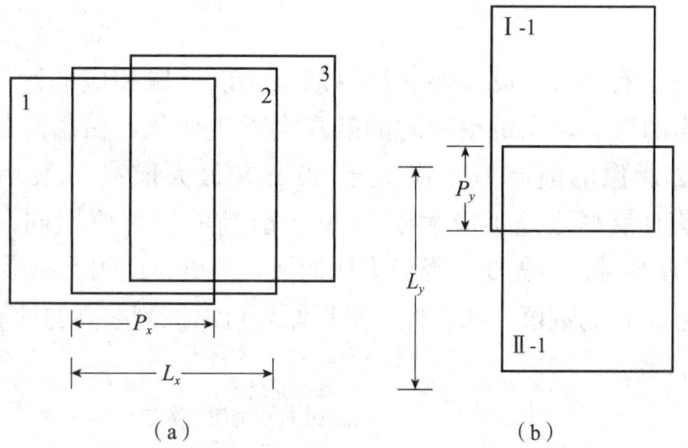

图 5-8　重叠度示意

(a)航向重叠度；(b)旁向重叠度

（三）航带弯曲度设计

将一条航线的倾斜摄影相片根据地物影像拼接起来，各张影像的主点连线不在一条直线上而呈现弯弯曲曲的折线，称为航带弯曲或航线弯曲。

航带弯曲度是指航带两端影像主点之间的直线距离与偏离该直线最远的垂直线垂距比值的倒数，一般用百分比表示，如图 5-9 所示。航带弯曲会影响旁向重叠的一致性，若弯曲度太大，可能影响倾斜摄影作业，所以一般要求航带弯曲度不得大于 3%。

（四）航线间距计算

航线间距是指相邻两条航线之间的间距，如图 5-10 所示。

航线间距＝地面分辨率×长边像元数量×(1－航向重叠度) (5-4)

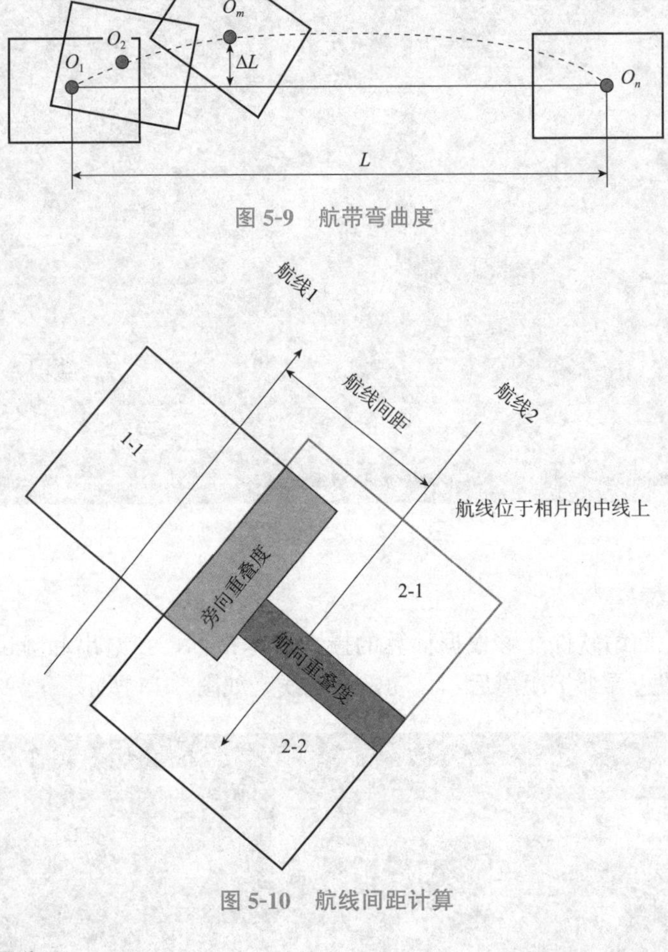

图 5-9　航带弯曲度

图 5-10　航线间距计算

五、划分航摄分区

根据航摄区域地形特点，收集航摄区域资料并分析地形地貌特征，根据甲方提供的倾斜摄影区域，划定作业区，并根据地貌、地物及航高灵活调整倾斜摄影区域，如图 5-11、图 5-12 所示。

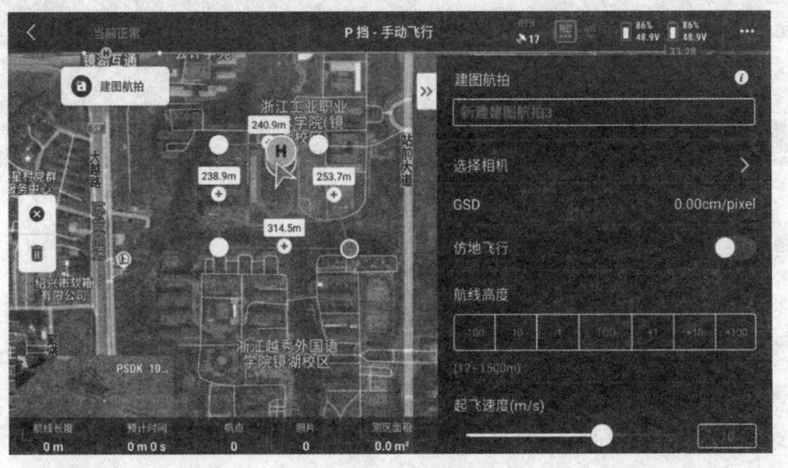

图 5-11　航测区域划分

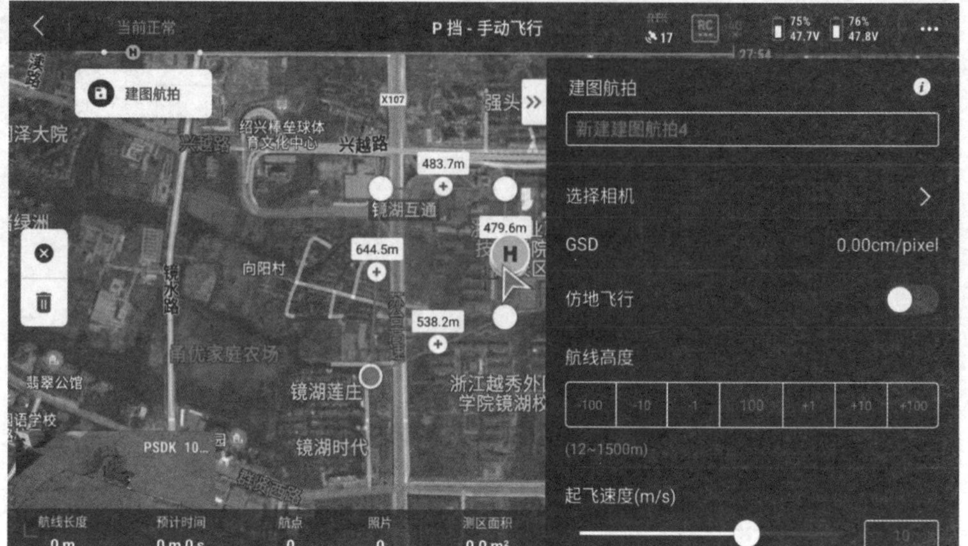

图 5-12　航测区域调整

六、敷设航线

目前，很多地面站软件能够根据计算的摄影技术指标，在给出起降位置、航线敷设方向、倾斜摄影区域边界外扩距离后，自动敷设航线，如图 5-13 所示。

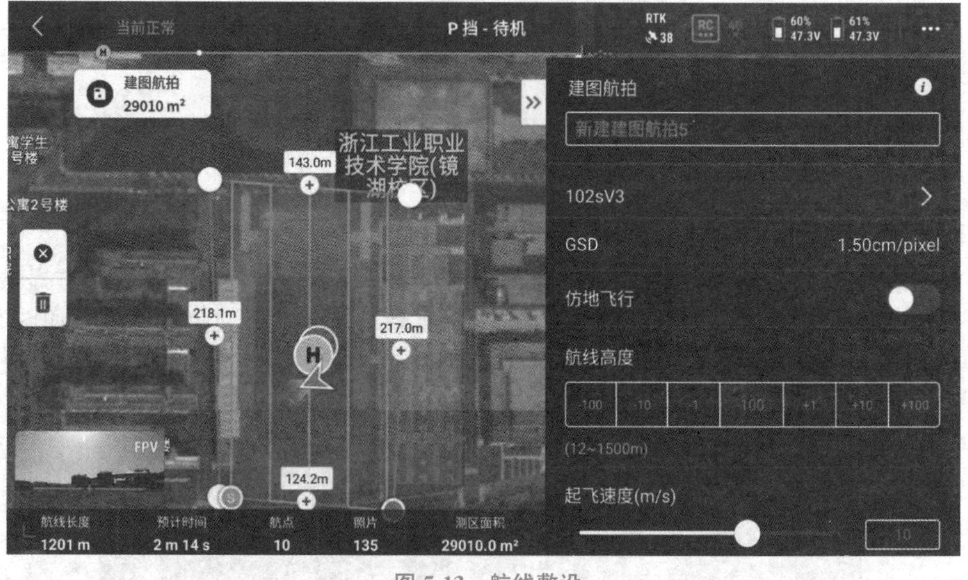

图 5-13　航线敷设

七、技术设计书编写

根据合同要求及任务分析，编写倾斜摄影技术设计书，设计书应包括项目概况、航摄区域基本技术要求、技术设计依据、技术设计、实施方案等内容。技术设计包含航摄分区设计、倾斜摄影参数设计、航线设计等内容。实施方案包含项目实施的无人机倾斜摄影设备选择、主要技术标准及精度要求、质量控制、成果提交、人员进度安排、实施过程中的安全保障等内容。

想一想：如何操控无人机进行倾斜摄影数据获取？

任务三　倾斜摄影外部作业

知识点一　外部作业操作流程

一、倾斜摄影前期准备及要求

视频：倾斜摄影测量外部作业准备及要求

(1)为了确保倾斜摄影作业安全，准备工作应充分、细致、周全。

(2)为了有效应对倾斜摄影作业过程中发生的突发情况，应制订应急预案，明确应急处理流程及方式。

(3)为了有计划地完成倾斜摄影任务，应关注作业区域内天气预报，制订详细飞行计划，确保作业天气晴朗，确保倾斜影像纹理清晰、色调均匀、色彩层次丰富。

(4)为了确保飞行过程安全顺利，起飞前应仔细检查飞行平台、相机摄影机、油料、电池、零配件及工具，确保飞行平台、相机摄影机、电池性能正常可用，油料、零配件、工具充足，如图 5-14 所示。

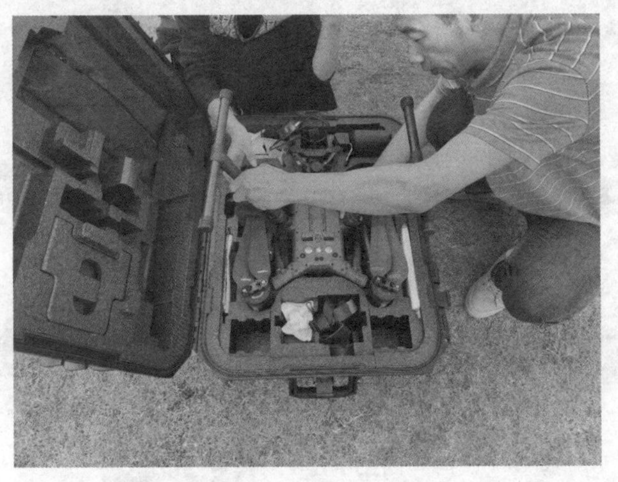

图 5-14　倾斜摄影前进行安全检查

二、倾斜摄影作业

根据飞行计划，提前到达起飞场地，开展倾斜摄影作业。其作业流程如下。

(一)现场安排

根据当天的天气情况，即日照、风向、风力等情况，决定无人机起降位置、起飞降落方向、起飞时间。

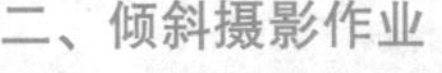

视频：无人机外业操作

(二)无人机准备

首先完成无人机组装、地面站架设、相机参数调整，接着对航摄系统进行加电，并检查油量、电量是否正常，最后根据航摄系统检测流程要求完成系统检测。不同的无人机倾斜摄影系统，检测流程不完全相同，但是基本内容的检测相同。

(三)飞控系统准备

在无人机起飞前要对飞控系统进行起飞前准备和参数检查工作，本书以大疆 M300 为例，阐述无人机飞行前系统准备、检查工作。

(1)进入遥控器操作系统 Pailot2，选择航线图标，进入“创建航线”界面，如图 5-15 所示，单击“创建航线”，在“创建航线”界面有四种模式可供选择，其中倾斜摄影和建图航拍用于无人机倾斜摄影作业，如果相机为单镜头，则选择倾斜摄影模式；如果相机为五镜头，则选择建图航拍，因为五镜头相机飞一次可以同时完成地物和地貌的正像和侧向影像数据采集，如图 5-16、图 5-17 所示。

图 5-15　大疆 M300 操控系统主界面

图 5-16　“创建航线”界面

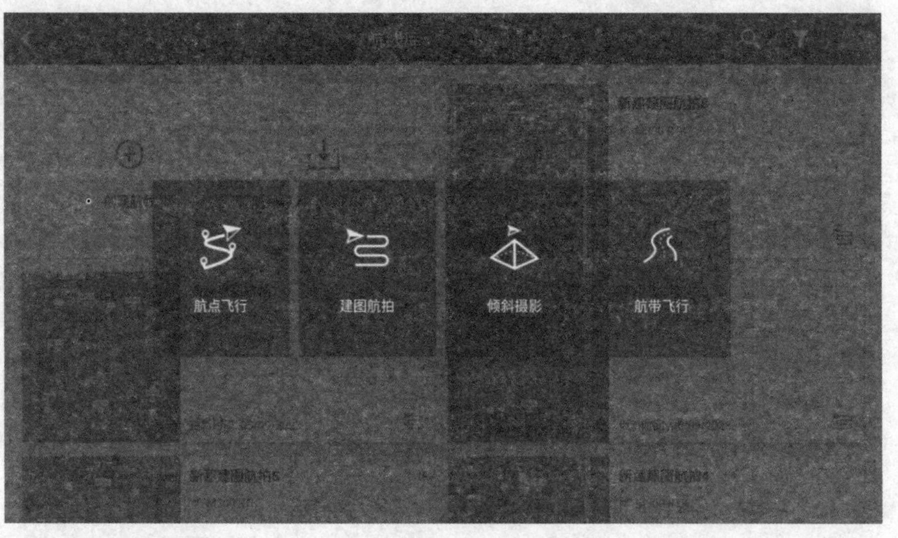

图 5-17 模式选择

(2)单击“建图航拍”或“倾斜摄影”图标进入“飞控参数设置”界面，在该界面中进行返航点、航高、限高、失联行为、避障、飞行速度、重叠率、边距、完成动作、RTK 坐标系设置。建议失联行为选择返航；限高综合考虑测区允许的最大飞行高度及最高建筑物高度进行设置；避障行为建议选择刹停，检查避障系统，确保避障系统开启，防止撞击障碍物；电量设置低电量警报及达到低电量自动返航，避免无人机电量耗尽坠机，如图 5-18 所示。

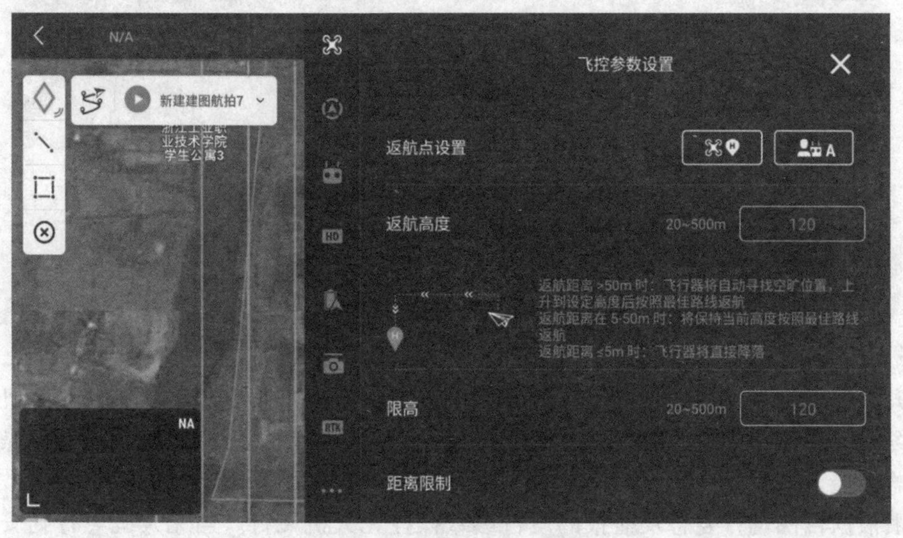

图 5-18 “飞控参数设置”界面

(3)完成参数设置后单击“建图航拍”任务，进行飞行前检查，检查失联行为、限高、避障等飞控参数设置，如图 5-19 所示；完成参数检查后上传航线，开始执行飞行任务，如图 5-20 所示。

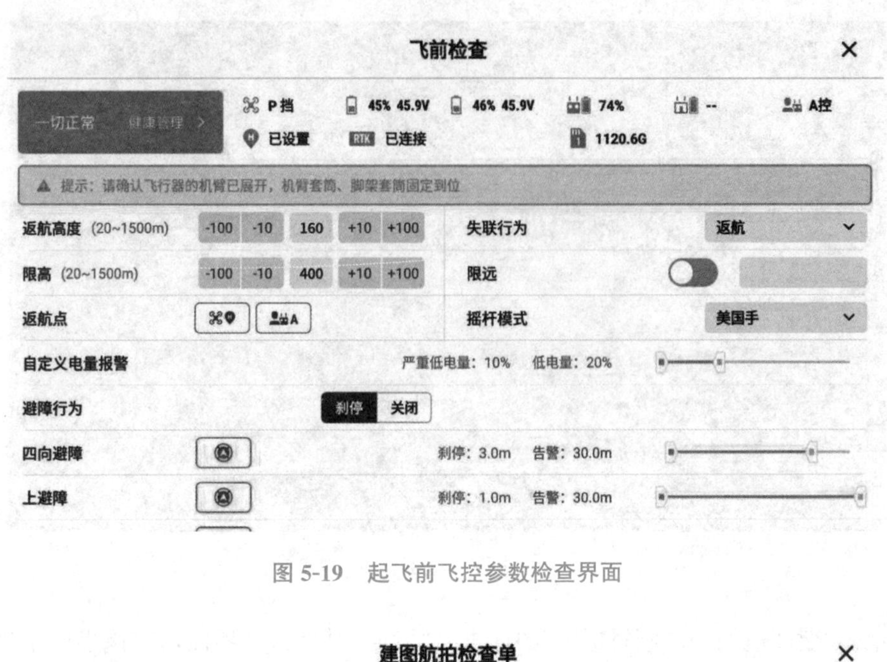

图 5-19　起飞前飞控参数检查界面

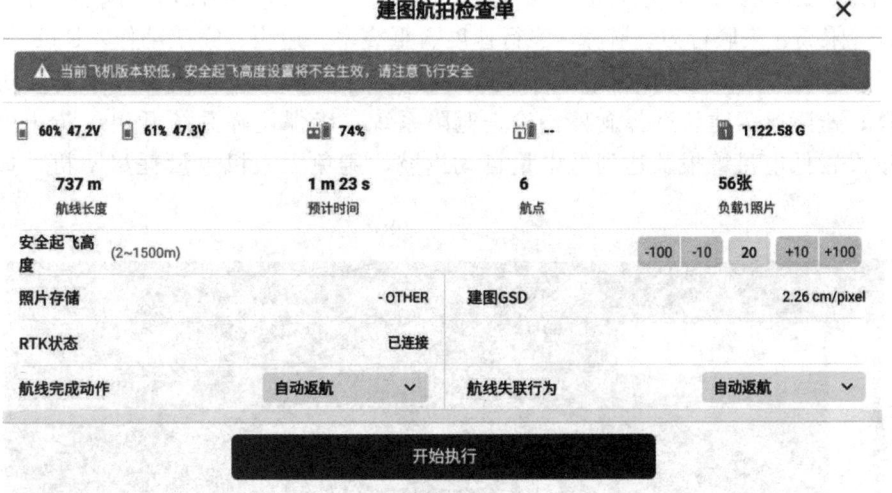

图 5-20　上传航线任务界面

(四)无人机起飞

无人机完成机身准备和飞控系统准备、检查工作后处于起飞待命状态，无人机操控手根据现场情况，选择合适的时机下达起飞指令。当采用手控飞行模式时，无人机操控手利用遥控器操控无人机起飞，地面站监控人员不断播报空速、高度、姿态等飞行参数，无人机操控手根据目视飞行姿态及播报的飞行参数操控无人机飞行。当无人机飞行到安全高度后，切换到自动飞控模式。当采用自动飞控模式时，地面站监控人员上传起飞指令，操控手操作遥控器做好应急操控准备，无人机从开始起飞就进入自动飞控模式。只有在出现意外紧急情况，操控手才会切换到手控飞行模式，操控无人机进行应急降落。航线飞行监控界面及地面站指挥如图 5-21、图 5-22 所示。

(五)无人机降落及设备回收

无人机完成航线飞行后，返回设置的降落位置完成降落，如图 5-23 所示。降落后要进行设备回收检查及填写飞行记录，具体步骤如下。

(1)无人机返航降落后，取出相机，在相机上初步检查影像有无遮挡、有无云雾、影像色彩是否明亮。初步检查发现有遮挡、云雾较多、影像色彩不够明亮等明显质量问题时，应立即重摄。

(2)根据要求完整填写飞行记录。

(3)对无人机进行拆卸装箱。

图 5-21　航线飞行监控界面

图 5-22　航线飞行地面站指挥

图 5-23　无人机降落

三、倾斜摄影质量检查

倾斜摄影质量检查分为飞行质量检查和影像质量检查，并根据检查情况填写质量检查记录，撰写质量检查报告。

(一)飞行质量检查

飞行质量检查主要检查航线弯曲度、实际航高与设计航高偏差、影像倾斜角、影像旋偏角、航向重叠度、旁向重叠度等反映无人机飞行质量及受飞行质量影响的影像重叠度和影像姿态角是否符合质量要求。

(二)影像质量检查

影像质量检查主要检查影像的遮挡、清晰度、层次感、色彩反差、色调柔和、像点模糊等影像质量是否符合要求。

知识点二 外部作业影像控制测量

为倾斜摄影测量提供控制坐标的点称为影像控制点，简称为像控点，它是摄影测量控制加密和测图的基础。将影像控制点连接起来组成的网，称为影像控制网，影像控制网的主要作业是提高模型的整体精度。像控点坐标的测量过程称为影像控制测量。

一、影像控制网布设方法

倾斜摄影作业区控制网划分一般按图廓线整齐划分，也可根据倾斜摄影分区、地形条件等情况划分，力求网形呈方形或矩形。区域网的大小主要依据成图精度、倾斜摄影资料与地形条件及对系统误差处理等因素确定。影像控制点一般平高点按周边六点法、周边八点法或周边多点法布设，如图 5-24 所示。

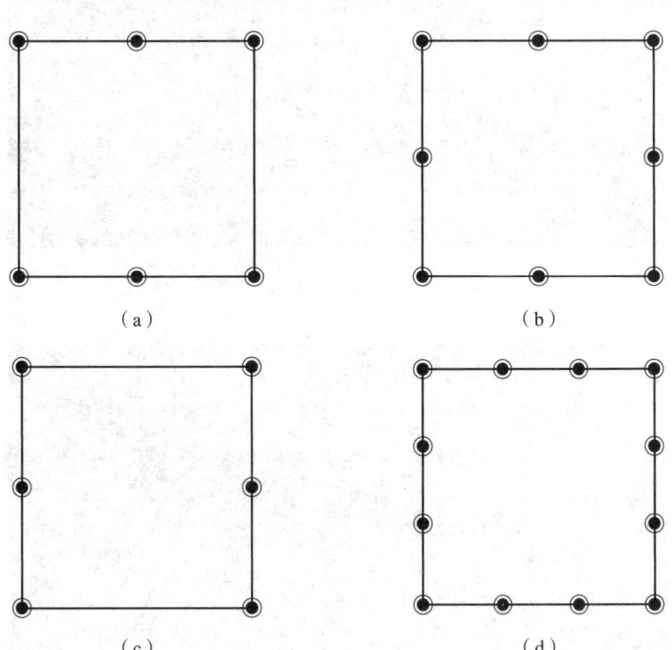

图 5-24 航测区域控制网布设方法

(a)六点法；(b)八点法；(c)六点法；(d)多点法

二、影像控制点布设

控制点包含平面坐标系、高程基准、椭球高、经度、纬度、坐标信息、测量仪器、测量方式等信息。控制点可分为平面控制点、高程控制点、平高控制点，分别简称为平面点、高程点、平高点。平面控制网只联测控制点的平面坐标，高程控制网只联测控制点的高程坐标，三维控制网对控制点的平面和高程坐标都需要联测。如果采用 RTK 进行像控点测量，测量的点都是平高点，建立的控制网都是三维控制网。

(一)影像控制点布设原则

影像控制点的数量和精度直接影响倾斜摄影测量数据处理的精度，分布均匀的像控点数量越多、精度越高，倾斜摄影测量数据处理的精度就越高。但较多的像控点会带来较高的生产成本，因此，在摄影测量项目生产过程中，总是在满足精度要求的前提下，尽可能减少像控点数量，以节约生产成本。像控点的布设和选择应当遵循规范、严格、精准的基本布点原则。

(1)根据成图比例尺、精度、影像资料情况、空三解算软件系统要求等因素，合理划分控制网大小和像控点跨度。

(2)像控点一般按控制网均匀布设。

(3)像控点尽量布设在相邻像对和相邻航线的重叠位置，满足相邻像对和相邻航线公用。

(4)控制网外围像控点应布设在图廓线外。

(5)预先判断不容易从影像上直接选择的像控点，应在倾斜摄影前进行人工布标。

(二)像控点布设方式

在实际工作中，需要根据任务区实际情况、工期要求、合同要求等因素综合评判，选择合适的布设方式。

(1)像控点需要选择较为尖锐的标志物，尽量选择平坦的地方，避免树下、房角等容易被遮挡的地方。如果没有合适的地面标志物，则进行人工布标，人工布标分两种：一种是喷涂，喷涂的像控点应该选择能够持久存在的标志物，喷漆宽度不得低于 30 cm，并且棱角分明；另一种是人工铺设像控布，铺设后注意放置重物，并安排人员看守，防止像控布移动。

(2)像控标志物尺寸应大于 70 cm，并且不易出现方向性错误，明显显示是标志物的哪一部分。

(3)像控点和周边的色彩需要形成鲜明对比，如果周边是深色，则标志以浅色为主；如果周边地面以白色为主，则可喷红色油漆为主，如图 5-25 所示。

(4)如果选择地物作为特征点，应该选择比较大的地物，并且提供 2～4 张现场相片，说明像控点的位置，至少包含一张像控点的近景相片和一张周边景物相片。

(5)像控点布设的密度。像控点布设首先要考虑测区地形和精度要求。如地形起伏较大、地貌复杂，需要增加像控点的布设数量(10%～20%)。

图 5-25　喷涂像控点

任务四　倾斜摄影内业处理

知识点一　模型创建

倾斜摄影外业数据获取完成后，首先要对获取的影像进行质量检查，对不合格区域进行补飞，直到获取的影像质量满足要求，当影像数据符合要求后，可以在建模软件中导入所有的相片数据，进行实景三维模型创建。

视频：倾斜摄影模型创建

倾斜摄影建模流程包括资料准备、工程项目创建、空三解算及刺点、模型生成、质量检查。

一、资料准备

(一)影像数据

倾斜摄影建模可以采用多种采集手段获取多源数据，主要是低空航摄获取的倾斜数据，贴近摄影测量获取的近景数据、机载激光雷达和地面三维激光扫描仪获取的数据及手持摄像机补拍的数据可以作为补充。

(二)POS 数据

记录摄像机曝光时的位置和姿态，高精度的 POS 数据能够较好地提升大疆制图，重建速度及模型精度。有两种数据存储形式：一种形式是直接写入摄影相片中，如大疆无人机获取的摄影相片；另一种形式是以单独文件存在。对于单独文件存储的 POS 数据，一般为 TXT 或 CSV 格式文件，如图 5-26、图 5-27 所示。数据记录主要包括相片名、经度（X 坐标）、纬度（Y 坐标）、高程（H），相片名和影像命名务必一一对应，且唯一。

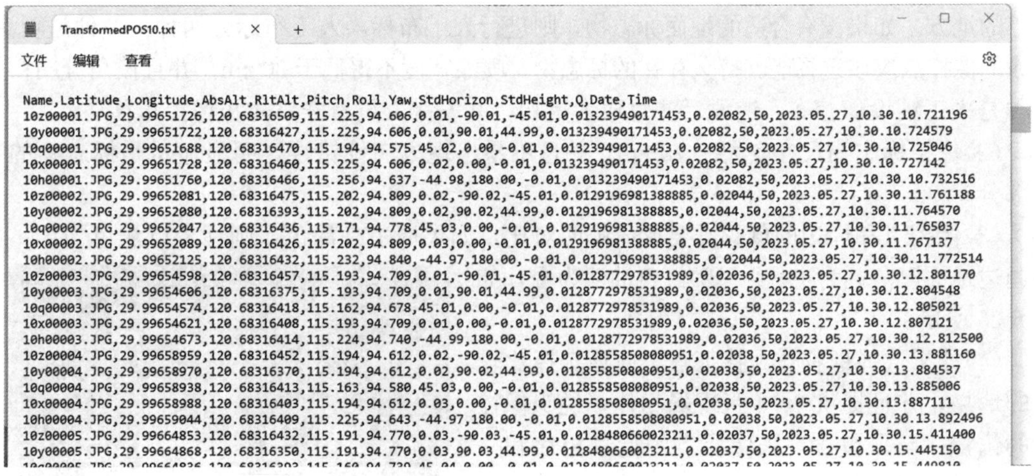

```
Name,Latitude,Longitude,AbsAlt,RltAlt,Pitch,Roll,Yaw,StdHorizon,StdHeight,Q,Date,Time
10z00001.JPG,29.99651726,120.68316509,115.225,94.606,0.01,-90.01,-45.01,0.013239490171453,0.02082,50,2023.05.27,10.30.10.721196
10y00001.JPG,29.99651722,120.68316427,115.225,94.606,0.01,90.01,44.99,0.013239490171453,0.02082,50,2023.05.27,10.30.10.724579
10q00001.JPG,29.99651688,120.68316470,115.194,94.575,45.02,0.00,-0.01,0.013239490171453,0.02082,50,2023.05.27,10.30.10.725046
10x00001.JPG,29.99651728,120.68316460,115.225,94.606,0.02,0.00,-0.01,0.013239490171453,0.02082,50,2023.05.27,10.30.10.727142
10h00001.JPG,29.99651760,120.68316466,115.256,94.637,-44.98,180.00,-0.01,0.013239490171453,0.02082,50,2023.05.27,10.30.10.732516
10z00002.JPG,29.99652081,120.68316475,115.202,94.809,0.02,-90.02,-45.01,0.0129196981388885,0.02044,50,2023.05.27,10.30.11.761188
10y00002.JPG,29.99652080,120.68316393,115.202,94.809,0.02,90.02,44.99,0.0129196981388885,0.02044,50,2023.05.27,10.30.11.764570
10q00002.JPG,29.99652047,120.68316436,115.171,94.778,45.03,0.00,-0.01,0.0129196981388885,0.02044,50,2023.05.27,10.30.11.765037
10x00002.JPG,29.99652089,120.68316426,115.202,94.809,0.03,0.00,-0.01,0.0129196981388885,0.02044,50,2023.05.27,10.30.11.767137
10h00002.JPG,29.9965212 5,120.68316432,115.232,94.840,-44.97,180.00,-0.01,0.0129196981388885,0.02044,50,2023.05.27,10.30.11.772514
10z00003.JPG,29.99654598,120.68316457,115.193,94.709,0.01,-90.01,-45.01,0.0128772978531989,0.02036,50,2023.05.27,10.30.12.801170
10y00003.JPG,29.99654606,120.68316375,115.193,94.709,0.01,90.01,44.99,0.0128772978531989,0.02036,50,2023.05.27,10.30.12.804548
10q00003.JPG,29.99654574,120.68316418,115.162,94.678,45.01,0.00,-0.01,0.0128772978531989,0.02036,50,2023.05.27,10.30.12.805021
10x00003.JPG,29.99654621,120.68316408,115.193,94.709,0.01,0.00,-0.01,0.0128772978531989,0.02036,50,2023.05.27,10.30.12.807121
10h00003.JPG,29.99654673,120.68316414,115.224,94.740,-44.99,180.00,-0.01,0.0128772978531989,0.02036,50,2023.05.27,10.30.12.812500
10z00004.JPG,29.99658959,120.68316452,115.194,94.612,0.02,-90.02,-45.01,0.0128558508080951,0.02038,50,2023.05.27,10.30.13.881160
10y00004.JPG,29.99658970,120.68316370,115.194,94.612,0.02,90.02,44.99,0.0128558508080951,0.02038,50,2023.05.27,10.30.13.884537
10q00004.JPG,29.99658938,120.68316413,115.163,94.580,45.03,0.00,-0.01,0.0128558508080951,0.02038,50,2023.05.27,10.30.13.885006
10x00004.JPG,29.99658988,120.68316403,115.194,94.612,0.03,0.00,-0.01,0.0128558508080951,0.02038,50,2023.05.27,10.30.13.887111
10h00004.JPG,29.99659044,120.68316409,115.225,94.643,-44.97,180.00,-0.01,0.0128558508080951,0.02038,50,2023.05.27,10.30.13.892496
10z00005.JPG,29.99664853,120.68316432,115.191,94.770,0.03,-90.03,-45.01,0.0128480660023211,0.02037,50,2023.05.27,10.30.15.411400
10y00005.JPG,29.99664868,120.68316350,115.191,94.770,0.03,90.03,44.99,0.0128480660023211,0.02037,50,2023.05.27,10.30.15.445150
```

图 5-26　TXT 格式 POS 数据文件

(三)相机参数

相机检校报告包含准确的相机参数，包括焦距、传感器尺寸、像元大小、像幅等，如图 5-28 所示。如无检校报告，可利用影像数据处理软件的自检校功能获取近似参数。

	Name	Latitude	Longitude	AbsAlt	RltAlt	Pitch	Roll	Yaw	StdHorizo	StdHeight	Q	Date	Time
2	10z00001.	29.996517	120.68317	115.225	94.606	0.01	-90.01	-45.01	0.0132395	0.02082	50	2023.05.2	10.30.10.721196
3	10y00001.	29.996517	120.68316	115.225	94.606	0.01	90.01	44.99	0.0132395	0.02082	50	2023.05.2	10.30.10.724579
4	10q00001.	29.996517	120.68316	115.194	94.575	45.02	0	-0.01	0.0132395	0.02082	50	2023.05.2	10.30.10.725046
5	10x00001.	29.996517	120.68316	115.225	94.606	0.02	0	-0.01	0.0132395	0.02082	50	2023.05.2	10.30.10.727142
6	10h00001.	29.996518	120.68316	115.256	94.637	-44.98	180	-0.01	0.0132395	0.02082	50	2023.05.2	10.30.10.732516
7	10z00002.	29.996521	120.68316	115.202	94.809	0.02	-90.02	-45.01	0.0129197	0.02044	50	2023.05.2	10.30.11.761188
8	10y00002.	29.996521	120.68316	115.202	94.809	0.02	90.02	44.99	0.0129197	0.02044	50	2023.05.2	10.30.11.764570
9	10q00002.	29.99652	120.68316	115.171	94.778	45.03	0	-0.01	0.0129197	0.02044	50	2023.05.2	10.30.11.765037
10	10x00002.	29.996521	120.68316	115.202	94.809	0.03	0	-0.01	0.0129197	0.02044	50	2023.05.2	10.30.11.767137
11	10h00002.	29.996521	120.68316	115.232	94.84	-44.97	180	-0.01	0.0129197	0.02044	50	2023.05.2	10.30.11.772514
12	10z00003.	29.996546	120.68316	115.193	94.709	0.01	-90.01	-45.01	0.0128773	0.02036	50	2023.05.2	10.30.12.801170
13	10y00003.	29.996546	120.68316	115.193	94.709	0.01	90.01	44.99	0.0128773	0.02036	50	2023.05.2	10.30.12.804548
14	10q00003.	29.996546	120.68316	115.162	94.678	45.01	0	-0.01	0.0128773	0.02036	50	2023.05.2	10.30.12.805021

图 5-27　CSV 格式 POS 数据格式

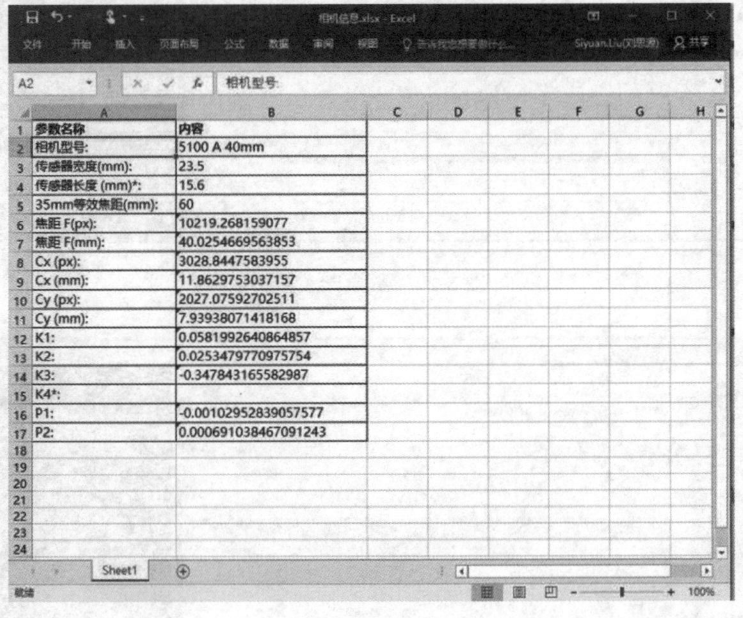

参数名称	内容
相机型号:	5100 A 40mm
传感器宽度(mm):	23.5
传感器长度 (mm)*:	15.6
35mm等效焦距(mm):	60
焦距 F(px):	10219.268159077
焦距 F(mm):	40.0254669563853
Cx (px):	3028.8447583955
Cx (mm):	11.8629753037157
Cy (px):	2027.07592702511
Cy (mm):	7.93938071418168
K1:	0.0581992640864857
K2:	0.0253479770975754
K3:	-0.347843165582987
K4*:	
P1:	-0.00102952839057577
P2:	0.000691038467091243

图 5-28　相机参数

二、工程项目创建

本项目以大疆制图软件为例，阐述三维模型创建方法。首先，打开大疆制图软件，单击“新建项目”菜单进行新建项目(工程)，设置任务路径，单击影像图标导入影像，如图 5-29 所示。单击 POS 图标导入 POS 数据，如图 5-30 所示。如果采用专业倾斜摄影相机需要完善相机参数，单击相机图标，完善相机参数，如图 5-31 所示。如果是大疆自带相机，则忽略此操作。

三、空三解算及刺点

空中三角测量也称空三解算，即采用倾斜摄影测量解析法确定区域内所有相片的外方位元素及加密点坐标的过程。在一条航带内十几个像对中，或几条航带构成的一个区域内，只测定少量的外业像控点，在内业数据处理中，通过这少量的像控点按一定的数学模型平差计算出该区域内物方点坐标，通过该方法将空中摄站及相片放到整个网中，起到坐标传递和构网的作用，故通常被称为空中三角测量。具体操作步骤如下。

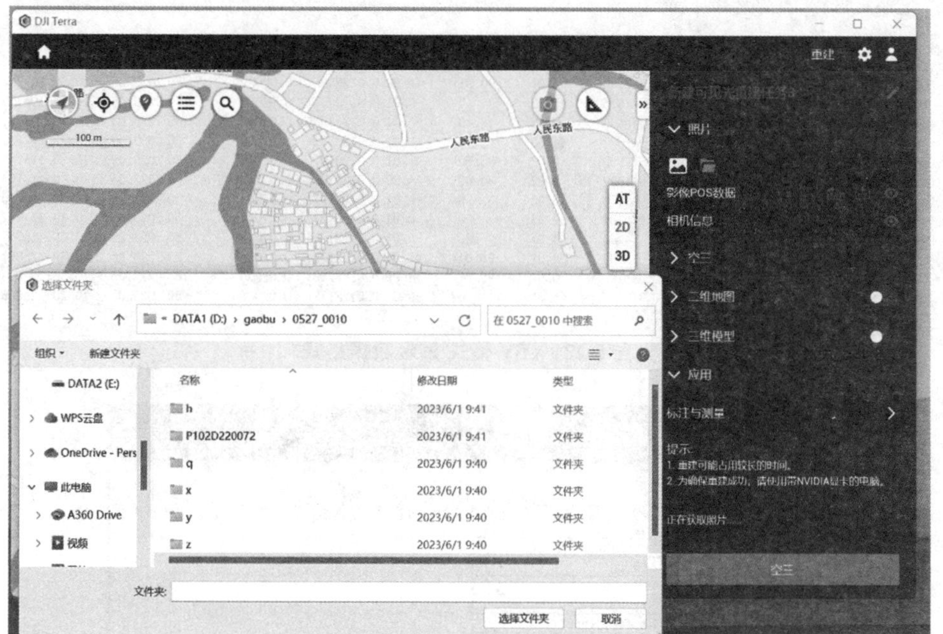

图 5-29　影像导入界面

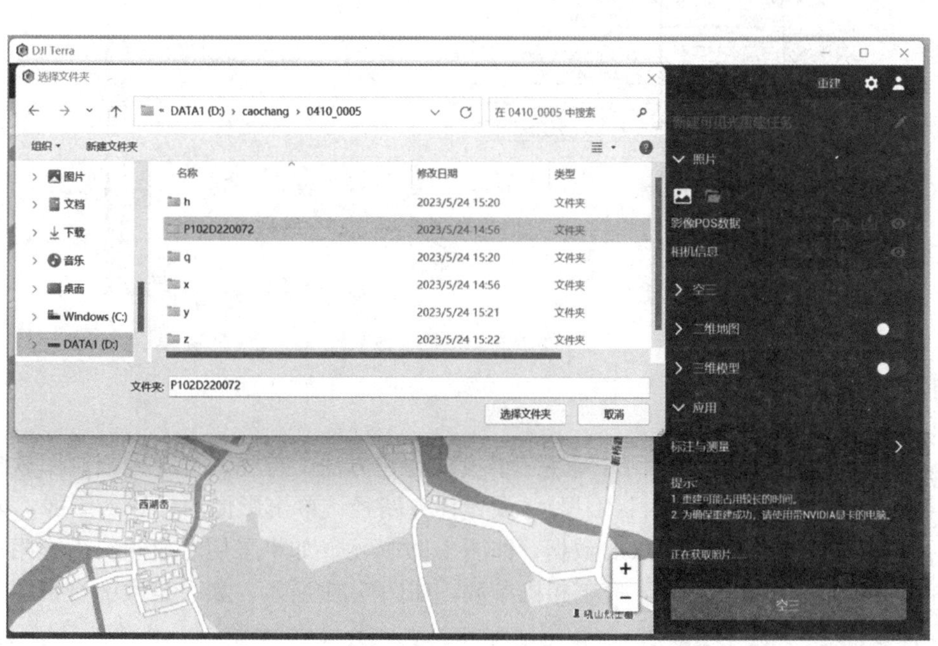

图 5-30　POS 数据导入界面

(一)空三解算及像控点信息导入

在进行二维重建或三维重建时，在添加影像后导入像控点，利用像控点提高空间的精度，检查空三的精度，以及将空间结果转换到指定的像控坐标系下，提高重建结果的准确度。在完成影像数据导入及重建相关设置后，单击“像控点管理”菜单，进入“像控点管理”界面，进行像控点坐标系及坐标数据导入，如图 5-32 所示。

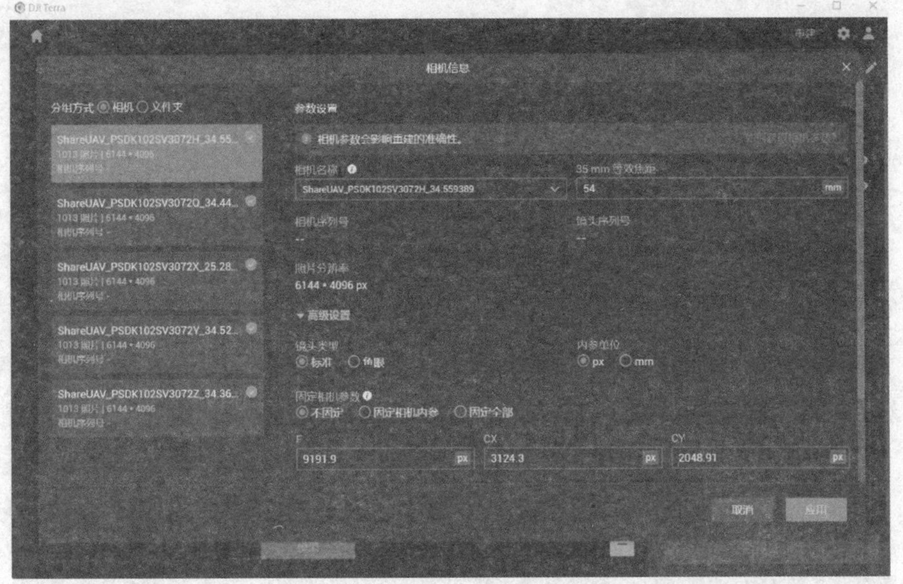

图 5-31 “相机信息”调整界面

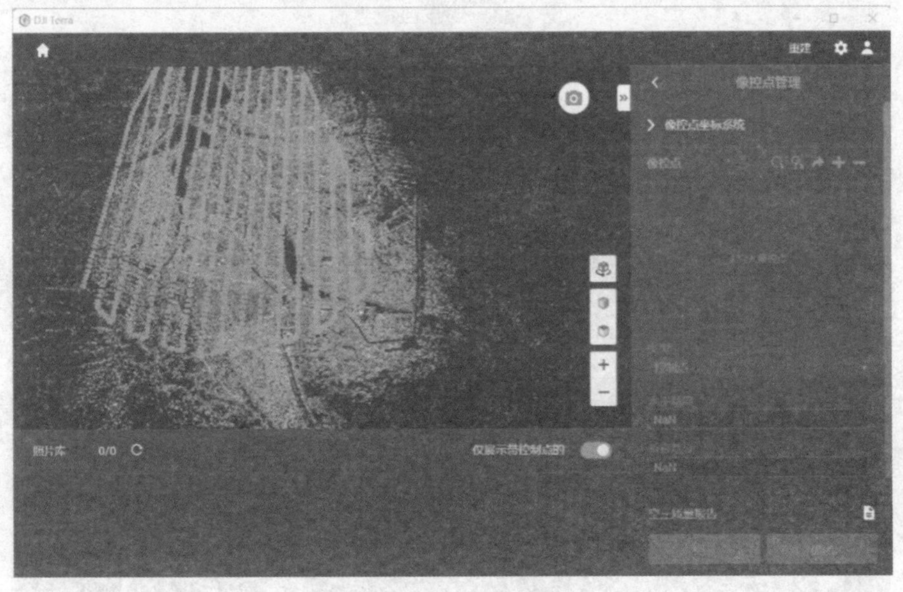

图 5-32 “控制点管理”界面

(二)刺点

在进行刺点操作前，先单击“空三”按钮，对影像进行空三处理，处理完成后，再进行空三刺点。刺点时首先选择“像控点”菜单下的“控制点”，并开启右下方“仅展示带控制点”图标，在“照片库”中选择包含此像控点的某张影像，左侧区域将出现刺点视图，然后进行控制点和影像点匹配，如图 5-33 所示。建议在一个测区至少使用 4 个分布均匀的像控点，单个像控点的刺点不少于 4 张影像，影像位置尽可能分散，且刺点点位避开影像边缘，完成项目所有刺点后，单击“优化”按钮，进行空三优化解算。

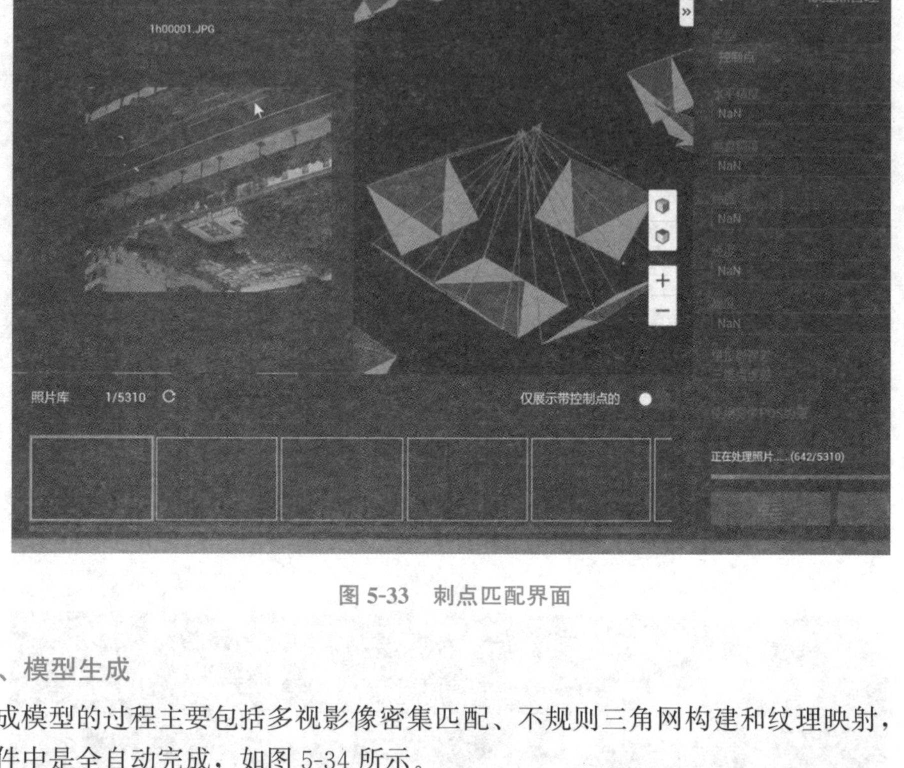

图 5-33　刺点匹配界面

四、模型生成

生成模型的过程主要包括多视影像密集匹配、不规则三角网构建和纹理映射，在影像处理软件中是全自动完成，如图 5-34 所示。

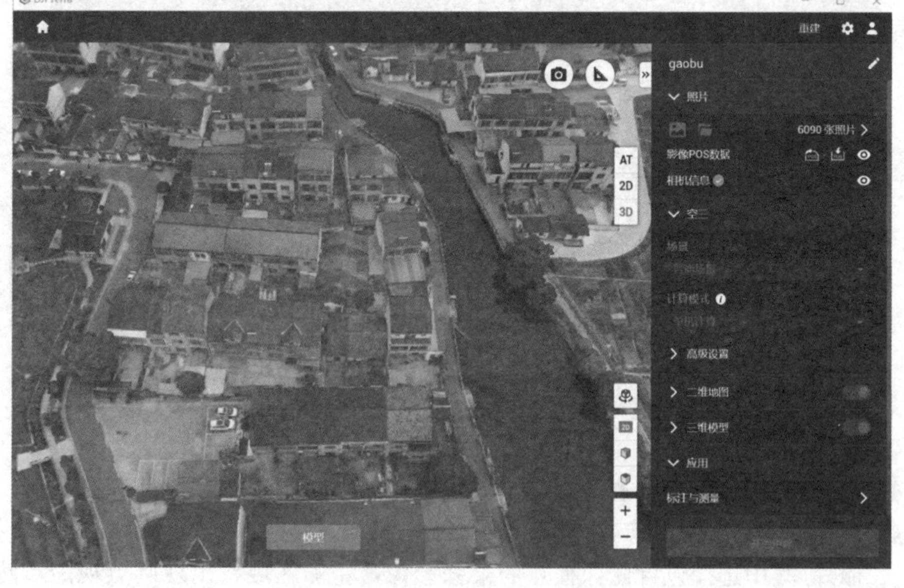

图 5-34　软件自动生成实景三维模型

(一)多视影像密集匹配

多视影像密集匹配是指为了计算测区每个物方点三维坐标，从而重建整个测区地形而进行的同名点匹配。倾斜摄影测量的特点是通过多个不同角度对待测地物进行拍摄，采用多视影像密集匹配通过大量冗余影像信息来解决影像匹配中存在的匹配错误问题，可在一定程度上解决被测物体出现遮挡的问题。

(二)不规则三角网构建

通过匹配得到的特征点，将实际的地形表面连接成互不交叉、互不重叠的三角形，构建区域不规则三角网(TIN)模型，也称为白模。

(三)纹理映射

纹理映射是将地物实际的二维图像纹理映射至三维 TIN 模型，提升三维模型的真实感。

知识点二 质量检查

成果检查整理项包括源数据、模型精度、纹理映射、数据完整性等。

视频：模型质量检测

(一)查看空三质量报告

大疆制图软件在完成模型创建后，会自动生成空三质量报告，通过空三质量报告可以检查成果坐标系统与控制点坐标系、像控点刺点精度、影像信息、相机校准信息。

(二)绝对精度检查

利用浏览模块或地形图采集软件(如 EPS、MapMatrix3D 等)将控制点、检查点(包括航摄时喷涂的和后期采集的特征点)、对应点位在模型上采集出来，通过比较计算其中误差，与精度要求进行比较，查看精度是否满足项目要求。

(三)相对精度检查

通过外业实际量测建筑物的高度、长度等，与模型上量测的距离进行对比，如图 5-35 所示，检测相对精度是否符合项目设计书要求。

图 5-35 大势智慧软件进行模型尺寸测量

（四）纹理映射检查

检查纹理映射贴图是否符合实际情况，是否由于遮挡原因出现局部小面积纹理缺失问题，如图 5-36 所示。

图 5-36 大势智慧软件进行纹理贴图检查

（五）数据完整性检查

查看瓦片完整性、数据完整性（组织结构完整和范围完整）、模型格式是否符合设计书要求。

任务五 运河园古建筑倾斜摄影测量案例

本次文物古建筑倾斜摄影测量对象为绍兴市重点文物保护园区“绍兴运河园风景区”。该园区是在整治浙东古运河过程中建成的集历史、文化、生态、休闲于一体的综合性园林。园区有很多明清时期的台门、戏台、牌坊等古建筑，整个景区贯彻了“天人合一”“古今同源”的规划理念，充分体现了“传承古越文脉，展示水乡风情”的建设主题，再现了运河的水文化、名人文化和地域风情。

该倾斜摄影区域占地面积约为 23 000 m^2。主要对古台门（图 5-37）、牌坊、古戏台进行倾斜摄影模型创建，以及进行古建筑数字化测量建档。三维实景模型要求色彩真实、自然、清晰，无拉花，各类数据准确，可测量各部位数据，可随意剖切各立面、平视观察、测量各建筑细部。

图 5-37 运河园古台门群航拍图

知识点一 运河园古建筑倾斜摄影外部作业

一、倾斜摄影技术设计

(一)航高计算

项目选择的无人机是大疆精灵 4 无人机，无人机及镜头参数如下。相机型号：FC6310R。传感器尺寸：13.2 mm×8.8 mm。像元尺：2.41 μm。像幅长(像元数量)：5 472×3 648。相机焦距：8.8 mm。合同要求地面分辨率(GSD)为 30 mm，根据相机型号和地面分辨率可以计算出航高为

$$航高=相机焦距\times地面分辨率/像元尺寸=8.8\times30/0.002\,41=109(m) \tag{5-5}$$

故飞行高度不得大于 109 m，另外查阅资料得知此区域为限高区，整个运河园景区限高为 120 m，故确定最大航高应小于 120 m。根据同一航线上相邻相片的航高差不得大于 30 m，最大航高与最小航高之差不应大于 50 m，结合周边建筑物高度影响，综合考虑，设计航高按照设计航高飞行，将设计航高设置 90 m，最大航高设置 100 m，最小航高设置 60 m。

(二)航线敷设

航线应按摄影区走向直线方法敷设，平行于摄影区边界线的首末航线必须确保侧视镜头能获得测区有效影像。每座单体建筑进行环绕飞行，保证多角度获取倾斜摄影影像。根据《倾斜数字航空摄影技术规程》(CH/T 3021—2018)要求，为了保证能够立体建模，对重叠度有严格技术要求，航向重叠度一般为 60%～80%，最小不应小于 53%，旁向重叠度一般为 15%～60%，最小不应小于 8%。本项目航向重叠度选择 70%，旁向重叠度选择 40%。

(三)其他参数设计

航向弯曲度规范规定小于 3%，本项目为了拼接效果良好，选择航向弯曲度为 2%，航向间距飞控系统根据选择的 GSD 和倾斜摄影区域自动计算。

二、影像控制网布设

倾斜摄影作业区控制网划分一般按图廓线整齐、倾斜摄影分区、地形条件等情况划分，

力求网形呈方形或矩形。该项目地形为东西走向狭长形，东部有一座春秋时代的栈桥，中部有三座明代台门，西部有一座清代戏台，结合实际现场踏勘情况，影像控制网布设为八点式控制网(图 5-38)。

图 5-38　运河园景区控制网

三、倾斜摄影外部作业

(一)系统检测

根据当天的天气情况即日照、风向、风力等情况，决定无人机起降位置、起飞降落方向、起飞时间。首先完成无人机组装，检查电量是否正常，然后根据航摄系统检测流程要求完成系统检测(图 5-39)。

图 5-39　无人机组装和检查

(二)创建航线

进入遥控器操作系统 Pailot2，选择“航线”图标，进入“创建航线”界面，如图 5-40 所示，单击“创建航线”，因为大疆精灵 RTK4 为单镜头，故选择“倾斜摄影”模式。

(三)设置飞控参数

单击“建图航拍”或“倾斜摄影”图标进入飞控参数设置界面，在该界面中进行返航点、航高、限高、失联行为、避障、飞行速度、重叠率、边距、完成动作、RTK 坐标系设置。建议失联行为选择返航；限高综合考虑测区允许的最大飞行高度及最高建筑物高度进行设置；避障行为建议选择刹停，检查避障系统，确保避障系统开启，防止撞击障碍物；电量设置低电量警报及达到低电量自动返航，避免无人机电量耗尽坠机。“飞控参数设置”界面如图 5-41 所示。

图 5-40 “创建航线”界面

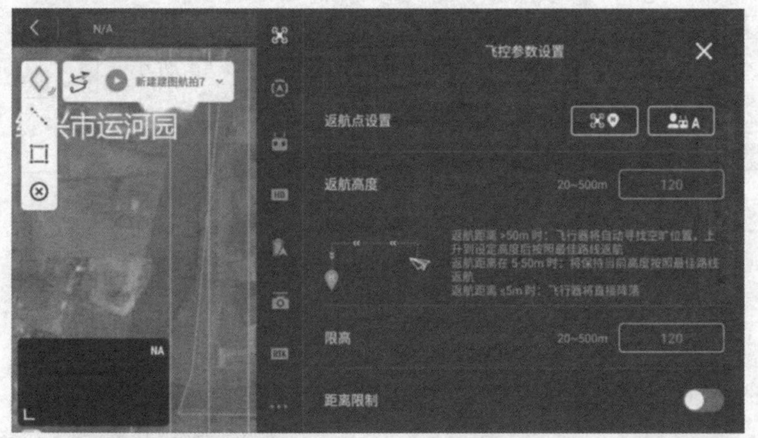

图 5-41 运河园“飞控参数设置”界面

（四）上传航线任务

完成参数设置后单击“建图航拍”任务，进行飞行前检查，检查失联行为、限高、避障等飞控参数设置。完成参数检查后上传航线，开始执行飞行任务，如图 5-42 所示。

（五）无人机起飞

无人机完成机身准备和飞控系统准备、检查工作后处于起飞待命状态，无人机操控手根据现场情况，选择合适的时机下达起飞指令。首先，采用自动飞控模式时，地面站监控人员通过上传起飞指令，操控手操作遥控器做好应急操控准备，无人机从开始起飞就进入自动飞控模式；然后，采用手控飞行模式进行布拍，无人机操控手利用遥控器操控无人机起飞，地面站监控人员不断播报空速、高度、姿态等飞行参数，无人机操控手根据目视飞行姿态及播报的飞行参数操控无人机飞行。

建图航拍检查单

当前飞机版本较低，安全起飞高度设置将不会生效，请注意飞行安全

60% 47.2V　61% 47.3V　74%　--　1122.58 G

737 m	1 m 23 s	6	56张
航线长度	预计时间	航点	负载1照片

安全起飞高度 (2~1500m)　-100　-10　20　+10　+100

照片存储	-OTHER	建图GSD	2.26 cm/pixel
RTK状态	已连接		
航线完成动作	自动返航	航线失联行为	自动返航

开始执行

图 5-42　上传航线任务界面

知识点二　运河园古建筑倾斜摄影内部作业

一、工程项目创建

打开大疆制图软件，单击“新建项目”菜单进行新建项目（工程），设置任务路径，单击影像图标导入影像，单击 POS 图标导入 POS 数据，如图 5-43 所示。

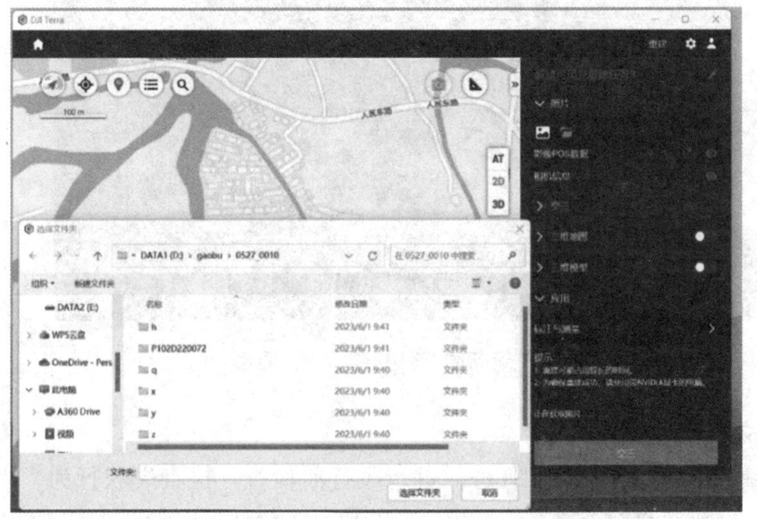

图 5-43　影像及 POS 数据导入界面

二、空三解算及刺点

（一）空三解算及像控点信息导入

在完成影像数据导入及重建相关设置后，单击“像控点管理”菜单，进入“像控点管理”界面，进行像控点坐标系及坐标数据导入，如图 5-44 所示。

（二）刺点

在进行刺点操作前，先单击“空三”按钮，对影像进行空三处理。处理完成后，再进行

空三刺点。刺点时，首先选择“像控点”菜单下的“控制点”，并开启右下方“仅展示带控制点”图标，在“照片库”中选择包含此像控点的某张影像，左侧区域将出现刺点视图，然后进行控制点和影像点匹配，如图 5-45 所示。

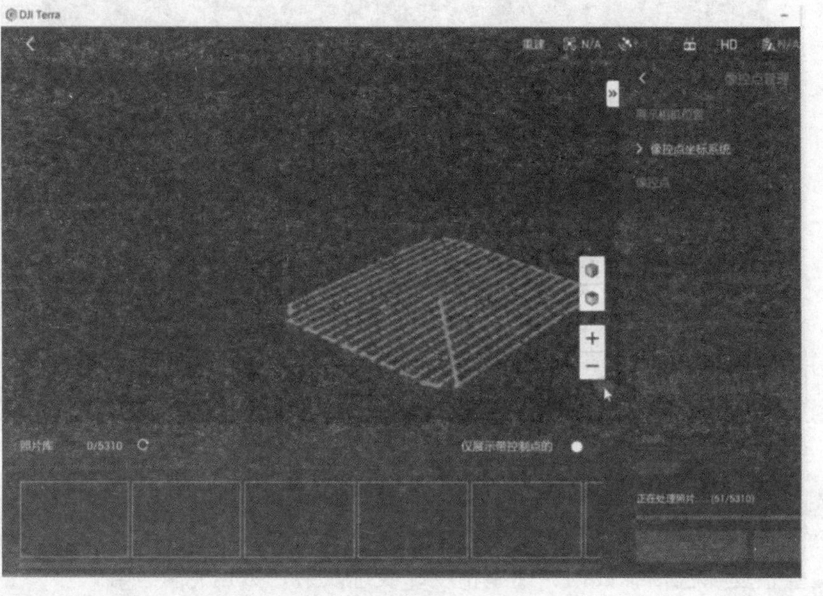

图 5-44　像控点坐标数据输入界面

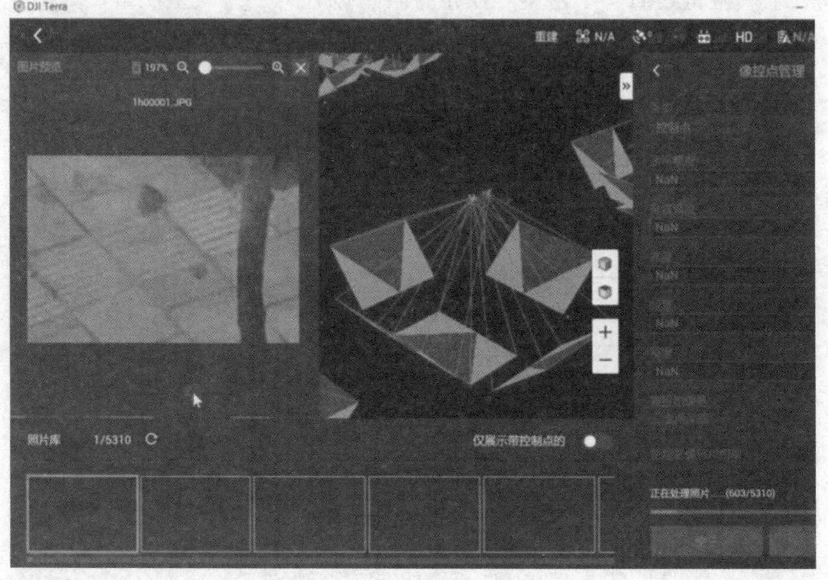

图 5-45　刺点匹配界面

三、模型生成

生成模型的过程主要包括多视影像密集匹配、不规则三角网构建和纹理映射，在影像处理软件中是全自动完成，如图 5-46 所示。

图 5-46　运河园倾斜摄影模型

知识点三　运河园古建筑倾斜摄影质量检查

成果检查整理项包括源数据、模型精度、纹理映射、数据完整性等。

一、查看空三质量报告

在完成三维模型重建后，单击空三质量报告可以查看三维模型质量，如图 5-47 所示。

大疆智图空三质量报告

影像信息概览

内容	值
影像数量	663
带位资影像	663
已校准影像	663
影像POS约束	否
连通区域数量	1
最大连通区域影像数量	663
空三时间	6.355分钟

图 5-47　运河园空三质量报告

二、绝对精度检查

利用大势智慧软件和大疆智慧空三质量报告，将控制点、检查点(包括航摄时喷涂的和后期采集的特征点)、对应点位在模型上采集出来，通过比较计算其中误差，与精度要求进行比较，查看精度是否满足项目要求。

三、相对精度检查

通过外业实际量测建筑物的高度、长度等，与模型上量测的距离进行对比，如图 5-48 所示，检测相对精度是否符合项目设计书要求。

图 5-48　运河园台门群模型尺寸测量

四、纹理映射检查

检查纹理映射贴图是否符合实际情况，是否由于遮挡原因出现局部小面积纹理缺失问题，如图 5-49、图 5-50 所示。

图 5-49　大势智慧软件进行纹理贴图检查

五、数据完整性检查

查看瓦片完整性、数据完整性(组织结构完整和范围完整)、模型格式是否符合设计书要求。

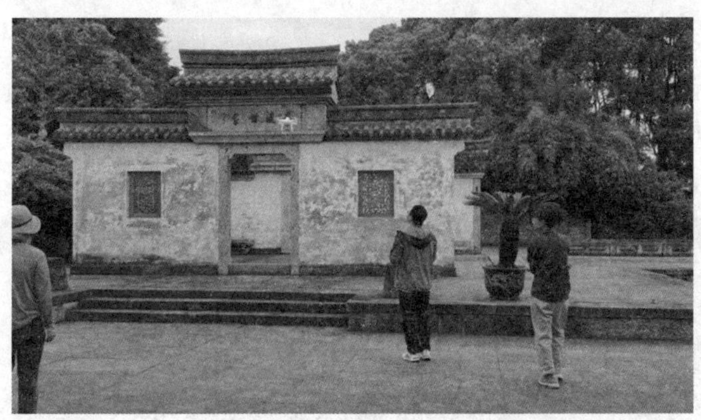

图 5-50　运河园台门群实景图

拓展阅读

金长岭长城数字三维模型

历史建筑拥有丰富的文化积淀，历经沧桑保留下来的历史建筑，记录着城市的演变历程，承载着一代又一代人的回忆。为了保护这些珍贵历史遗存，对这些历史建筑物建立了数字化的建档，如何利用新技术对历史建筑进行数字化建档是很多学者研究的重点。

金长岭长城(图 5-51)始建于明洪武元年(1368 年)，为大将徐达主持修建。隆庆元年(1567 年)抗倭名将蓟镇总兵戚继光、蓟辽总督谭纶在徐达所建的基础上续建、改建。长城敌台是整个长城防御体系的一部分，它与墙台、烽火台等建筑密切配合。在没有烽火台的地带，敌台也成为坚强堡垒。

图 5-51　金长岭 29 号、30 号敌台

金长岭敌台基座结构与其他敌台一样，均从四周底部刨槽，夯实后先用长方形条石抹白灰泥垒砌找平，然后用长方形青砖抹白灰泥错缝平砌至顶。基座四墙中间填充碎石块和山皮土夯实，表面平铺三、四层青砖，最上一层为方形砖，平面向上错缝平铺，形成基座平面，平面四周连续垒砌墙体至顶，顶部用木柱、木板承重。

为了对该座历史建筑进行数字化测量建档，采用大疆 M300 无人机搭载五镜头相机进行无人机单体建筑贴近倾斜摄影测量。完成模型如图 5-52 所示，实物模型可以看到各处细节。

图 5-52　金长岭 29 号、30 号敌台模型

小结

本项目作为无人机倾斜摄影测量数据获取篇章，系统介绍了无人机分类、飞行原理及应用领域，对无人机飞控参数计算进行了比较详尽的叙述，阐述了无人机航测设计方法，讲解了无人机的外业操作流程及注意事项。通过本项目的学习，理解无人机的飞行原理，学会无人机航测设计方案编制，能够规范、安全地使用无人机进行倾斜摄影测量，同时能够进行三维模型创建。

习题

1. DSM 的中文名称为(　　)。

A. 数字表面模型　　B. 数字栅格图

C. 数字线划图　　D. 数字高程模型

2. POS(Position and Orientation System)是指机载定位定向系统，基于(　　)和(　　)可直接测定影像外方位元素。

A. 全球定位系统(GNSS)，导航系统(GNSS)

B. 导航系统(GNSS)，惯性测量装置(IMU)

C. 全球定位系统(GNSS)，惯性测量装置(IMU)

D. 移动测量系统(MMS)，惯性测量装置(IMU)

3. 在无人机摄影测量中，GSD 为(　　)。

A. 地面采样距离　　B. 地面分辨率

C. 地面实际距离　　D. 图上距离

4. 把(　　)中与(　　)相对应的点叫作地面控制点。

A. 地面拍摄照片，地面上某一点　　B. 空中照片，空中某一点

C. 空中照片，地面上某一地点　　D. 地面拍摄照片，空中某一点

5. CGCS2000 是(　　)2000 国家大地坐标系的缩写。

A. 美国　　B. 日本

C. 中国　　D. 俄罗斯

6. 单独设置丰富的航点动作，同时可调整航点的飞行高度、飞行速度、(　　)、(　　)等参数。

A. 飞行航向、拍摄参数　　B. 拍摄参数、云台俯仰角度

C. 飞控参数、云台俯仰角度　　D. 飞行航向、云台俯仰角度

7. 大疆精灵 Phantom4 RTK 支持(　　)高精度 GNSS 移动站，高精度 GNSS 移动站可为飞行器提供(　　)差分数据，生成精准测量解决方案。

A. D-RTK2，后　　B. D-RTK2，实时

C. D-RTK2，后　　D. D-RTK2，延时

8. 旁向重叠度是指(　　)，航向重叠度是指(　　)。

A. 同一航线上相片的重叠度，航线相邻两张相片的重叠度

B. 相邻航线两张相片的重叠度，同一航线上相邻两张相片的重叠度

C. 航线相邻两张相片的重叠度，航线的重叠率

D. 航线的重叠率，航线相邻两张相片重叠率

9. 倾斜摄影的优势不包括(　　)。

A. 真实性　　B. 可测量性

C. 丰富纹理　　D. 假三维

10. 倾斜摄影测量主要依赖(　　)，从根本上将测量精度提升。与此同时，利用这种新式技术，打造方便、快捷的测量领域。

A. RTK　　B. 全站仪

C. 无人机　　D. 惯导 RTK

11. 影像数据处理的过程一般称为(　　)，所使用的硬件及软件系统称为摄影测量系统。

A. 外业采集　　B. 内业生产

C. 绝对定向　　D. 内业布设

12. 一张航摄相片有(　　)个外方位元素。

A. 2　　B. 3

C. 4　　D. 6

13. GPS 辅助航空摄像测量中，机载 GPS 的主要作用之一是用来测定(　　)的初值。

A. 外方位线元素　　B. 内定向参数

C. 外方位角元素　　D. 地面控制点坐标

14. DLG 生产的流程由三步组成，分别为内业采集、外业调绘、(　　)。

A. 空三加密　　B. 加密点匹配

C. 编辑成图　　D. 分幅

15. 影像匹配实质上是在两幅(或多幅)影像之间识别(　　)。

A. 候选点　　B. 特征点

C. 差异点　　D. 同名点

16. 不能通过相机检校报告获得的是(　　)。

A. 焦距　　B. 坐标系

C. 传感器尺寸　　D. 像元大小

17. POS 数据记录无人机拍照瞬间的(　　)、飞行高度、航向倾角、旁向倾角、相片旋偏角。

A. 天气情况　　B. 重叠度

C. 坐标　　D. 比例尺

18. POS 数据不包括(　　)信息。

A. 经度　　B. 维度

C. 长度　　D. 名称

19. 可以进行平面和高程控制的像控点称为(　　)。

A. 平面控制点　　B. 高程控制点

C. 平高控制点　　D. 导线控制点

20. POS 数据文件格式为(　　)。

A. TXT 和 CSV　　B. DOC

C. CLX　　D. DAT

项目六 地形图测绘与应用

知识目标

1. 了解大比例尺地形图的基本知识；
2. 掌握 GNSS-RTK 外业数据采集方法；
3. 掌握 CASS 软件绘制地形图方法；
4. 掌握航测软件绘制大比例尺地形图的方法。

能力目标

1. 学会用 GNSS-RTK 外业数据采集；
2. 学会用 CASS 软件绘制地形图；
3. 学会利用航测软件绘制大比例尺地形图；
4. 能够利用大比例尺地形图解决相关工程应用问题。

素养目标

1. 了解古代中国测量成就，树立文化自信；
2. 保证地形图成图质量，培养学生质量规范意识；
3. 培养责任意识与使命担当。

知识导引

大比例尺地形图含有详细的地形要素和地理信息，是城市规划、市政公用事业、土地管理必不可少的基础资料。目前，常用的大比例尺地形图测绘方法主要包括全站仪数字测图、GNSS-RTK 数字测图和倾斜摄影测量等。其中，GNSS-RTK 数字测图因具有空间定位精度高、观测时间短、测站之间无须通视、施测灵活、操作简便和全天候作业等优点，现被广泛应用在小范围的地形测图。在大范围的地形测图及大型工程建设场地测绘场景中，也可以利用航摄影像、高分辨率卫星遥感影像、机载激光扫描测绘系统或使用轻型飞机摄取影像，通过数字摄影测量或遥感图像处理系统生成大比例尺 DLG、DOM、DEM 及三维景观模型。

> 想一想：地图与地形图的区别和联系有哪些？

任务一　地形图基本知识

地形图是将地面上的地物和地貌按正射投影的方法(沿铅垂线方向投影到水平面

上），并按一定的比例尺和规定的图式符号缩绘到图纸上的图。地形图既表示地物的平面位置，又表示地貌形态。地物是地球表面上各种固定性物体，可分为自然地物和人工地物；地貌是地球表面起伏形态的总称。

知识点一 地形图比例尺

一、比例尺的概念

视频：地形图比例尺

地形图上一段直线长度与地面上相应线段的实际水平长度之比，称为地形图的比例尺。

地形图比例尺＝图上长度/实地长度

二、比例尺的表示形式

比例尺的表示形式有数字比例尺和图示比例尺两种。

数字比例尺是以分子为 1 的分数表示的比例尺，用 $1/M$ 表示，M 为比例尺分母，如 1∶500、1∶1 000、1∶5 000 等。

图示比例尺是用线段表示的比例尺，如图 6-1 所示。图示比例尺的优点是便于直接量取长度，并可减小因图纸伸缩变形而引起的误差。

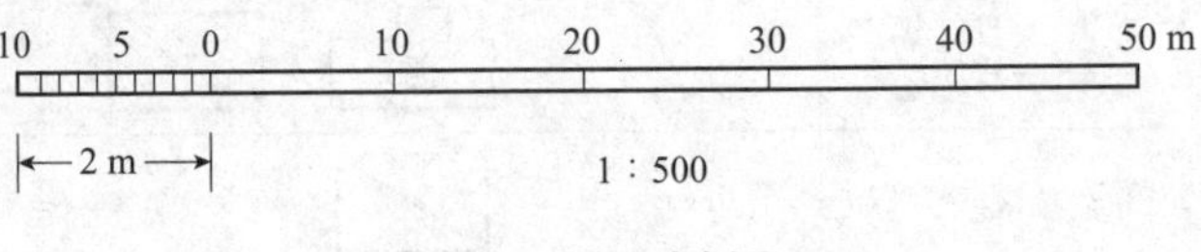

图 6-1 图示比例尺

三、地形图的分类

地形图按比例尺，可分为大、中、小三类。

(1)大比例尺地形图：1∶500、1∶1 000、1∶2 000、1∶5 000 比例尺的地形图，公路、铁路、城市规划、水利等工程上普遍使用大比例尺地形图。

(2)中比例尺地形图：1∶1 万、1∶2.5 万、1∶5 万、1∶10 万比例尺的地形图。

(3)小比例尺地形图：1∶20 万、1∶50 万、1∶100 万比例尺的地形图，也称国家基本比例尺地形图。

四、比例尺精度

一般来说，正常人眼在图上能分辨出的最小距离是 0.1 mm，因此，将地形图上 0.1 mm 所表示的实地水平距离称为比例尺精度，各比例尺对应比例尺精度见表 6-1。

表 6-1 比例尺精度

比例尺	1∶500	1∶1 000	1∶2 000	1∶5 000	1∶10 000
比例尺精度/m	0.05	0.1	0.2	0.5	1.0

比例尺大小不同，精度数值也不同。图的比例尺越大，图上的地物、地貌越详细，精度越高，但测绘工作量也成倍增加，所以应根据实际需要选择比例尺。

知识点二 地形图图式

为了便于测图和用图，用各种符号将实地的地物和地貌在地形图上表示出来，这些符号总称为地形图图式。图式是由国家统一制定的，它是测绘和使用地形图的重要依据和标准。地形图符号有地物符号、地貌符号和注记符号 3 类。

地形图图式一方面有助于“去粗取精”地将地表上最重要的信息反映到图上去；另一方面，有助于在有限的图面上多反映一些信息，同时美化图面。

一、地物的表示方法

地物符号是用来表示地物的类别、形状、大小及其位置的。地物符号可分为比例符号、非比例符号和半比例符号。

视频：地物符号

(一)比例符号

某些地物的形状和大小可以按测图比例尺缩小，并用规定的符号绘在图纸上，如房屋、较宽的道路、稻田、花圃、湖泊等，如图 6-2 所示。

编号	符号名称	1∶500 1∶1 000	1∶2 000
1	一般房屋 混——房屋结构 3——房屋层数	混3	1.6
2	简单房屋		
3	建筑中的房屋	建	
4	破坏房屋	破	

图 6-2 比例符号图示

(二)非比例符号

有些地物因轮廓较小，无法将其形状和大小按比例测绘到图纸上，则不考虑其实际大小而采用规定的符号表示，这种符号称为非比例符号，如三角点、导线点、水准点、独立树、路灯、检修井等，如图 6-3 所示。

编号	符号名称	1∶500 1∶1 000	1∶2 000
29	三角点 凤凰山——点名 394.468——高程	3.0 凤凰山/394.468	
30	导线点 I16——等级、点号 84.46——高程	2.0 I16/84.46	
31	埋石图根点 16——点名 84.46——高程	1.6 2.6 16/84.46	

图 6-3 非比例符号图示

(三)半比例符号

一些线状地物，其长度可按比例尺缩绘表示，而宽度无法按比例尺缩绘表示的符号称为半比例符号。如小路、通信线、管道、垣栅等，长度可按比例缩绘表示，宽度无法按比例缩绘表示，表示方法如图 6-4 所示。

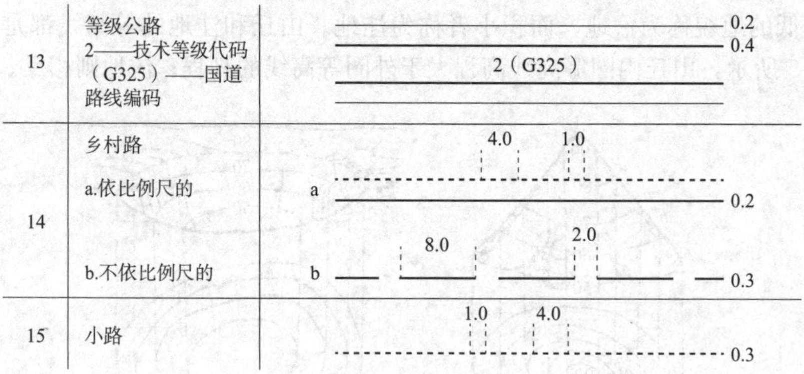

编号	符号名称	图示
13	等级公路 2——技术等级代码 （G325）——国道路线编码	2（G325）；0.2；0.4
14	乡村路 a.依比例尺的 b.不依比例尺的	a：4.0；1.0；0.2 b：8.0；2.0；0.3
15	小路	1.0；4.0；0.3

图 6-4　半比例符号图示

二、地貌的表示方法

地形图上表示地貌的方法有多种，目前最常用的是等高线法。等高线是地面上高程相等的相邻各点所连成的闭合曲线。相邻两条等高线间的高差叫作等高距。《1∶500　1∶1 000　1∶2 000 外业数字测图规程》(GB/T 14912—2017)中规定了相应比例尺地形图的等高距，所以，在同一地形图上的等高距是一个常数，又称为基本等高距。

视频：地貌符号

相邻两条等高线间的水平距离叫作等高线平距。地势越陡，平距越小，等高线越稠密；反之，地势越平缓，平距越大，等高线越稀疏。等高线平距处处相等，则地面坡度均匀一致。等高线平距常用 d 来表示。

(一)等高线的分类

(1)首曲线：按照测图前选定的等高距(基本等高距)测绘的等高线称为首曲线，又称基本等高线。

(2)计曲线：每隔四条首曲线加粗描绘的等高线称为计曲线。计曲线一般注记高程。计曲线多的地方一般不需要示坡线。

(3)间曲线：按 1/2 等高距测绘的等高线称为间曲线。

(4)助曲线：按 1/4 等高距测绘的等高线称为助曲线。

首曲线与计曲线是地形图中表示地貌必须描绘的曲线；而间曲线、助曲线根据需要来确定是否描绘。

(二)等高线的特性

(1)等高性：同一条等高线上的各点高程相等，但高程相等的点不一定在同一条等高线上。

(2)闭合性：等高线是闭合曲线，在本图幅内不能闭合，而在相邻图幅内闭合，绘制等高线时，除遇到建筑物、陡崖、图廓边等中断外，一般不能中断。

(3)非交性：除悬崖外，等高线不能相交。

(4)正交性：山脊和山谷处等高线与山谷线和山脊线正交。

(5)密陡稀缓性：同一幅图内，等高线越密表示地面坡度越陡；等高线越稀表示地面坡度越缓。

(三)几种典型地貌的表示方法

1. 山丘和洼地

四周低下而中部隆起的地貌称为山，矮而小的山称为山丘，山的最高点称为山顶；四周高而中间低的地貌称为盆地，面积小者称为洼地。山丘和洼地的等高线都是一组闭合曲线。如图 6-5 所示，山丘内圈等高线高程大于外圈等高线的高程；洼地则相反。

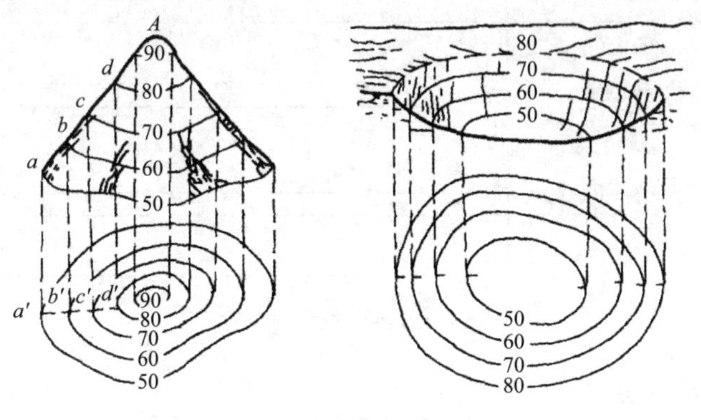

图 6-5　山丘和洼地等高线示意

2. 山脊和山谷

山脊是山顶向某个方向延伸的凸棱部分，山脊上最高点的连线称为山脊线，又称分水线。山谷是延伸在两山脊之间的低凹部分，山谷内最低点的连线称山谷线，又称集水线。如图 6-6 所示，山脊等高线为一组凸向低处的曲线；山谷等高线为一组凸向高处的曲线。

山脊线与山谷线统称为地性线，与等高线正交。

3. 鞍部

山脊上相邻两山顶间形如马鞍状的低凹部分称为鞍部。如图 6-7 所示，鞍部的等高线由两组相对的山脊和山谷的等高线组成，形如两组双曲线簇。

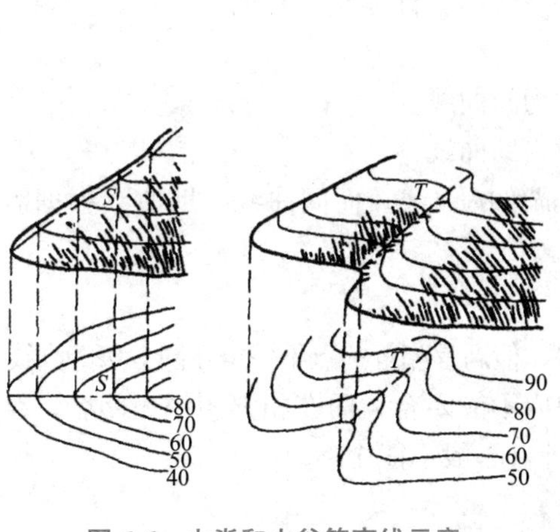

图 6-6　山脊和山谷等高线示意

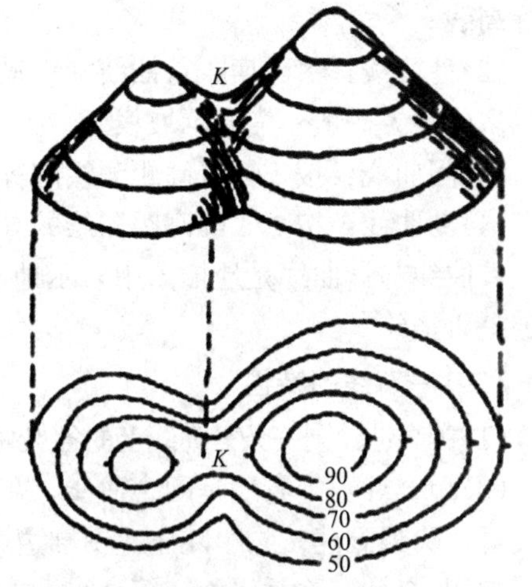

图 6-7　鞍部等高线示意

4. 峭壁和悬崖

峭壁是近于垂直的陡坡，此处不同高程的等高线投影后互相重合，如图 6-8 所示。如果峭壁的上部向前凸出，中间凹进去，就形成悬崖；悬崖凸出部位的等高线与凹进部位的等高线彼此相交，而凹进部位用虚线勾绘。

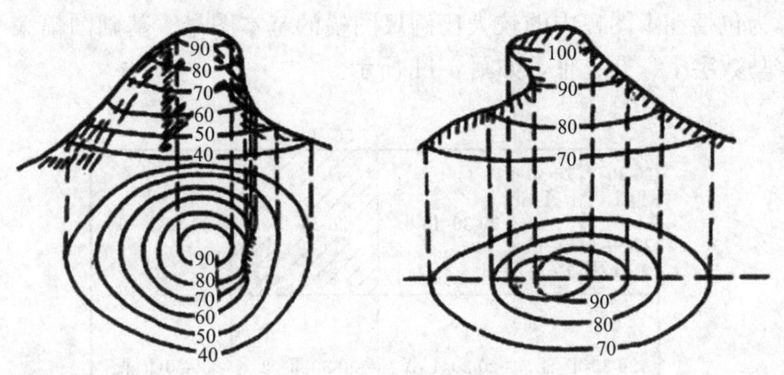

图 6-8　峭壁和悬崖等高线示意

知识点三　地形图分幅与编号

一、图幅

图幅是指图的幅面的大小，即一幅图所测绘地形的范围。图幅形状有梯形和矩形两种。大比例尺地形图一般以矩形图幅形式，它是按照统一的直角坐标，纵、横坐标格网线划分的。如图 6-9 所示，是以 1∶5 000 地形图为基础进行的矩形分幅。

二、编号方法

(一)坐标编号法

图号一般采用该图幅西南角坐标的公里数为编号，x 坐标在前，y 坐标在后，两者由短线连接。如图 6-10 所示，1∶5 000 比例尺地形图，其西面角坐标为 $x=6.0$ km，$y=2.0$ km，因此，编号为“6-2”。

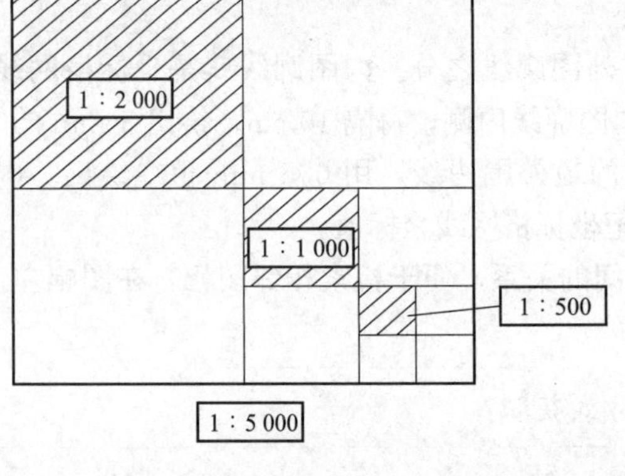

图 6-9　正方形分幅方法示意

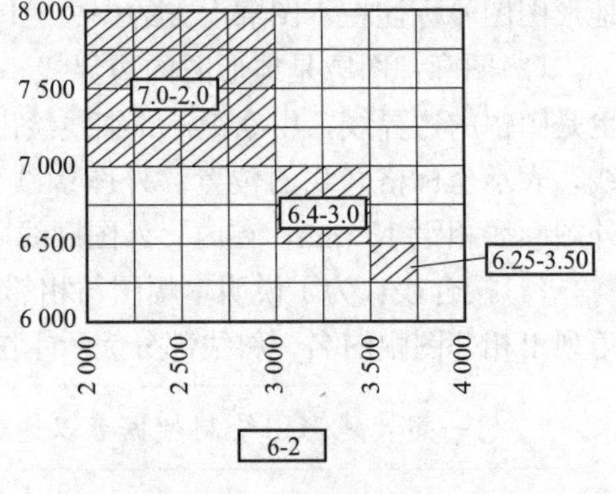

图 6-10　坐标编号法示意

(二)数字顺序编号法

如果测区范围比较小，图幅数量少，可采用数字顺序编号法。

(三)基础分幅编号法

在某面积较大区域，测绘有几种不同比例尺的地形图，编号时可以 1∶5 000 比例尺图为基础，并作为包括在本图幅中的较大比例尺图幅的基本图号。基础图幅编号为西南角坐标，其后加罗马数字Ⅰ、Ⅱ、Ⅲ，如图 6-11 所示。

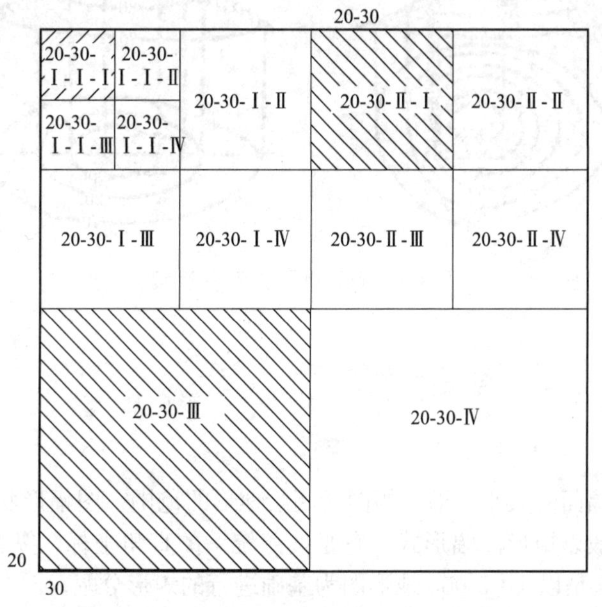

图 6-11　基础分幅编号法示意

三、图名、图号、图廓、接合表

(1)图名：每幅地形图都应标注图名，通常以图幅内最著名的地名、厂矿企业或村的名称作为图名。图名一般标注在地形图北图廓外上方中央。

(2)图号：图号就是该图幅相应分幅方法的编号。为了区别各幅地形图所在的位置，将地形图图号标注在本图廓上方的中央、图名的下方。

(3)图廓：图廓是地形图的边界线，有内、外图廓线之分。内图廓线就是坐标格网线，也是图幅的边界线，用 0.1 mm 细线绘出。在内图廓线内侧，每隔 10 cm，绘出 5 mm 的短线，表示坐标格网线的位置。外图廓线为图幅的最外围边线，用 0.5 mm 粗线绘出。内、外图廓线相距 12 mm，在内、外图廓线之间注记坐标格网线坐标值。

(4)接合表：为了说明本幅图与相邻图幅之间的关系，便于检索相邻图幅，在图幅左上角列出相邻图幅图名，斜线部分表示本图位置。

> 想一想：地形图绘制数据可以通过哪些方式获取？

任务二　大比例尺地形图数字化测图

知识点一　GNSS-R TK 数字化测图

一、外业数据采集

GNSS-RTK 数据采集一般包括工程项目设置、移动站设置、坐标转换参数计算、碎部测量等步骤，如果采用网络 RTK 进行外业数据采集，则不需要建立基准站，只需要一个 Cors 账号，更加方便快捷。具体操作详见项目二任务四中的传统 RTK 及网络 RTK 操作流程。

二、地形图绘制

外业碎部点采集完成后，下一步则是内业软件绘图。常用的数字绘图软件有南方测绘公司的 CASS 成图系统和清华山维公司的 EPS 成图系统。本节简要介绍 CASS 软件绘制地形图的方法。

视频：CASS 软件介绍　　视频：外业数据采集

(一)CASS 的主界面

CASS 地形、地籍成图软件是基于 AutoCAD 平台开发的，界面上比 AutoCAD 多了一些菜单。CASS 11 的主界面如图 6-12 所示。

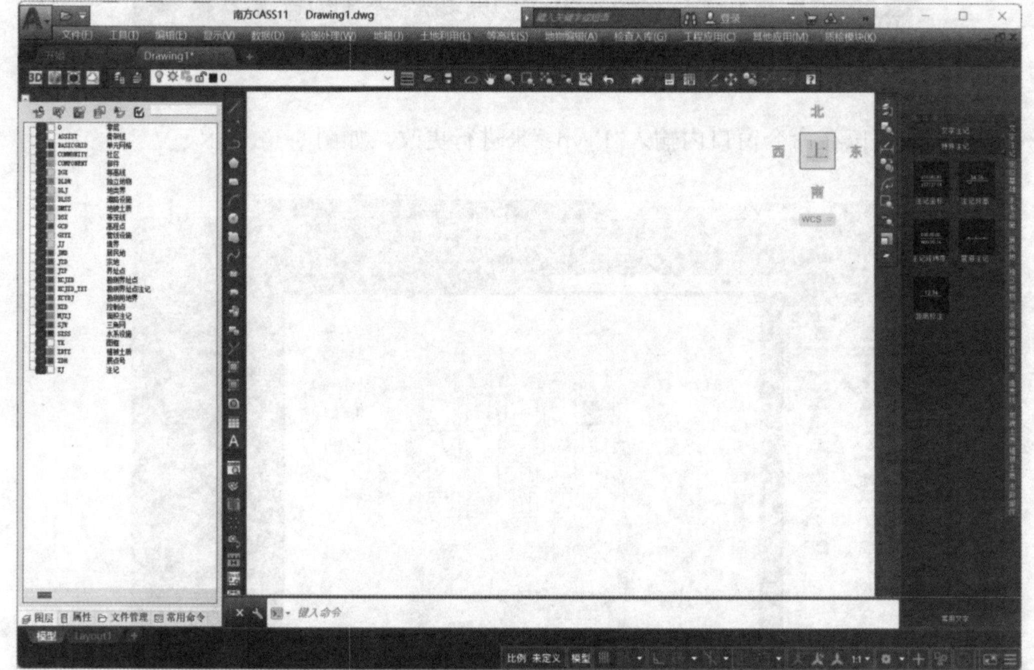

图 6-12　CASS 的主界面

(二)地形图的基本绘制流程

利用 GNSS-RTK 测图数据绘制地形图的基本流程主要包括展碎部点、绘制地物、绘制等高线等。

1. 展碎部点

移动鼠标至“绘图处理”项，选择下拉菜单中的“展野外测点点号”，输入绘图比例尺，这里默认的是 1∶500，即弹出“输入坐标数据文件名”的对话框，找到实测的野外数据点文件，完成展点，展点后如图 6-13 所示。

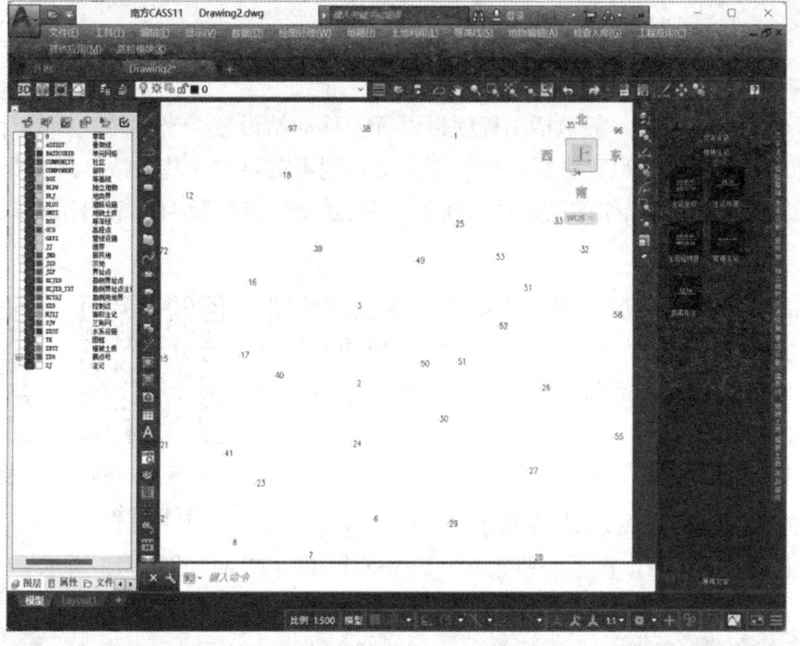

图 6-13　展碎部点

点的样式可以在命令窗口内输入“Ptype”来进行更改，如图 6-14 所示。

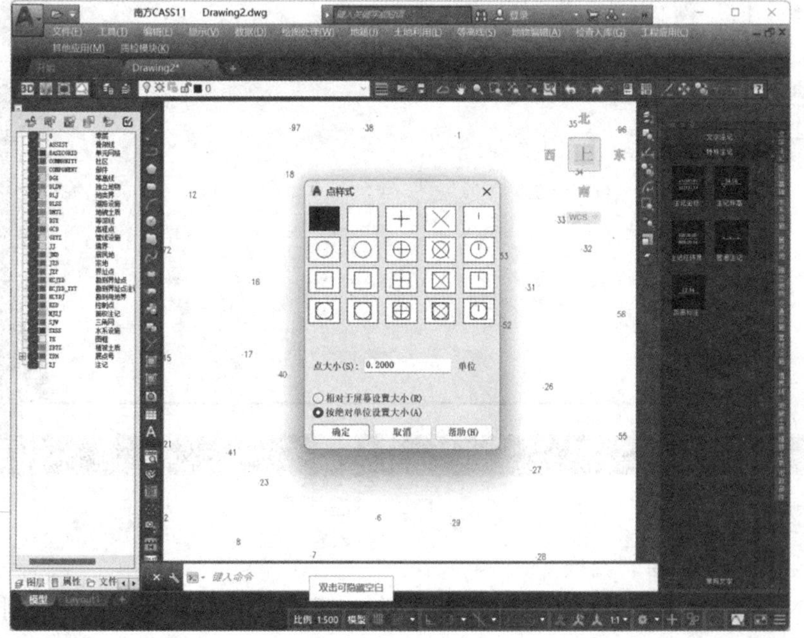

图 6-14　更改点样式

2. 绘制地物

用 CASS11 成图的作业模式有许多种，包括坐标定位、点号定位、电子平板及地物匹配，这里主要使用的是“点号定位”方式。根据外业实测时绘制的草图，选择右侧屏幕菜单，选择地物名称，进行连点成图。例如，要绘制多点房屋，选择右侧屏幕菜单的“居民地/一般房屋”，界面如图 6-15 所示。按命令区的提示完成多点房屋的成图工作，例如，点号 49、50、51、52、53 连接的封闭图形为地面 5 层、地下 1 层的混凝土结构一般房屋，如图 6-16 所示。

视频：绘制地物

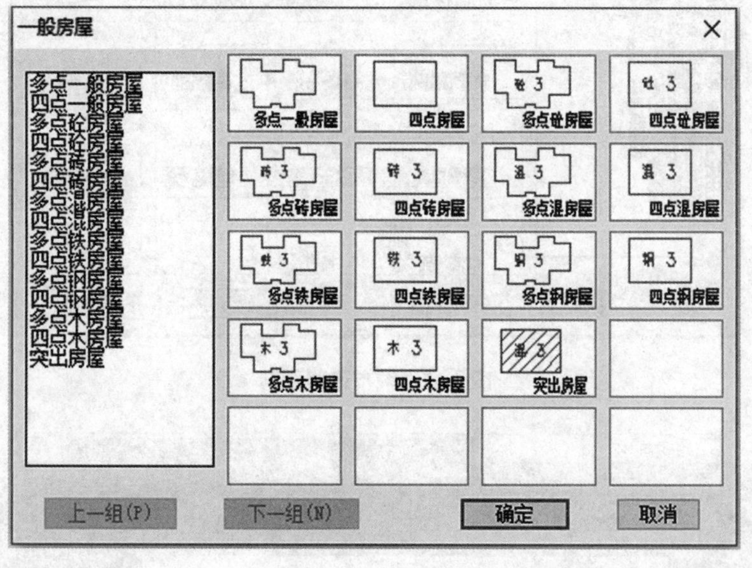

图 6-15　居民地绘制

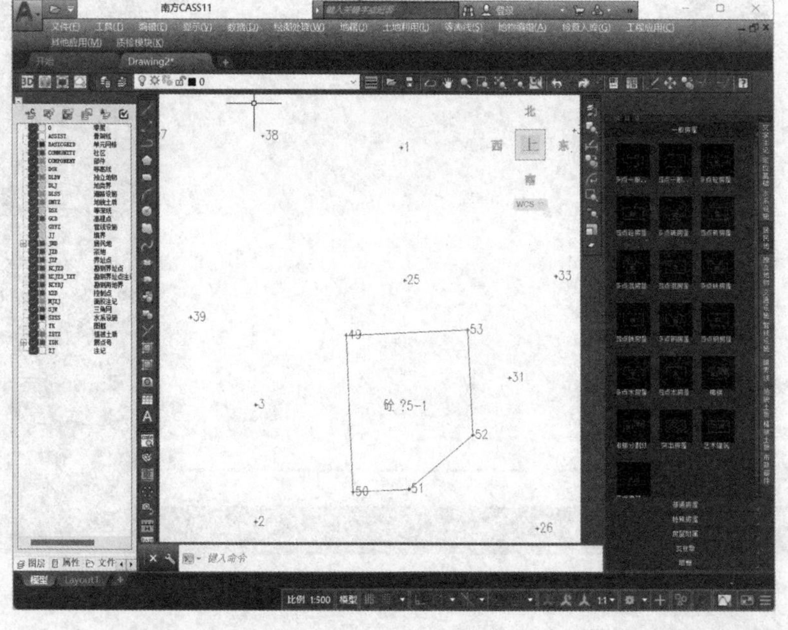

图 6-16　一般房屋

如绘制城市道路，选择右侧屏幕菜单的“交通设施/城市道路”，界面如图 6-17 所示，选择道路类型，并按命令区的提示完成城市道路的成图工作。如图 6-18 所示为街道主干道的绘图成果。

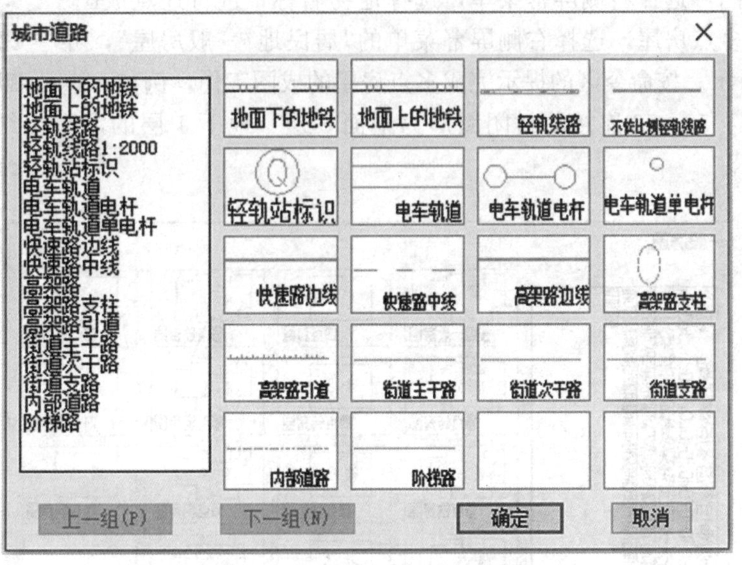

图 6-17　城市道路绘制

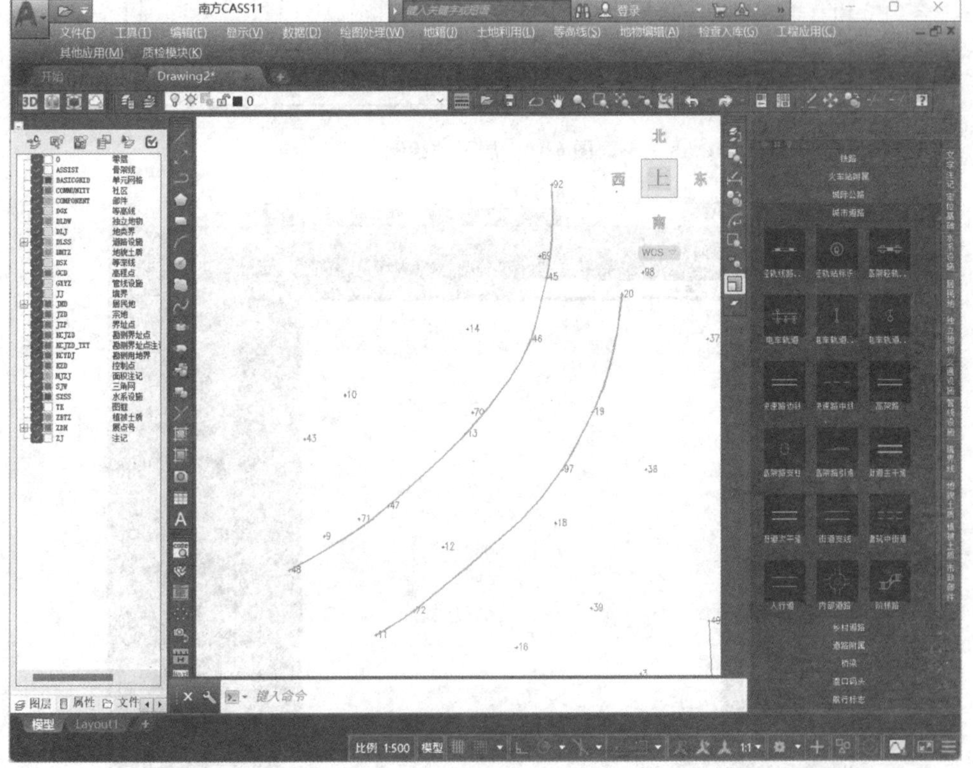

图 6-18　街道主干道绘制

3. 绘制等高线

(1)展高程点。用鼠标左键点取“绘图处理”菜单下的“展高程点”，将会弹出数据文件的对话框，按提示完成命令。

视频：绘制等高线

(2)建立 DTM 模型。如图 6-19 所示，用鼠标左键点取“等高线”菜单下“建立三角网”，弹出如图 6-19 所示的对话框，按图提示完成“选择建模调和数据文件”。

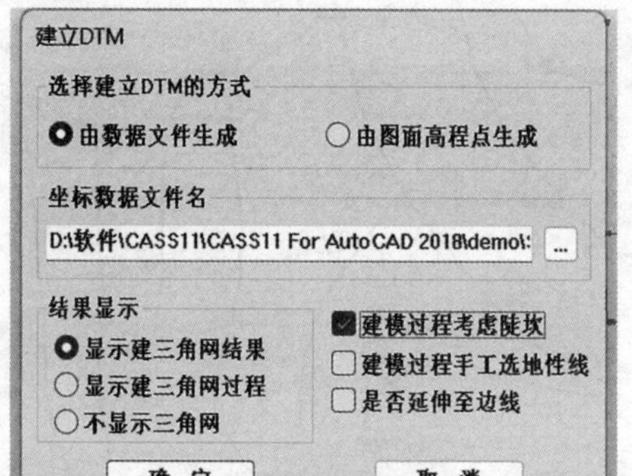

图 6-19　建立 DTM 模型

根据需要选择建立 DTM 的方式和坐标数据文件名，然后选择建模过程是否考虑陡坎和地性线，对于三角网建模结果可以选择显示和不显示，单击“确定”，生成如图 6-20 所示的三角网模型。

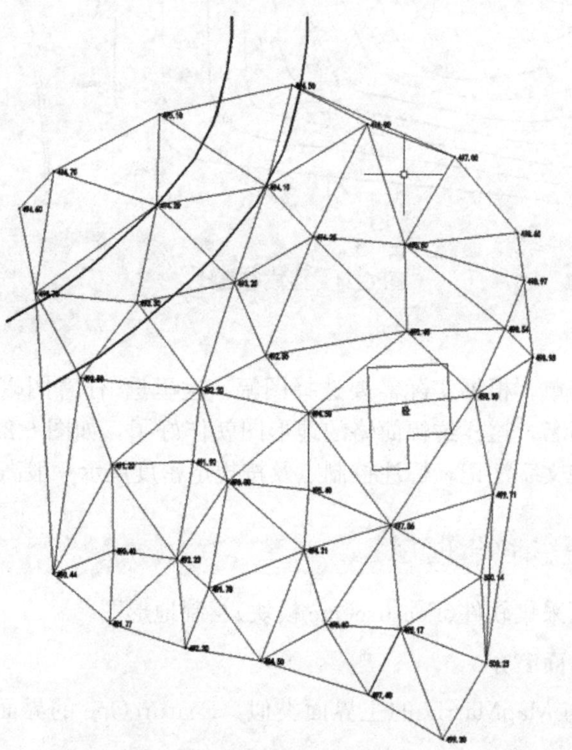

图 6-20　三角网模型

用鼠标左键点取菜单“等高线/绘制等高线”，根据地形图比例尺输入相应的等高距，一般比例尺为 1∶500 的地形图，等高距设置为 0.5 m，单击“确定”按钮，完成等高线绘制，如图 6-21 所示。

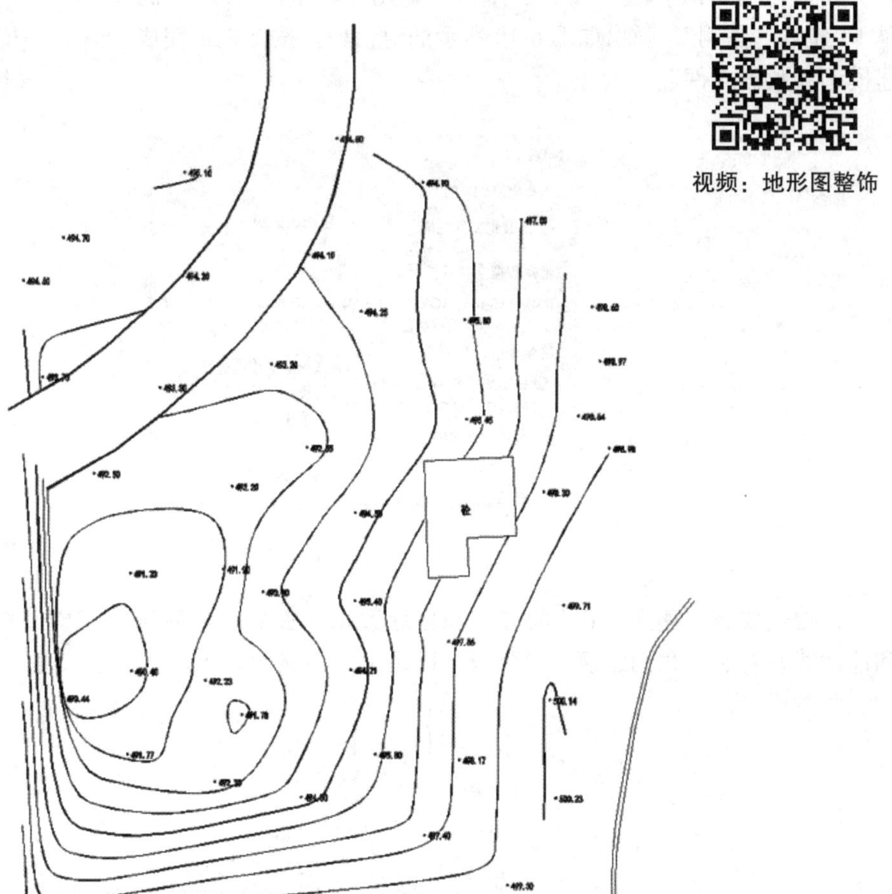

视频：地形图整饰

图 6-21　生成等高线

4. 加图框

单击“绘图处理”菜单，根据实际需要选择图幅，这里选“任意图幅”，确定图幅左下角和右上角两点，输入图名，这样这幅简略的地形图就作好了，如图 6-22 所示。详细的地形图还需要适当添加一些文字注记，标注控制点及按规定密度展示一般高程点。

知识点二　航空摄影地形图成图

利用航天远景特征采集软件(FeatureOne 模块)绘制地形图。

一、FeatureOne 界面简介

FeatureOne 界面与 MapMatrix 的主界面类似，FeatureOne 的界面如图 6-23 所示，可分为以下 8 个功能区。

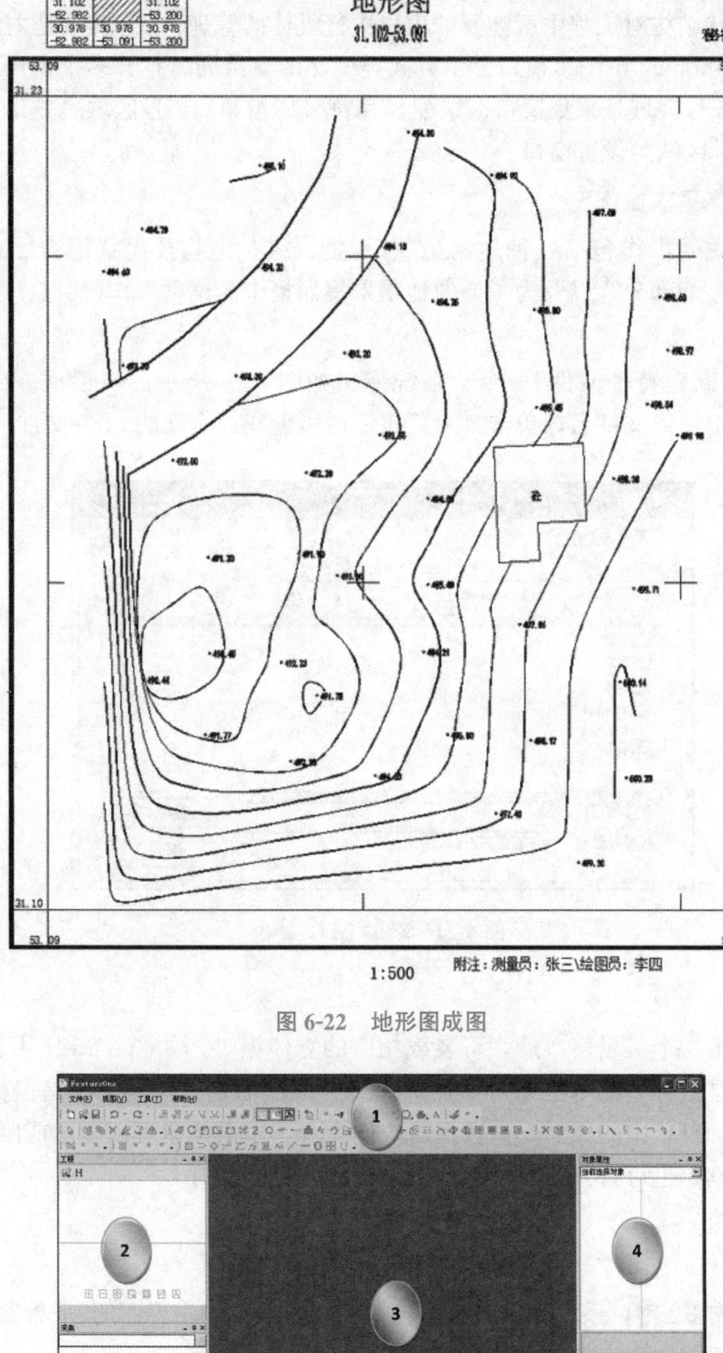

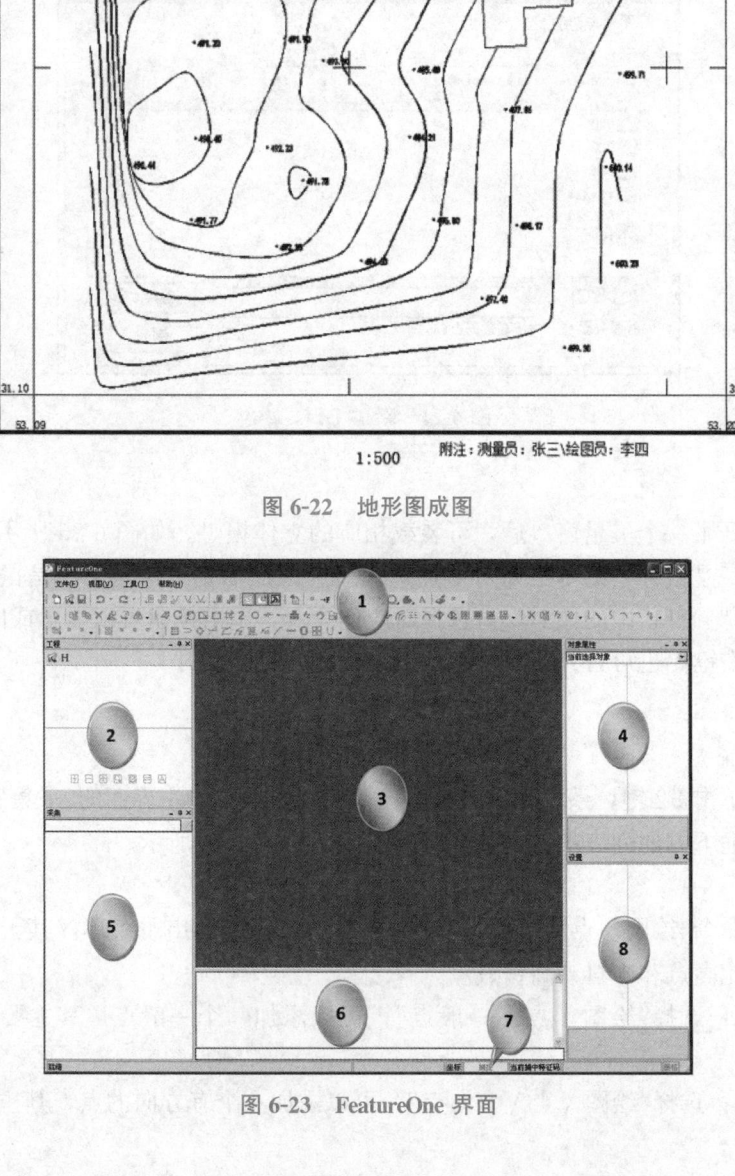

图 6-22　地形图成图

图 6-23　FeatureOne 界面

1号区域是菜单栏和工具条；2号区域是工程浏览窗口，打开工程后的工程浏览窗口，它采用直观的树状结构对工程中所涉及的项目进行具体的管理；3号区域是主作业区，该窗口显示方式与 Windows 中的多窗口显示方式类似，即支持同时打开多个窗口；4号区域是对象属性窗口；5号区域是采集窗口、层配置和符号库窗口；6号区域是输出窗口；7号区域为状态栏；8号区域为设置窗口。

二、特征采集基本操作

特征采集的主要操作包括各种地物(点状地物、线状地物及面状地物)的采集、修改、属性编辑与图廓整饰部分，以及为了方便地物采集而提供的辅助操作(捕捉、锁定)。

(一)新建 DLG 文件

选择“文件 \ 新建特征文件”命令，系统弹出如图 6-24 所示的对话框。在该对话框的“文件名”文本框中输入文件名，单击“保存”按钮便可创建一个新的 . fdb 文件。

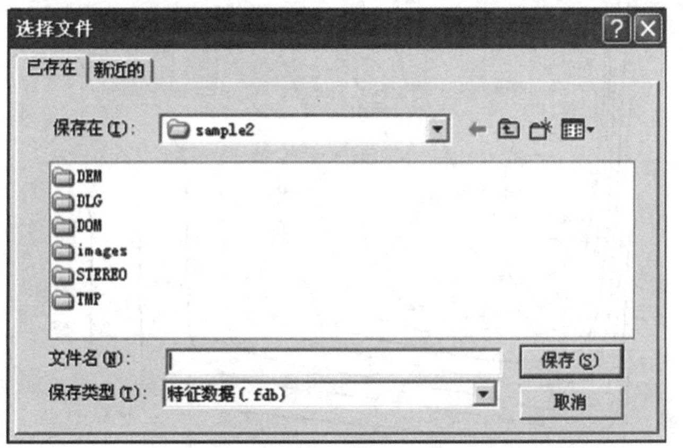

图 6-24　新建 DLG 文件

(二)打开立体像对

新建或打开了一个矢量窗口后，可装载相应的立体模型，如图 6-25 所示。有三种打开像对的方式：一是鼠标右键单击像对节点选择对应的命令打开像对；二是鼠标右键单击下方“模型范围预览窗口”中的像对，再选择对应的命令，单击按钮可以显示或隐藏预览窗口；三是选中像对右键，也可打开“最近模型”下之前打开过的像对。

(三)采集绘图

1. 设置当前层

在键盘上单击 F2 键，系统弹出采集码输入窗口，或单击左界面的“采集”命令。输入采集码或在输入框下方的列表中双击一个层码即可，如图 6-26 所示。

2. 绘制点

选择菜单命令“绘图 \ 点”，也可左键一直单击按钮■调出子菜单。其子菜单中有一般点、有向点、比高点和半自动高程点。

(1)一般点：选择“绘图 \ 点 \ 一般点”，可以添加一个一般点，其主要用于量测点状地物。

(2)有向点：选择“绘图 \ 点 \ 有向点”，可以添加一个有方向的点，其主要用于量测具有方向性的点状地物。

(3)比高点：选择“绘图\点\比高点”，可以添加一个比高点。

(4)半自动高程点：在采集高程点时，可选择“绘图\点\半自动高程点”，同时会出现半自动高程点设置列表，如图 6-27 所示。

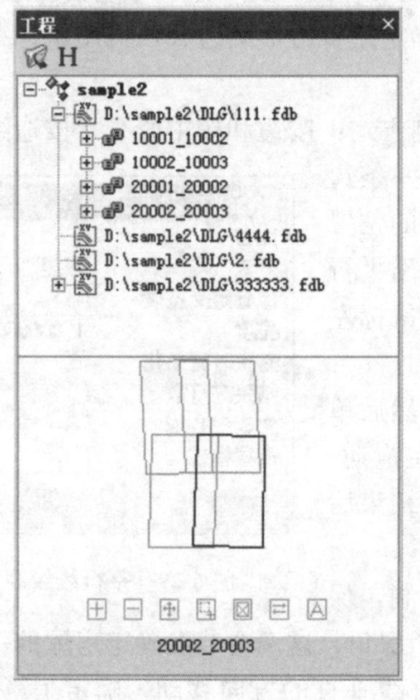

图 6-25　打开立体像对

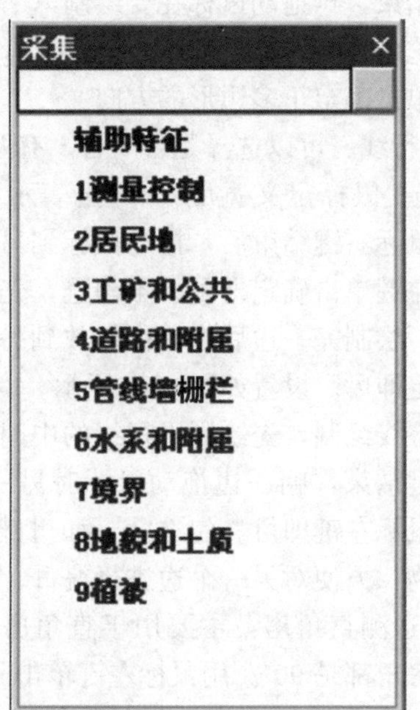

图 6-26　设置采集码

3. 绘制线

选择菜单命令“绘图\线”，也可左键一直单击按钮调出子菜单。其子菜单中有一般线、一般双线、矩形、不对齐的平行线、平行四边形、正多边形、平行线、按边测直角房、平行单线、角模式采集直角地物、多点拟合边测房，可以根据地物的形状选择需要的线状。

(1)一般线：在绘制一般线之前，可以在“线绘制设置”窗口设置相应的参数。

若勾选“闭合”复选框，图 6-28 则表示绘制一条闭合的线，即在单击鼠标右键结束线的绘制后，系统会将所添加的首尾两个节点自动连接在一起，成为一个闭合的线圈。勾选“结束时直角化”后，绘制的地物会进行直角化。一般测房屋类的地物时会勾选此项。勾选“端点捕捉时不闭合”后，当前绘制的闭合地物首尾节点咬合到吸附线上时就不是闭合线了。

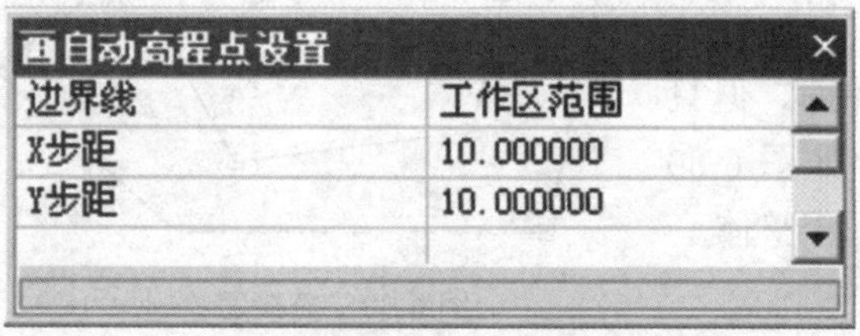

自动高程点设置

边界线	工作区范围
X步距	10.000000
Y步距	10.000000

图 6-27　自动高程点设置

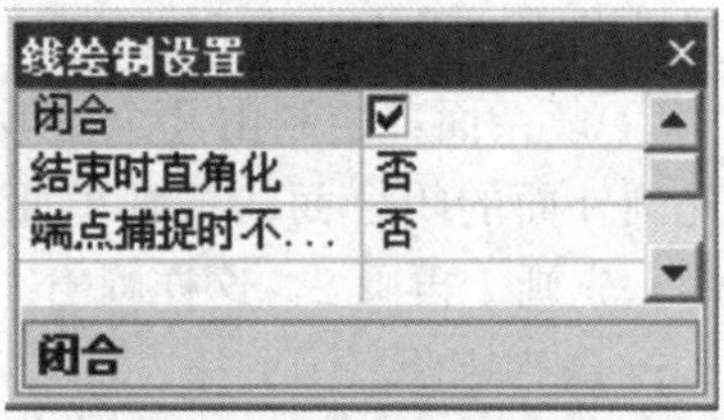

线绘制设置

闭合	☑
结束时直角化	否
端点捕捉时不...	否

闭合

图 6-28　线绘制设置

(2)一般双线：设置如上。主要是采集两条不规则的线。先绘制一根母线，单击鼠标右键结束，再绘制一根辅助线。选中查看时是一个整体。绘制有符号填充的双线地物时，辅助线和母线的绘制方向最好一致，否则会出现问题。

(3)矩形：包括任意矩形和水平矩形。其中，任意矩形是通过指定三个定点来完成一个矩形。

(4)不对齐的平行线：绘制两条边不对齐但长度相等的平行线。先绘制第一条线，单击鼠标右键结束，再拖动鼠标在要绘制第二条线的地方单击左键，第二条线就会出现。

(5)正多边形：先用鼠标画出一条边，由此确定正多边形的边长，再用鼠标在这条边的一侧左键单击确定正多边形的方向。

(6)平行线：可以选择是否闭合。有两种绘制方式：按边和按中心线。按边绘制时可选择是否勾选“鼠标定义宽度”，勾选表示绘制完一条边线，单击鼠标右键结束后，拖动鼠标到另一个边的位置上，鼠标左键单击确定即可。不勾选，先自己给出平行线的宽度，绘制完一边后拖动鼠标放到另一边，鼠标左键单击确定即可。设置如图 6-29 所示。

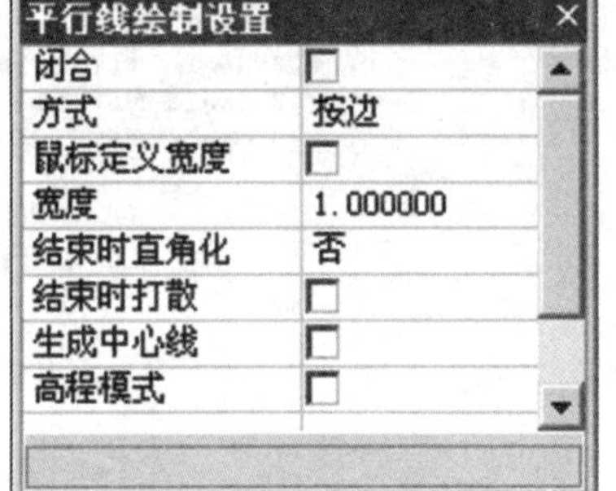

图 6-29　平行线绘制设置

按中心线绘制，先绘制平行线的中间位置，然后单击鼠标右键结束，朝一边拖动鼠标时另一边也在拖动，然后单击鼠标左键即可。勾选“结束时打散”后，结束后是两个地物，方便对另一个边进行编辑。

(7)按边测直角房：主要用于直角房屋的绘制，保证其每个房角都是 90°。用鼠标左键单击采集两个房角，这两个节点确定房屋的一条边的方向，采集第三个点时，测标总是沿着与上一条直线垂直的方向移动，确定了第三个节点，第二条边的长度也就确定，接着测标也是自动保持与前一条确定的边的垂直方向移动，单击鼠标左键确定第四个节点和第三条边的长度。最后，一定要单击鼠标左键确定第五个节点(与首点重合的位置)和第四条边的长度，再单击鼠标右键，即完成该房屋的绘制。

(8)平行单线：绘制出来的线与平行线一样，区别在于平行线绘制出来的线是一个整体，平行单线画出来的则是两根平行的线。先用鼠标左键单击两点确定平行单线的宽度，以后面一点为起始点画线，再依次用鼠标左击画线，最后单击鼠标右键结束。

4. 绘制面

可以选择菜单命令“绘图＼面”，也可以左键一直单击按钮调出子菜单。其子菜单中有一般面和复杂面。

(1)一般面：单击绘图工具栏中的“一般面”，单击鼠标左键添加第一个节点，依次单击鼠标左键添加其他节点，单击鼠标右键结束。

(2)复杂面：绘制由几个一般面构成的面，但只能先画外面的闭合面，再画里面的面，即如图 6-30 所示，先画 1 再画 2，这样画出来的才是一个整体。

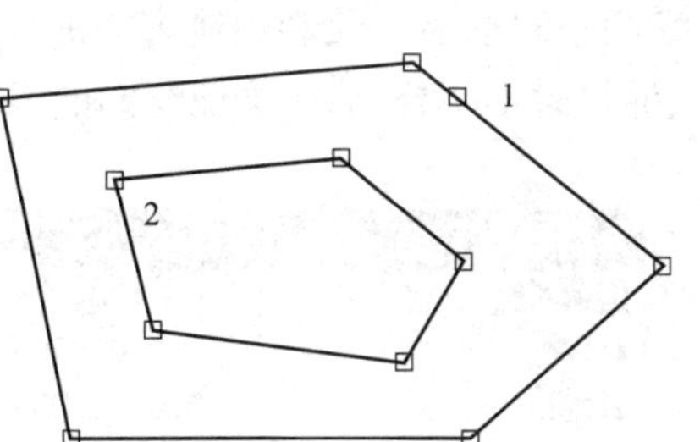

图 6-30　复杂面绘制

5. 编辑地物

激活立体模型，按下工具栏命令，移动测标至需要编辑的矢量地物处，单击左键(或踏下左脚踏开关)选中该地物，然后再次单击鼠标左键(或踏下左脚踏开关)选择该地物轮廓上的某点，即可对该点进行编辑。

6. 导出矢量文件

编辑完成后，可将该矢量信息导出为其他格式(如 DWG 格式、ASCII 码纯文本等格式)。

想一想：地形图绘制的应用有哪些方面？

任务三　地形图应用

知识点一　地形图识读

地形图是包含丰富的自然地理、人文地理和社公经济信息的载体。在地形图上可以获取地貌、地物、居民点、水系、交通、通信、管线、农林等多种自然、地理、人文、政治、经济信息。因此，地形图是进行建设工程规划、设计和施工的重要依据。掌握地形图的识读是工程技术人员必须具备的基本技能。

一、地形图图廓内容的识读

根据地形图图廓的相关内容，可以全面了解地形的基本情况。例如：由地形图的比例尺可以了解该地形图反映的地物、地貌的详略程度；根据测图日期的注记可以了解地形图的新旧，从而判断地物、地貌的变化程度；从图廓坐标可以掌握地形图幅的范围；通过接合图表可以了解与相邻图幅的关系；了解地形图所使用的《地形图图式》版别，对地物、地貌的识读非常重要；了解地形图的坐标系统、高程系统、等高距、测图方法等，对正确用图也有很重要的作用。

二、地物识读

地物识读前，要熟悉一些常用地物符号，了解地物符号和注记的确切含义。根据地物符号，了解图内主要地物的分布情况，如村庄名称、公路走向、河流分布、地面植被、农田等。

知识点二　地形图基本应用

视频：地形图基本应用

一、确定图上点的平面坐标

如图 6-31 所示，欲求图上 A 点的坐标，首先要根据 A 点在图上的位置确定 A 点所在的坐标方格 $abcd$，过 A 点作平行于 x 轴和 y 轴的两条直线 pq、fg，与坐标方格相交于 p、q、f、g 四点，再按地形图比例尺量出 af=60.8 m，ap=48.7 m，则 A 点的坐标为

$$X_A=X_a+af=2\,100+60.8=2\,160.8(\text{m}) \tag{6-1}$$

$$Y_A=Y_a+ap=1\,100+48.7=1\,148.7(\text{m}) \tag{6-2}$$

二、确定两点间的水平距离

(一)在图上直接量取

当精度不高时，可用比例尺直接在图上量取直线段两端点之间的距离，即可得出两点之间的水平距离；或者用三角板等测量距离工具量取直线段两端点之间的距离，然后乘以比例尺分母。例如，在 1∶500 比例尺的地形图上量出一线段长度为 5 cm，那么该线段实地水平距离为5 cm×500=25 m。

(二)解析法

当确定直线段的长度和方向精度要求较高时，需要采用解析法。

欲求 AB 的长度，可按确定图上点的坐标的方法计算出 A、B 两点的坐标 X_A、Y_A 和 X_B、Y_B，然后可得 AB 的长度，即

$$D_{AB}=\sqrt{(X_A-X_B)^2+(Y_A-Y_B)^2} \tag{6-3}$$

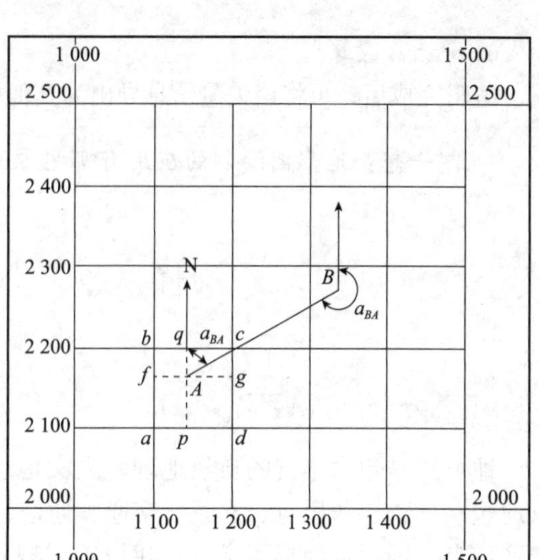

图 6-31　确定图上点的平面坐标

三、确定坐标方位角

(一)在图上直接量取

当精度不高时，方位角可用量角器直接量取，如图 6-31 所示，通过 A、B 分别作坐标纵轴的平行线，然后用量角器的中心分别对准 A、B 两点量出直线段 AB 的坐标方位角 α'_{AB} 和直线段 BA 的坐标方位角 α'_{BA}，则直线 AB 的坐标方位角为

$$\alpha_{AB}=\frac{1}{2}(\alpha'_{AB}+\alpha'_{BA}\pm180°) \tag{6-4}$$

(二)解析法

直线的坐标方位角可按坐标反算公式计算，即

$$\alpha_{AB}=\arctan\frac{Y_B-Y_A}{X_B-X_A} \tag{6-5}$$

四、确定点的高程

地形图上点的高程可以根据等高线来确定。点位于等高线上，等高线的高程即该点的高程。如图 6-32 所示，A 点位于 28 m 等高线上，则 A 点的高程为 28 m。

不在等高线上的点，其高程须根据等高线按内插法来确定。根据内插法原理，可知 n 点对于 B 点的高差 h_{B_n} 为

$$h_{B_n}=\frac{B_n}{nm}h \tag{6-6}$$

式中，nm 为过 n 点的等高线平距。

五、确定两点间的坡度

如图 6-32 所示，先按前述方法分别计算出直线段两端点 A、B 的坐标和高程，就可得到两端点间的平距 D 和高差 h，按式(6-7)计算该直线段的坡度。

$$i=\frac{h}{D} \tag{6-7}$$

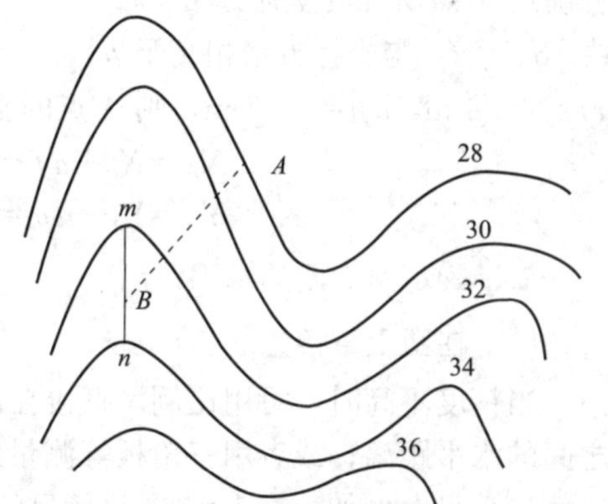

图 6-32　确定确定图上点的高程

六、面积量算

(一)透明方格法

如图 6-33 所示，用透明方格纸覆盖在要量算

的图形上，先数出图形内的完整方格数，再用目估法将图形边缘不足一整格的方格折合成完整的方格，两者相加的方格总数乘以每格所代表的面积 A，即所计算图形的面积 S。

(二)平行线法

透明方格法的量算受到方格凑整误差的影响，精度不高，为了减小因边缘目估产生的误差，可采用平行线法。如图 6-34 所示，量算面积时，将绘有平行线组的透明纸覆盖在待计算面积的图形上，则整个图形被平行线切割成若干等高距为 d 的近似梯形，上、下底的平均值以 l_i 表示，则图形在图上的总面积为

$$S = d\sum_{i=1}^{n} l_i \tag{6-8}$$

再根据图的比例尺将其换算为实地面积为

$$S = d\sum_{i=1}^{n} l_i M^2 \tag{6-9}$$

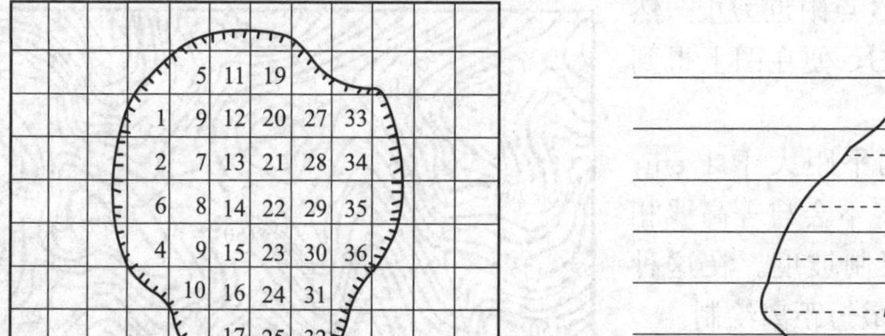

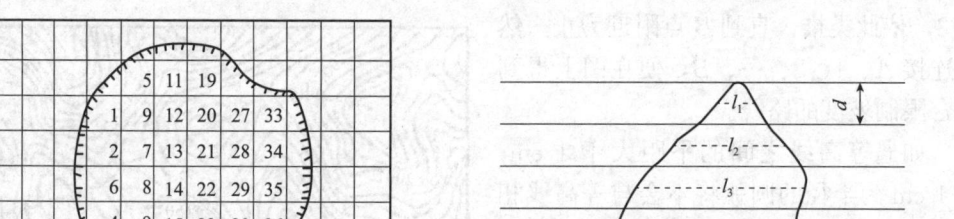

图 6-33　透明方格法面积量算　　图 6-34　平行线法面积量算

知识点三　地形图工程应用

一、按设计路线绘制断面图

视频：地形图工程应用

地形图断面图绘制方法如图 6-35 所示。

(1)在图纸上先画一条直线 AH 作为横轴，表示平距，再在点 A 向上作 AH 的垂线 AZ 作为纵轴，表示高程。在起点 A 标出 AB 方向最低等高线的高程，再依比例尺在纵轴上截取等高距，并依次标至最大高程。

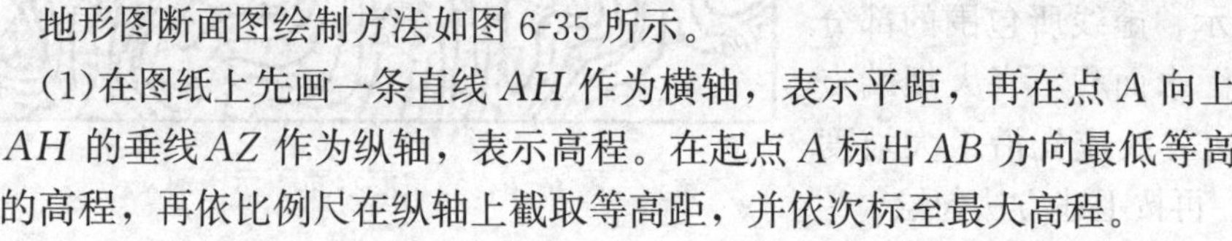

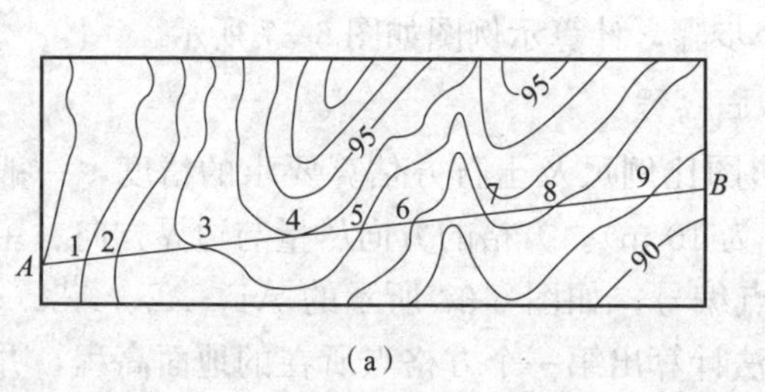

(a)

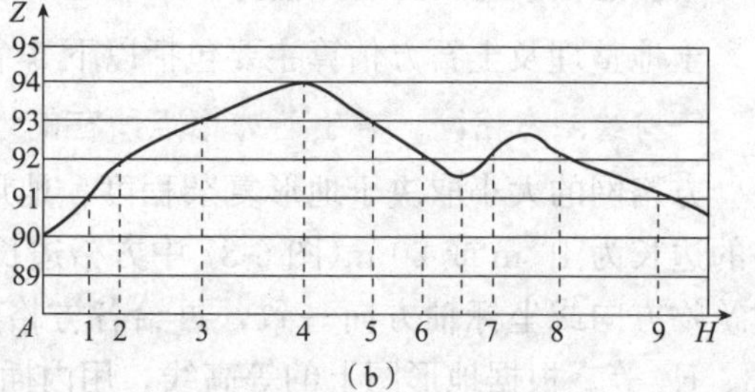

(b)

图 6-35　地形图断面图绘制方法

(2)在地形图上量取 AB 方向线与等高线的各交点之间的距离，然后从横轴 AH 上的 A 点开始，根据所量距离依次定出各交点在横轴上的位置。

(3)通过横轴上所定各交点作横轴的垂线，按其交点高程分别在各垂线上定出相应交点的高度位置。

(4)将垂线上各高度位置的交点用光滑曲线连接起来，即断面图。

二、按限制坡度选择最短线路

在道路、管线、渠道等工程设计时，都要求线路在不超过某一限制坡度的条件下，选择一条最短路线或等坡度线。

如图 6-35(a)所示，假设从公路上的 A 点到高地 B 点要选择一条公路线，要求其坡度不大于 5%(限制坡度)。设计用的地形图比例尺为 1∶2 000，等高距为 1 m。为了满足限制坡度的要求，根据计算得出该路线经过相邻等高线之间的最小水平距离 D。于是以 A 点为圆心，以 D 为半径画弧交等高线于点 1，再以点 1 为圆心，以 D 为半径画弧，交等高线于点 2，依此类推，直到 B 点附近为止。然后连接 A、1、2、…、B，便在图上得到符合限制坡度的路线。

如遇等高线之间的平距大于 1 cm，以 1 cm 为半径的圆弧将不会与等高线相交。这说明坡度小于限制坡度。在这种情况下，路线方向可按最短距离绘制。

三、确定汇水面积

汇水边界线包括断面线(坝轴线)本身，应从断面线一端开始经过一系列山顶、山脊和鞍部再回到另一端，形成闭合曲线；通过山顶和鞍部的最高点，与山脊线一致；边界线处处与等高线垂直，却只有在山顶处改变方向。

如图 6-36 所示，虚线所包围的部分即某坝址上游的汇水面积。当大坝端点在斜坡上时，则边界线应先沿最大坡度线上升到分水线，再按上述方法勾绘。

图 6-36　确定汇水面积示例图

四、土地平整及土石方估算

土地整理及土石方估算主要包括以下 5 个步骤，计算示例图如图 6-37 所示。

(一)绘制方格网，求出各方格点所在的地面高程

方格网的大小取决于地形复杂程度、地形图比例尺及土石方估算要求的精度，一般方格的边长为 10 m 或 20 m(图 6-37 中方格边长为 10 m)。方格的方向尽量与边界方向、主要建筑物方向或坐标轴方向一致，再给各方格点编号，如图 6-37 所示的 A1、A2、A3、…、E3、E4 等。根据地形图上的等高线，用内插法计算出第一个方格点所在的地面高程，并标注在图上。

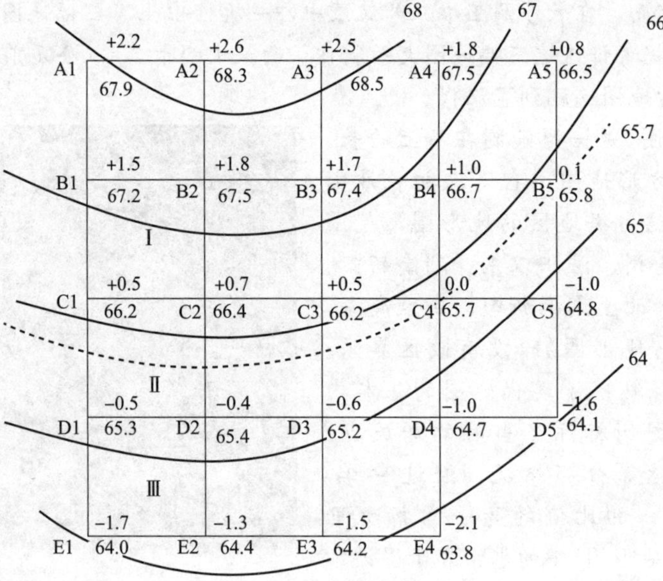

图 6-37　挖、填土石方量计算示例图

(二)计算设计高程

将每方格点的高程加起来除以 4，得到各方格的平均高程，将每个方格的平均高程相加，再除以方格总数，就得到设计高程 H。

(三)计算挖、填高度值

根据设计高程和各方格点的高程，用方格点高程减去设计高程，计算出第一方格点的挖、填高度，即挖、填高度＝地面高程－设计高程，并将挖、填高度标注在图上。

(四)绘制挖、填边界线

在地形图上根据等高线，用目估法内插出高程为设计高程的高程点，即挖、填边界点，称为零点。连接相邻零点的曲线，称为挖、填边界线，一般以虚线表示。在挖、填边界线一边为填方区域，另一边为挖方区域。

(五)计算挖、填土石方量

计算挖、填土石方量有两种情况：一种是整个方格全挖或全填方；另一种是挖、填边界线经过的方格，既有挖方，又有填方。对于整个方格全挖(或全填方)的方格，用方格中 4 个方格点挖(或填)高度的平均值乘以该方格面积，即该方格的挖方量(或填方量)；对于既有挖方又有填方的方格，取挖方(或填方)部分各边界点的挖高度(或填高度)的平均值乘以该挖方(或填方)面积，即该方格的挖方量(或填方量)部分。

上述应用主要介绍了方法原理，一般在数字测图软件或工程计算软件中都能完成自动计算处理。

拓展阅读

长沙马王堆出土的地形图

众所周知，地图对于一个国家的政治、经济、文化、军事等方面有着极为重要的价值。我国古代地图见于史载的也有很多，可惜的是大多已遗失，而流传至今最古老的地图实在属于稀有之物。然而，在长沙马王堆三号汉墓中却一次性出土了三幅地图——《地形图》《驻军图》《城邑图》。据考证，这三幅地图大约制作于西汉文帝十二年(公元前 168 年)以前，这样，人们可见的古地图追溯到了汉代。

其中，《地形图》是一幅绘制在帛上的长、宽各 96 cm 的正方形地图，它是汉初长沙国南部及南越王赵佗占据地区的地形图，范围相当于今天广西全州、灌阳以东，湖南新田、广东连州市以西，北至湖南新田，南至南海，如图 6-38 所示。《地形图》除没有政区界限、土壤植被外，已经具备了现代地图的基本内容，它用统一的图例标注了当时的居民点、道路、河流、山脉等分布情况，经过量算，大致可知该图统一的比例约为一寸折十里(1∶180 000)。《地形图》中的水系表示得详细而突出，图上绘有大小河流三十多条，主、支流关系明确，交汇口图形正确，河流与地形的关系描绘得当。图中水系的主要部分与现代地图的河流骨架、流向及主要弯曲也基本一致。《地形图》唯一与现代通用地图相反的是，其图幅所示的方位为上南下北，左东右西。

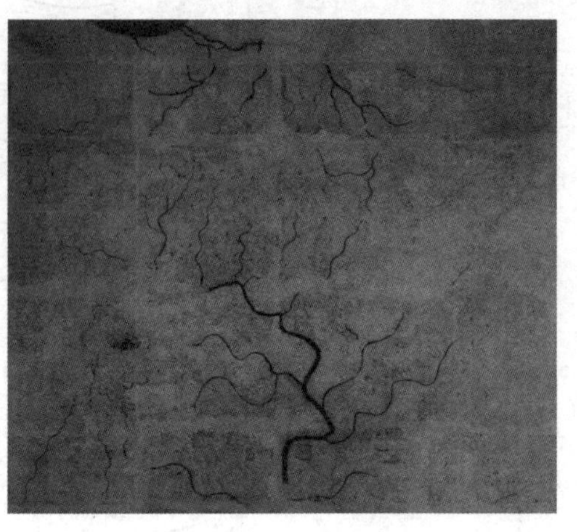

图 6-38　马王堆出土《地形图》

地形图绘制得相当精确，其绘制技术及所示的位置与现代地图大体相近，这不仅是我国，也是世界上现存最早、科学水平相当高的实用性的彩色地图，它为我国地图史的研究提供了重要的资料，充分证明了我国古代测量技术的先进水平。

小结

本项目内容重点讲解了地形图基本知识、GNSS-RTK 数字化测图及航空摄影地形图绘制方法，并对地形图的主要应用进行了介绍。

习题

一、填空题

1. 地球表面自然形成或人工构筑的有明显轮廓的物体称为________。

2. 地球表面的高低变化和起伏形状称为________。

3. 在 1∶2 000 地形图上，量得某直线的图上距离为 18.17 cm，则实地长度为______。

4. 等高线密集表示地面的坡度________，等高线稀疏表示地面的坡度________，间隔相等的等高线表示地面的坡度________。

5. 若知道某地形图上线段 AB 的长度是 2 cm，而该长度代表实地水平距离为 20 m，则该地形图的比例尺为________，比例尺精度为________。

6. 在地形图上量得 A 点的高程 H_A=85.33 m，B 点的高程 H_B=61.87 m，两点之间的水平距离 D_{AB}=156.40 m，两点之间的地面坡度为________。

二、选择题

1. 根据地物大小及描绘方法的不同，地物符号可分为(　　)。

A. 比例符号　　B. 半比例符号　　C. 非比例符号　　D. 地物注记

2. 地物注记包括(　　)。

A. 文字注记　　B. 数字注记

C. 符号注记　　D. 字母注记　　E. 高程标记

3. 1∶50 000 比例尺地形图的比例尺精度是(　　)m。

A. 0.5　　B. 1.0　　C. 5.0　　D. 1.5

4. 在同一幅地形图上(　　)。

A. 高程相等的点必在同一条等高线上

B. 同一条等高线上的各点的高程必相等

C. 各等高线间的平距都相等

D. 所有的等高线都在图内形成闭合曲线

5. 地形图的比例尺用分子为 1 的分数形式表示，则(　　)。

A. 分母大，比例尺大，表示地形详细

B. 分母小，比例尺小，表示地形概略

C. 分母大，比例尺小，表示地形详细

D. 分母小，比例尺大，表示地形详细

三、判断题

1. 数字或分数比例尺的大小与分母成正比。(　　)

2. 接合图表表示该图幅与相邻图幅的位置关系，供查找相邻图幅时使用。(　　)

3. 比例尺越大，表示地形变化的状况越粗略，精度也越低；反之，越详细，精度也越高。(　　)

4. 非比例符号的定位点和定位线随地物不同而有异，在测绘、读图及用图时应当按规范要求进行。(　　)

5. 地面坡度是地面上两点间的高差与两点间的实地水平距离之比。(　　)

6. 同一幅地形图上，等高距不变，等高线平距越大，坡度越小；反之，坡度越大。(　　)

四、简答题

1. 什么是地图？什么是地形图？

2. 什么是比例尺的精度？它在测绘工作中有何用途？

3. 等高线有哪些特性？

项目七 智能建造施工测量

知识目标

1. 掌握装配式建筑施工控制测量的原理及方法；
2. 掌握装配式建筑构件的安装流程及测量方法；
3. 了解三维激光扫描点云进行构件尺寸检测的流程及方法。

能力目标

1. 能进行装配式建筑施工控制网布测；
2. 能完成装配式构件的安装测量；
3. 能利用三维激光扫描技术进行构件尺寸的检测。

素养目标

1. 培养学生爱岗敬业、吃苦耐劳的品质；
2. 培养学生分析问题、解决问题的能力；
3. 培养学生勤于思考、勤于创新的意识。

知识导引

相对于传统的建筑施工方式，装配式混凝土建筑施工所用的构件一般不需要现场浇筑，而是事先在工厂中完成预制，然后直接运输至施工现场进行吊装。因此，这种建筑建设方式施工效率更高，同时也更加节能环保。但在实际进行现场吊装时，为保证装配式建筑施工质量，对于构件安装精度有着非常高的要求，尤其是针对一些特殊的受力构件，吊装精度可直接达到毫米级。一旦在装配过程中存在较大偏差，无法满足实际装配精度要求，轻则影响装配式建筑建造的美观性，重则对装配式建筑质量安全造成严重的影响。另外，由于在工厂预制完成的结构构件体积较大、质量较重，在实际进行装配式施工时，仅依靠人力往往无法完成，一般会在施工机械的帮助下完成构件的吊装。但这些施工机械实际操作往往比较笨重，若没有高精度的测量定位方法为指引，将很难达到毫米级装配要求。因此，高精度的施工测量及安装逐渐成为限制装配式建筑发展的瓶颈。高精度的智能测量技术为实现预制构件精准化安装提供有力的帮助，有效提升装配式混凝土建筑的施工安装效率，更好地实现该绿色节能施工技术的应用与推广。

想一想：装配式建筑施工测量主要包括哪些内容？

任务一　装配式建筑施工控制测量

知识点一　装配式建筑施工平面控制

装配式建筑平面控制测量应包括场区平面控制测量和建筑物平面控制测量。装配式建筑平面控制网的布设应遵循“从整体到局部、分级布网”的原则，控制网点应根据设计总平面图和施工总布置图布设，并应满足装配式建筑施工测设的需要。点位应选择在通视良好、土质坚硬、便于施测又能长期保留的地方，并应埋设标石，必要时还应增加强制对中装置。

一、场区平面控制

根据场区地形条件与建筑物总体情况将场区平面控制网，布设成建筑物方格网、导线网、GNSS 网等；地势平坦、建筑物为矩形的宜采用建筑物方格网。建筑物方格网的技术指标应符合表 7-1 的规定。

表 7-1　场区建筑物方格网的主要技术要求

等级	边长/m	测角中误差/(″)	边长相对中误差
一级	100～300	5	1/30 000
二级	100～300	10	1/20 000

地势平坦但不便于布设建筑物方格网的场地宜布设导线网。导线测量的技术指标应符合表 7-2 的规定。

表 7-2　场区导线测量的主要技术要求

等级	导线长度/km	平均边长/m	测角中误差/(″)	测距相对中误差	全长相对闭合差	方位角闭合差/(″)
一级	2.0	100～300	5	1/30 000	1/15 000	$10\sqrt{n}$
二级	1.0	100～300	10	1/14 000	1/10 000	$16\sqrt{n}$

地势起伏较大、建(构)筑物为非矩形布置的场地，宜采用 GNSS 网。GNSS 测量的技术指标应符合表 7-3 的要求，作业方法和数据处理应符合现行行业标准《卫星定位城市测量技术标准》(CJJ/T 73—2019)的规定。

表 7-3　场区 GNSS 测量的主要技术要求

等级	边长/m	固定误差 A/mm	比例误差系数 B/(mm·km^{-1})	边长相对中误差
一级	300～500	≤5	≤5	1/40 000
二级	100～300			1/20 000

地面平坦且有简单的小型建(构)筑物的场地，常布设一条或几条建筑基线，组成简单的图形作为施工测设(放样)的依据。

二、建筑物平面控制

建筑物平面控制网应根据建筑物的形状布设，布设成矩形控制网或十字轴线，应根据建筑物的分布、结构、高度等分为一级、二级控制网。其主要技术要求应符合表 7-4 的规定。

表 7-4　建筑物平面控制网主要技术要求

等级	测角中误差/(″)	边长相对中误差
一级	$7/\sqrt{n}$	≤1/30 000
二级	$15/\sqrt{n}$	≤1/15 000

知识点二　装配式建筑施工高程控制

装配式建筑高程控制测量应包括场区高程控制测量和建筑物高程控制测量。高程控制网采用水准测量的方法建立。水准测量的等级可根据场区的实际需要依次分为二等、三等、四等。装配式建筑高程控制网点应选择在土质坚实、便于施测和使用并易于长期保存的地方，距基坑边缘不应小于基坑深度的 2 倍。

一、场区高程控制

场区高程控制网应布设成闭合环线、附合路线或结点网。水准测量的主要技术要求应符合表 3-7 的规定。在大、中型施工项目的场区，高程测量精度不应低于三等水准。场区水准点可单独布设在场区相对稳定的区域，也可设置在平面控制点的标石上。水准点的间距宜小于 1 km，距离建(构)筑物不宜小于 25 m，距离回填土边线不宜小于 15 m。

二、建筑物高程控制

建筑物高程控制应采用水准测量。附合路线闭合差不应低于四等水准要求。建筑物高程控制点布设宜在每一幢建(构)筑物附近设置不少于 2 个。水准点可设置在平面控制网的标桩或外围的固定地物上，也可单独埋设。当场区高程控制点距离施工建筑物小于 200 m 时，可直接利用。

知识点三　施工控制网的测设方法

本知识点主要介绍建筑基线和建筑方格网的测设方法。

视频：施工控制网测设方法

一、建筑基线

建筑基线是建筑场地施工控制基准线，即在建筑场地中央测设一条长轴线和若干条与其垂直的短轴线，在轴线上布设所需要的点位。因为各轴线之间不一定组成闭合图形，所以建筑基线是一种不是十分严密的施工控制，它适用于总图布置比较简单的小型建筑场地。

(一)建筑基线的设计

根据建筑设计总平面的施工坐标系及建筑物的布置情况，建筑基线可以设计成一字形、直角形、十字形及丁字形等形式，如图 7-1 所示。建筑基线的形式可以灵活多样，适用于各种地形条件。基线设计时应注意以下几点。

(1)建筑基线应尽量位于厂区中心中央通道的边缘上，其方向应与主要建筑物轴线平行。基线的主点应不少于三个，以便检查点位有无变动。

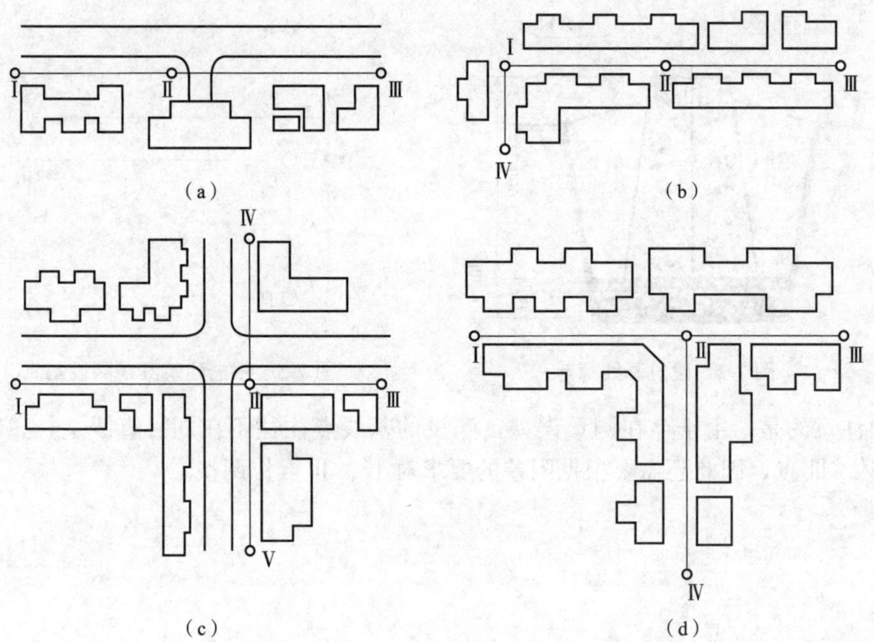

图 7-1　建筑基线的布设形式

(a)一字形；(b)直角形；(c)十字形；(d)丁字形

(2)建筑基线主点之间应相互通视，边长为 100～400 m。

(3)主点在不受挖土损坏的条件下，应尽量靠近主要建筑物，为了能长期保存，要埋设永久性的混凝土桩，如图 7-2 所示。

(4)建筑基线的测设精度应满足施工放样的要求。

(二)建筑基线测设方法

1. 根据建筑红线测设(放样)

在建成区，建筑红线是由城市规划部门批准、测绘部门测设的，可以用作建筑基线放样的依据。如图 7-3 所示，AB、AC 是建筑红线，Ⅰ、Ⅱ、Ⅲ是建筑基线点，从 A 点沿 AB 方向量取 d_2 定Ⅰ′点，沿 AC 方向量取 d_1 定Ⅰ″点。通过 B、C 作红线的垂线，沿垂线量取 d_1、d_2 得Ⅱ、Ⅲ点，则ⅡⅠ″与ⅢⅠ′相交于Ⅰ点。Ⅰ、Ⅱ、Ⅲ点即为建筑基线点。将全站仪安置在Ⅰ点处，精确观测∠ⅡⅠⅢ，其角值与 90°之差不应超过±20″，距离相对误差不超过 1/10 000。否则，应进行调整。如果建筑红线完全符合作为建筑基线的条件，可将其作为建筑基线使用。

2. 根据测量控制点测设(放样)

在新建区，建筑场地上没有建筑红线作为依据时，可根据建筑基线点的设计坐标和附近已有控制点的关系，按极坐标法进行测设。如图 7-4 所示，A、B 为附近已有控制点，Ⅰ、Ⅱ、Ⅲ为选定的建筑基线点。首先根据已知控制点和待测点的坐标关系反算出所测数据 β_1、d_1、β_2、d_2、β_3、d_3，然后用全站仪以极坐标法测设Ⅰ、Ⅱ、Ⅲ点。

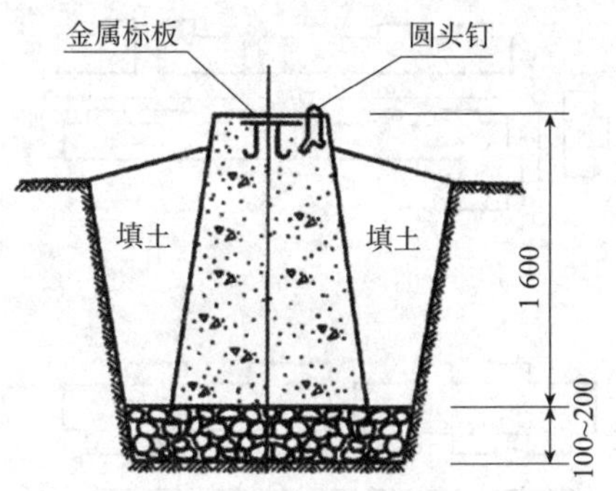

图 7-2　建筑基线标志

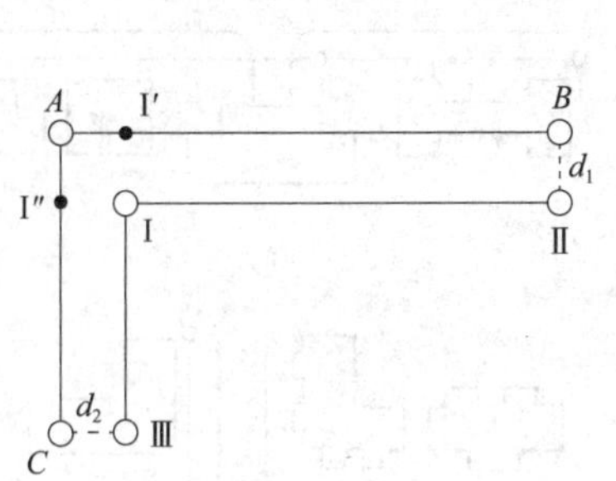

图 7-3　根据建筑红线测设基线

需要注意的是，由于存在测量误差，测设的基线点往往不在同一直线上，如图 7-5 中的 I′、II′、III′点，因此还需要根据限差的要求对 I′、II′点作调整。

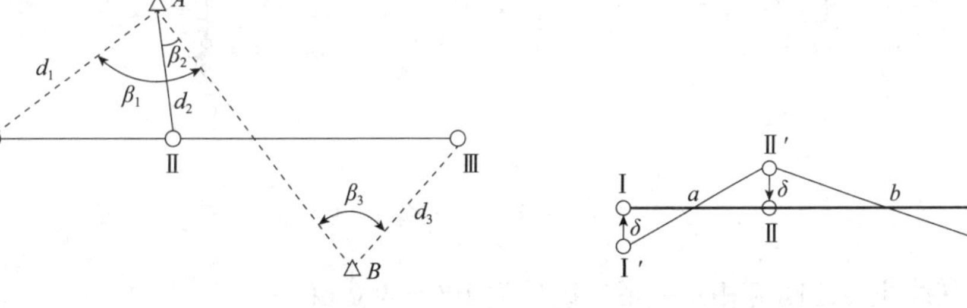
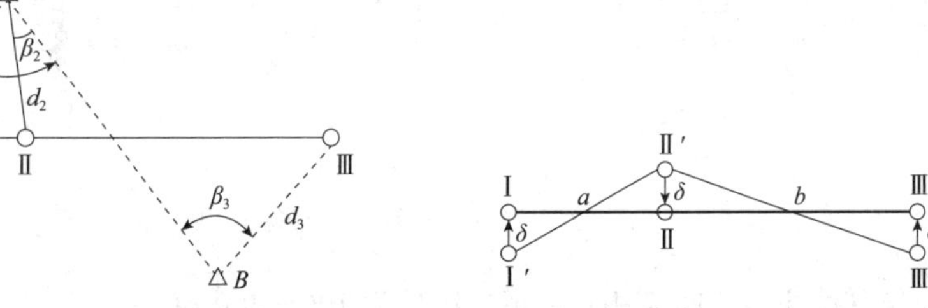
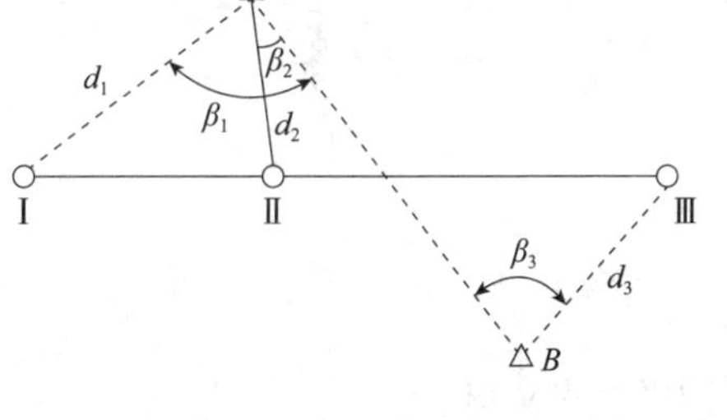
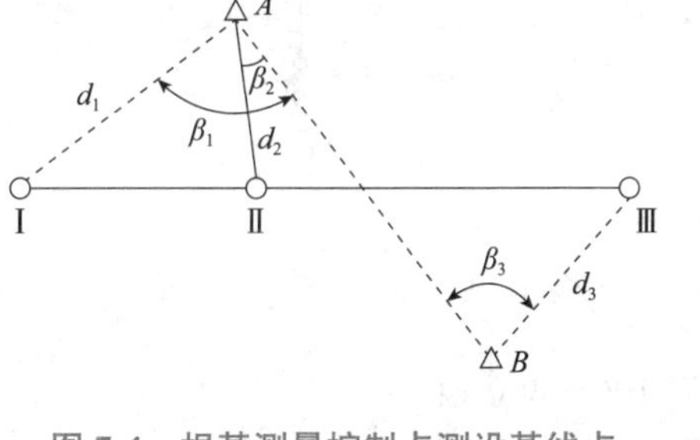

图 7-4　根基测量控制点测设基线点

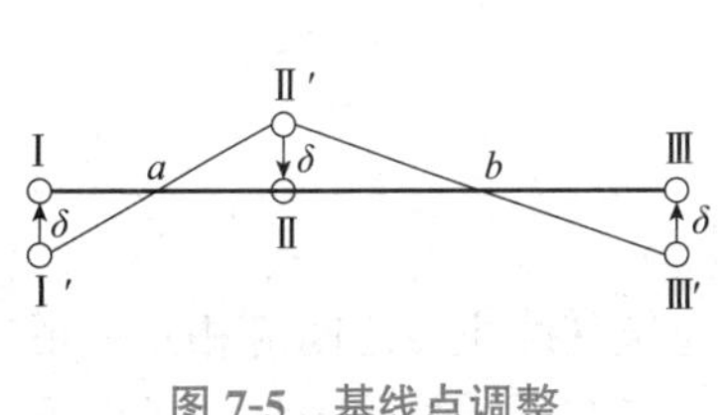

图 7-5　基线点调整

二、建筑方格网

(一)建筑方格网的布设

在一般工业建(构)筑物之间的关系要求比较严格或地上、地下管线比较密集的施工现场，常需要测设由正方形或矩形格网组成的施工控制网，称为建筑方格网，或称为矩形网。它是建筑场地中常用的控制网形式之一，也适用于按正方形或矩形布置的建筑群或大型高层建筑的场地，建筑方格网轴线与建(构)筑物轴线平行或垂直，因此，可用直角坐标法进行建(构)筑物的定位，放样较为方便，而且精度较高。

布设建筑方格网时，其位置或形式应根据建(构)筑物、道路、管线的分布，结合场地的地形等因素，先选定方格网主轴线，如图 7-6 中的 A、B、C、D、O 为主轴线点，再全面布设方格网。布设要求与建筑基线基本相同，且须考虑以下几点。

图 7-6　建筑方格网

(1)主轴线点应接近精度要求较高的工程。

(2)方格网的轴线应彼此严格垂直。

(3)方格网点之间能长期保持通视。

(4)在满足使用要求的前提下，方格网点数应尽量少。正方形格网边长一般为 100～200 m。矩形控制网边长应根据建筑物的大小和分布而定，一般为几十米或几百米的整数长度。为了能长期保存，各方格网点均应设置固定标志。

(二)建筑方格网的测设

(1)主轴线测设方法与十字形建筑基线测设方法相同，其测设精度应符合表 7-1 的规定。

(2)方格网的测设。主轴线确定后，进行分部方格网测设，然后在分部方格网内进行加密。分部方格网的测设：在主轴线点 A 和点 C 上安置仪器，各自照准主轴线另一端 B 和 D，如图 7-7 所示。分别向左和向右测设 90°角，两方向的交点为 1 点位置，并进行交角的检测和调整。同法，可交会出方格网点 2、3、4。

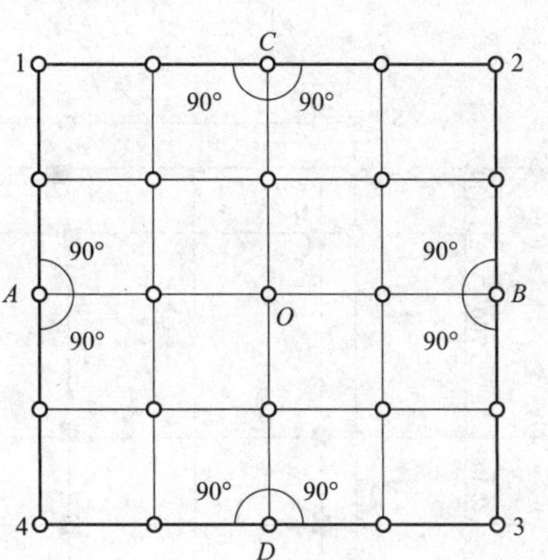

图 7-7　建筑方格网测设

(三)方格网点的验测、调整

由于各种因素的影响，方格网点的几何关系肯定不会完全满足，为此应进行验测以符合表 7-1 中的要求。一般的方法是将测设的方格网点组成导线网，按导线测量的方法测量各网点的实际坐标，与设计值相比较，计算出各点的改正数：

$$\delta_x = x_{设计} - x_{实际}$$
$$\delta_y = y_{设计} - y_{实际} \quad (7\text{-}1)$$

在毫米方格纸上，以实测点位为原点，以改正值 δ_x 和 δ_y 为坐标 1∶1 地画出两点的相互关系，得到设计点位。带图纸到施工现场，逐个地把图上实测点位对准桩上标志，按方格网边定向后，将设计点位投在桩顶，做好标志，即得到正确的点位。

> 想一想：构件安装的测量方法及设备有哪些？

任务二　装配式构件安装测量

知识点一　装配式建筑轴线和柱基的测设

一、轴线定位

根据建筑平面图上所注的柱间距和跨距尺寸，用全站仪距离测设模式测设控制网各柱列轴线控制桩的位置，如图 7-8 中的小空心圆所示，并打入大木桩，桩顶用小钉标出点位，作为柱基测设和施工安装的依据。

二、柱基定位和放线

(一)柱基定位

用两台全站仪安置在两条相互垂直的柱列轴线控制桩上，沿轴线方向交会出桩基定位点(定位轴线交点)，再根据定位点和定位轴线，按基础详图的设计尺寸和基坑放坡宽度(图 7-9)，用特制角尺放出基坑开挖边线，并撒上白灰；同时，在基坑外的轴线上，距离开挖边线的 2 m 处，各打入一个基坑定位桩，桩顶钉小钉作为修坑和立模的依据，如图 7-10 所示。

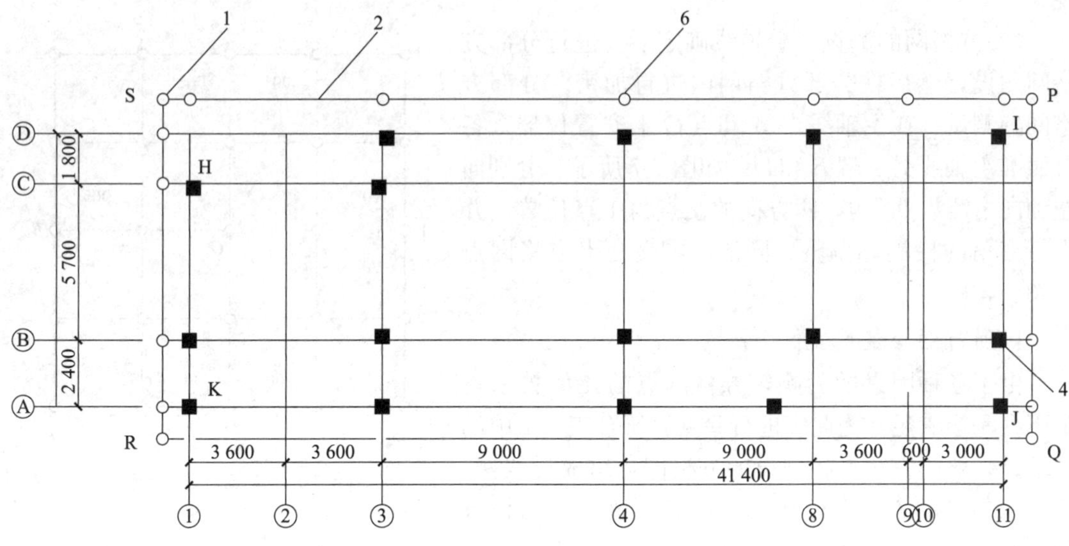

图 7-8　装配式建筑轴线及柱基测量

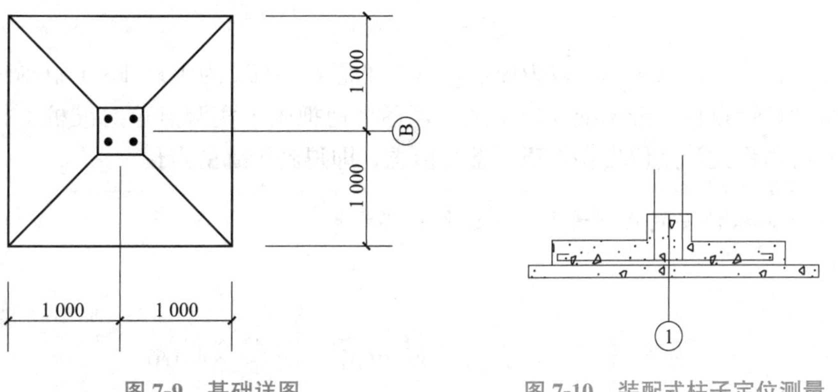

图 7-9　基础详图　　图 7-10　装配式柱子定位测量

(二)基坑标高控制

将标高引测到厂房控制桩上，在基坑挖到一定的深度后，用水准仪在坑壁的四周离坑底设计标高 0.5 m 处测设几个水平桩，如图 7-11 所示，作为检查坑底标高和打垫层的依据。

垫层打好后，根据基坑定位桩在垫层上放出基础中心线，并弹墨线标明，作为支模板的依据。模板支好后，用激光垂准仪等检查上口的位置，然后用水准仪在模板内壁测设出基础面设计标高线。

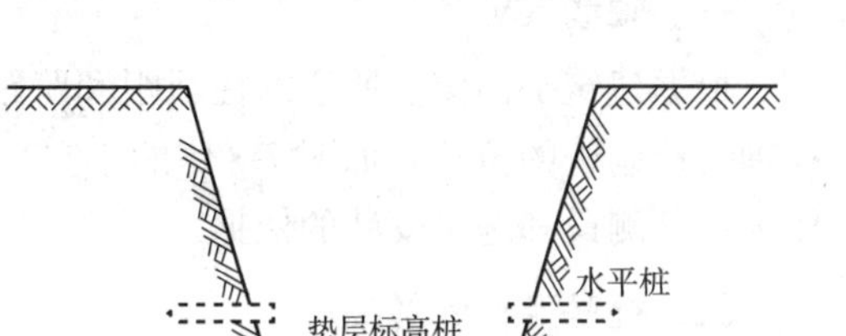

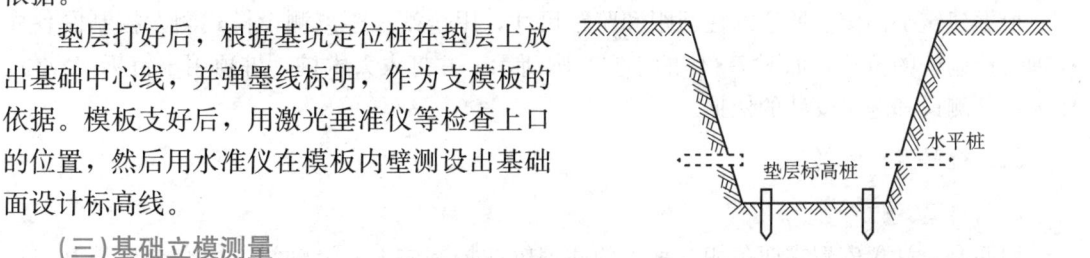

图 7-11　装配式建筑基坑测设

(三)基础立模测量

基础立模测量有以下 3 项工作。

(1)基础垫层打好后，根据基坑周边定位小木桩，用激光垂准仪，将柱基定位线投测到垫层上，弹出墨线，用红漆画出标记，作为柱基立模板和布置基础钢筋的依据。

(2)立模时，将模板底线对准垫层上的定位线，并用激光垂准仪确定模板是否垂直。

(3)将柱基顶面设计标高测设在模板内壁，作为浇灌混凝土的高度依据。

知识点二 装配式构件安装测量

一、柱子安装定位

(一)安装基本要求

柱子中心线应与相应的柱列轴线一致，其允许偏差为±5 mm。柱顶面的实际标高应与设计标高一致，其允许误差为±(5～8 mm)，柱高大于 5 m 时为±8 mm。当柱高≤5 m 时，柱身垂直允许误差为±5 mm；当柱高为 5～10 m 时，为±10 mm；当柱高超过 10 m 时，则为柱高的 1/1 000，但不得大于 20 mm。

(二)安装前准备工作

1. 在柱基顶面投测柱列轴线

柱基拆模后，用全站仪根据柱列轴线控制桩，将柱列轴线投测到基础柱顶面上，如图 7-12 所示，并弹出墨线，用红漆画出▶标志，作为安装柱子时确定轴线的依据。如果柱列轴线不通过柱子的中心线，应在杯形基础顶面上加弹柱中心线。

用水准仪在柱子外壁测设一条一般为－0.500 m 的标高线，并画出▼标志，如图 7-12 所示，作为柱子找平的依据。

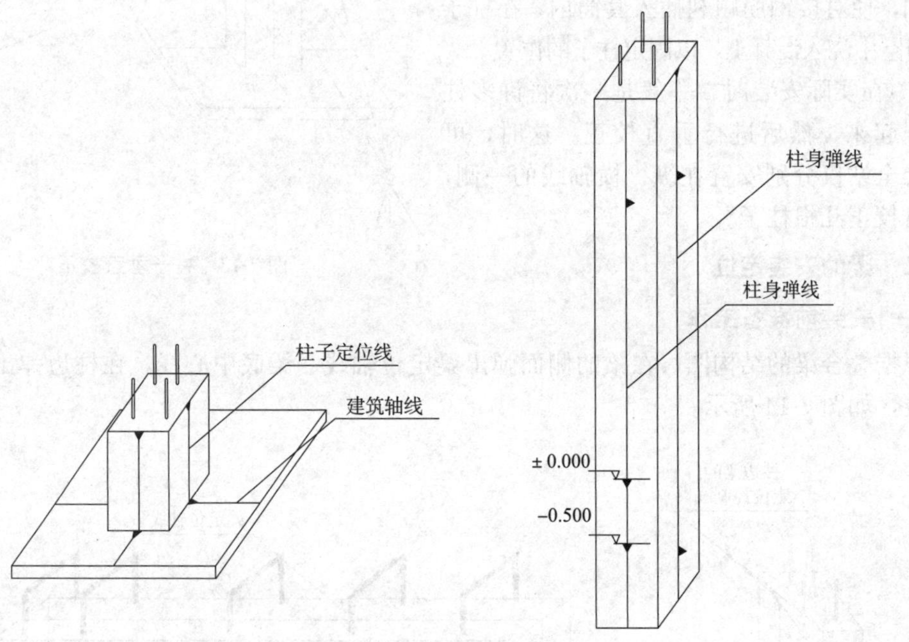

图 7-12 柱子安装测量定位

2. 柱身弹线

柱子安装前，应对每根柱子按轴线位置进行编号。如图 7-12 所示，在每根柱子的三个侧面弹出柱中心线，并在每条线的上端和下端近杯口处画出▶标志。根据柱子顶面的设计标高，从柱子顶面向下用钢尺量出−0.500 m的标高线，并画出▼标志。

(三)安装测量

柱子安装测量的目的是保证柱子平面和高程符合设计要求，柱身铅直。

(1)基础预留的钢筋插入装配式钢筋混凝土柱子后，应使柱子三面的中心线与基础预留柱子定位线对齐，如图7-13所示，然后临时固定。

(2)吊装施工前对预制柱型号、尺寸、质量检查无误后，由专人负责挂钩，信号工确认四周安全情况后指挥缓慢起吊，在距离地面500～600 mm时稍作停顿，确定吊具、吊钩及整个起吊装置无任何异常后，方可继续吊装柱子，立稳后，立即用水准仪检测柱身上的±0.000 m标高线，其容许误差为±3 mm。

(3)如图7-13所示，用两台全站仪，分别安置在柱基纵、横轴线上，与柱子的距离不小于柱高的1.5倍，先用望远镜瞄准柱底的中心线标志，固定照准部后，再缓慢抬高望远镜观察柱子偏离十字丝竖丝的方向，指挥用钢丝绳拉直柱子，并配合千斤顶调节柱子垂直度，直至从两台全站仪中观测到的柱子中心线都与十字丝竖丝重合。

(4)通过反光镜子核对柱底套筒与预埋连接钢筋是否对准。如有微小偏差，可用扳手进行微调，使对接钢筋顺利插入套筒内，在柱子的预留空中浇入混凝土，以固定柱子的位置。

(5)在实际安装时，一般是一次将许多柱子都竖起来，然后进行垂直校正。这时，可将两台全站仪分别安置在纵、横轴线的一侧，一次可校正几根柱子。

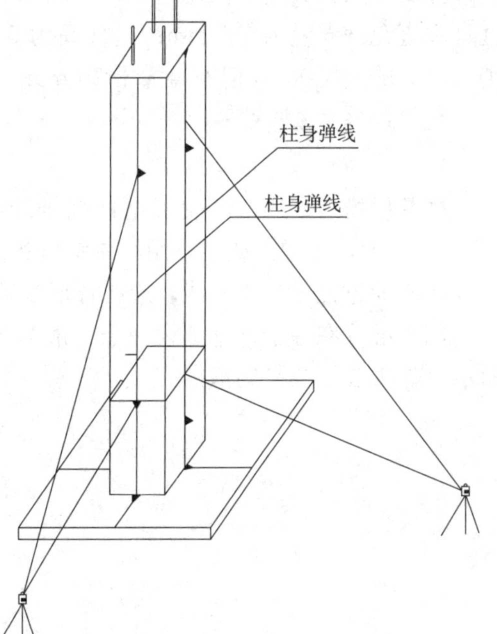

图7-13　柱子垂直校正

二、梁的安装定位

(一)安装前准备工作

根据叠合梁的结构图，在梁的侧面弹出梁定位轴线、梁底中心线，在柱边弹出梁定位控制线，如图7-14所示。

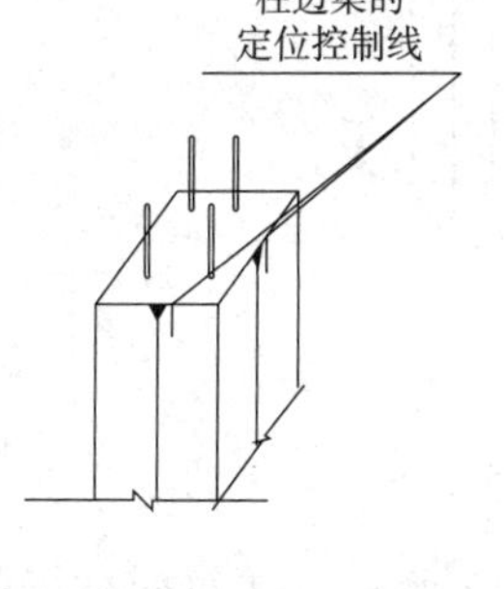

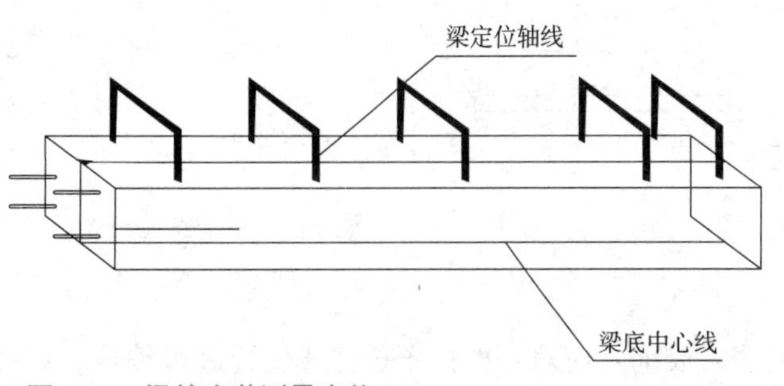

图7-14　梁的安装测量定位

采用三角独立钢支撑工字钢的支撑体系，并校核支撑架上工字钢的水平度和标高，校核方法如图 7-15 所示，在控制点和工字梁上立水准尺，在地面和支撑体系处架设仪器，并沿墙面悬挂钢尺，可得现场工字梁表面标高 $H_B=H_A+a+(c_1-d)-b_1$，计算出的工字梁实际标高和设计标高比较，如有误差，可利用独立钢支撑中部的微调装置进行调平。

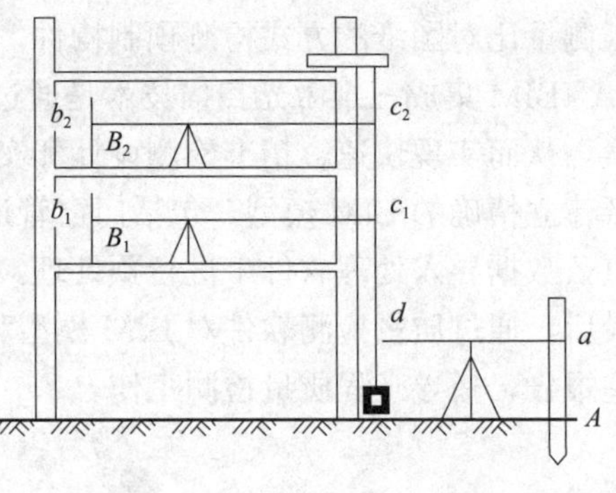

图 7-15　临时支持工字梁标高校正

叠合梁跨度如超过 4 m，可根据施工方案及实际受力情况，加设临时支撑架。支撑体系准备就绪后，根据专项施工方案，将相关规格的预制梁核准无误后，配套堆放，等待吊装。

(二)安装测量

在确保预制柱临时加固安全可靠后，就可以进行预制梁的吊装。遵照先主梁后次梁、先大截面后小截面、先难后易的原则。在距离地面 500～600 mm 时稍作停顿，确定吊具、吊钩及整个起吊装置无任何异常后，方可继续吊装。当预制梁吊至柱顶 300～400 mm 时，再次停顿，安装人员佩戴手套，扶稳预制梁，对着事先弹好的柱边控制线，缓慢将梁放至柱顶支点下。通过红外线，核准梁底中心线与梁下定位轴线是否一致，以控制梁准确就位，提高安装质量。如果偏差过大，通过纠偏仍然无法满足规范要求，则应对梁进行重新起吊和落位，直到检核无误为止，确保安装精度。

三、安装测量注意事项

所使用的全站仪必须严格校正，操作时，应使照准部水准管气泡严格居中。校正时，除注意柱子垂直外，还应随时检查柱子中心线是否对准杯口柱列轴线标志，以防止柱子安装就位后，产生水平位移。在校正变截面的柱子时，全站仪必须安置在柱列轴线上，以免产生差错。在日照下校正柱子的垂直度时，应考虑日照使柱顶向阴面弯曲的影响，为避免此种影响，宜在早晨或阴天校正。在梁的吊装中需要严格核准两地中心线与梁下定位轴线的一致性，保证安装精度。

想一想：三维激光扫描技术在装配式建筑中的应用主要有哪些？

任务三　三维激光点云构件尺寸检测

知识点一　激光点云构件尺寸检测原理

预制装配式建筑技术采用工业化技术集中生产预制构件，其在工地直接装配的方式，克服了现场浇筑施工方式耗时长和质量控制难度大的缺点，因此，近些年我国越来越重视和推广此技术。然而，预制装配式构件的加工质量检测却面临了新的挑战。不同于现场浇筑和加工的建筑构件，预制装配式构件在加工工厂内无法直观地查看拼装效果。传统的方法采用工厂实测预制构件尺寸并与设计图纸比对，评定预制构件的加工精度等级。采用人工测量比对图纸的方式检测预制构件，不仅测量效率低，而且测量异形构件难度大。

BIM 集成三维激光扫描技术是通过 BIM 模型和三维激光扫描点云模型之间的对比、转换，从而实现快速、精准检测设计和实际之间的误差，如图 7-16 所示。首先，通过工程图纸建立精确的 BIM 模型，包括门窗管道预留孔洞等。其次，将多站点三维激光扫描获得的点云数据导入处理软件中进行预处理，包括点云降噪、拼接等，生成满足要求的点云模型。最后，通过质量检测软件对 BIM 模型和点云模型进行碰撞分析，检测各部位误差，生成误差报告，指导工程质量检测工作。

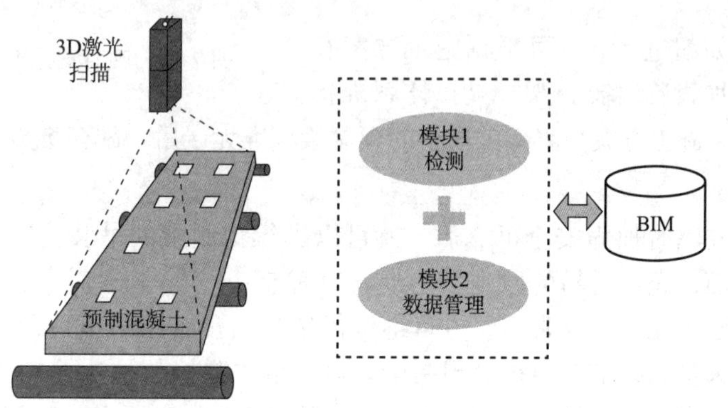

图 7-16　基于三维扫描与 BIM 技术的构件检测系统

知识点二　三维激光点云构件尺寸检测实施流程

一、构件 BIM 模型

通过工程图纸建立精确的 BIM 模型，如图 7-17 所示。

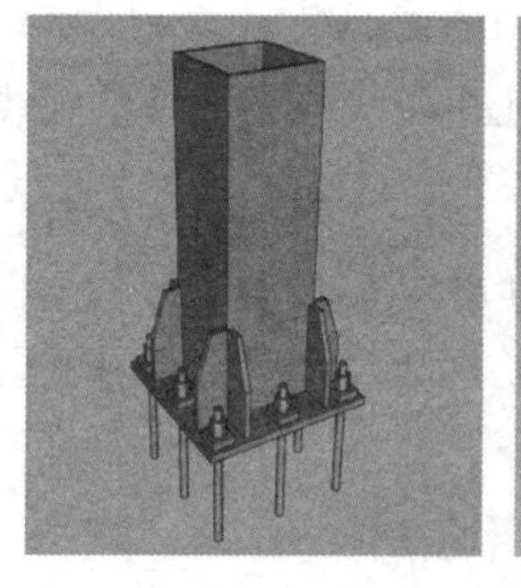 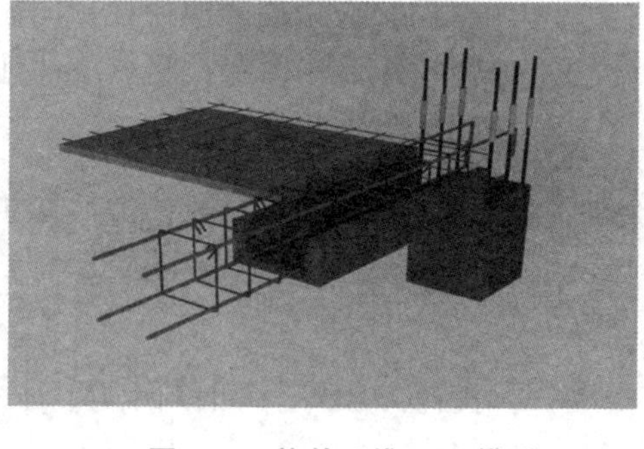 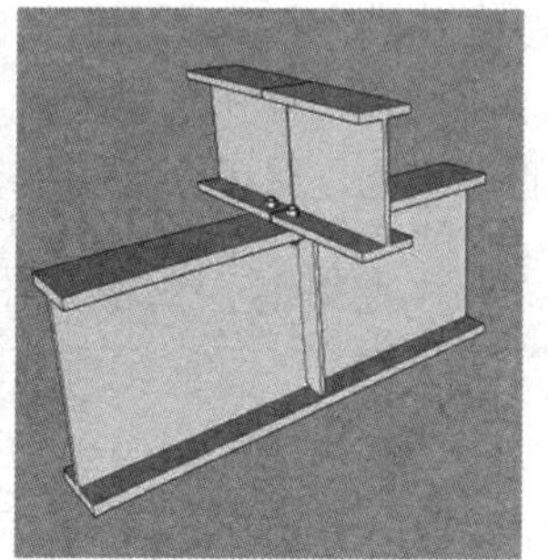

图 7-17　构件三维 BIM 模型

二、构件三维激光扫描及建模

(1)对装配式预制构件进行三维扫描。装配式混凝土建筑中的预制构件通常包括墙、(叠合)楼板、(叠合)梁、柱、楼梯、(叠合)阳台板、空调板、女儿墙等。扫描的地点可以选择在构件的生产工厂、仓库或现场的堆放地，为避免相互干扰和提高工作效率一般选择在仓库进行扫描，如图 7-18 所示。

图 7-18　构件三维激光扫描

(2)建立预制构件的三维激光点云模型。根据步骤(1)获取的预制构件的三维扫描数据，建立三维模型。点云数据处理与建模方法详见项目四。

三、模型对比分析

得到模型成果后，可以通过对点云模型进行切片，导入 CAD 之后绘制构件或某建筑的平面图、立面图、剖面图，从而测量其特征值进行尺寸检测。也可以通过质量检测软件对 BIM 模型和点云模型进行碰撞分析，检测各部位误差。

四、绍兴城南大桥外观尺寸检测案例

(一)案例概况

城南大桥(图 7-19)位于绍兴市越城区解放南路上，跨越环城河，是城南区与老城区连接的主要通道之一。大桥建成于 1992 年 9 月，是一座 8 跨钢筋混凝土梁拱组合桥，桥梁全长为 142.5 m，总宽为 24.0 m。现为缓解周围交通压力，要在现状桥梁横断面 24 m 宽度的基础上，对两侧各拓宽 1.5 m，按 27 m 断面进行加固维修，同时，对主桥拱加固、微弯板和引桥梁板更换、桥墩裂缝修补、基础注浆加固、桥坡拓宽。在施工之前，要求先对桥梁现状进行各部分尺寸检测，以便进行后续的加固与构件更换的施工。

(二)实施流程

(1)BIM 建模。首先根据大桥竣工图图纸建立该桥的 BIM 模型，如图 7-20 所示。

(2)实地踏勘，对桥上、桥下工况进行了解，初步确定现场控制网布测方案及扫描方案。

(3)现场控制测量，建立平面与高程控制网，如图 7-21 所示，在此基础上对桥面的点位进行标定及测量。

(4)建站扫描，在控制点测量的基础上，对桥面建站扫描，如图 7-22 所示。需要注意的是，为了获取桥下数据，需要在桥下布设标靶并建站扫描，如图 7-23 所示。具体三维激光扫描数据采集方法详见项目四。

图 7-19　绍兴城南大桥

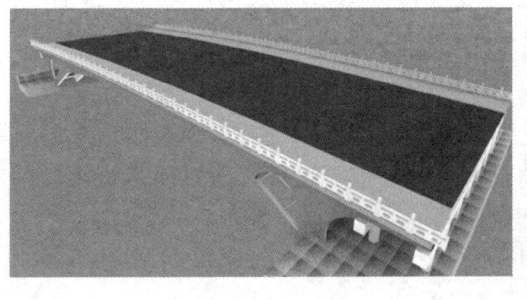

图 7-20　大桥 BIM 模型

图 7-21　平面控制测量

图 7-22　三维激光扫描数据采集

(5)点云拼接。对多站点点云数据处理进行数据配准拼接，首先需要将三维激光扫描仪在不同位置的扫描数据导入，如图 7-24 所示。按坐标进行配准，由于装配式建筑扫描站点较多点云质量高，故采用全自动配准。选用 Scene 软件对各站点进行点云配准，配准完成后生成报告，点云配准率在 35%以上为合格。选中配准合格的各站点云数据，在同坐标下进行站点拼接，生成扫描对象整体点云模型。在配准拼接完成后，由于扫描环境的复杂性，同一坐标下点云模型会产生大量冗长数据，需对其进行精剪降噪处理。在 Scene 中通过裁剪工具去除较为明显的多余点云，对于局部密度较大或过于冗长的点云数据，先进行抽稀（取样）处理，之后再进行手动精简，最终获得满足碰撞分析要求的点云模型，如图 7-25 所示。

图 7-23　桥下标靶布设

图 7-24　扫描原始数据导入

图 7-25　大桥三维点云模型

（6）大桥点云模型特征值测量，点云切片，截面提取。三维激光点云可以实现多断面测量，能体现沿构件某一方向上各个剖面的尺寸变化，选定关键角点进行观测可获取大桥的几何线形。大桥总共由 8 条拱组成，将拼接好的点云模型切片输出，将点云导入 CAD 后调整好平直度，手工描出拱的轮廓，通过现场测到的数据及竣工图样反算找出拱脚位置，在平面上标出桥的跨度及各标定位置的矢高，如图 7-26 所示。

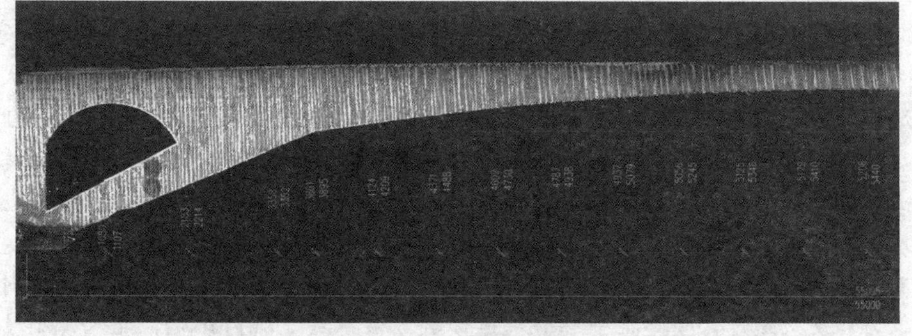

图 7-26　跨度及矢高的测量

同样将拼接好的点云模型按照切片输出，将点云导入 CAD 后调整好平直度，手工描出拱的轮廓及各横系梁的位置，将拱线及横梁抽出得到平面图，在图上可以对拱肋高度进行标注，如图 7-27 所示。

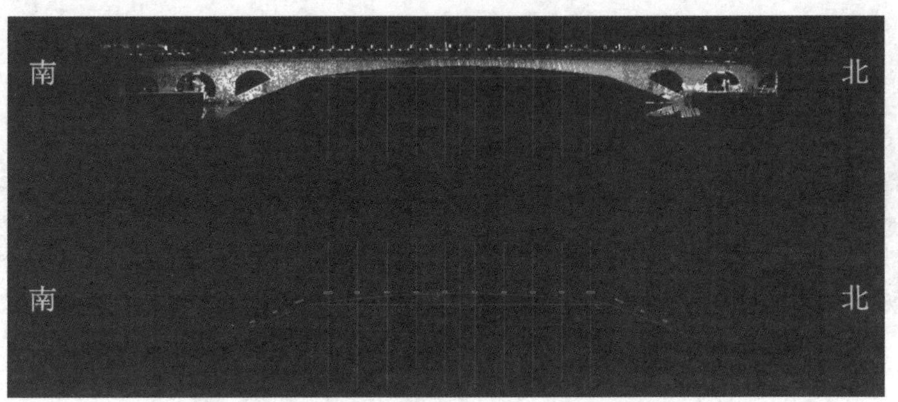

图 7-27　各跨肋高的测量

拓展阅读

大国工匠陈兆海——给大国工程当“眼睛”

28 年前，陈兆海站上了“夏天一身汗、冬天两头寒”的工程测量岗位。28 年后，水利工程测量工具从测深杆、测深锤升级到回声测深仪，从单波束发展到多波束，从点状、线状测深发展到带状测深，他还在这个岗位上。28 年来，陈兆海只干了一件事，那就是“测量点和线”，只是数量需要以“上百万个”来计算。

回顾职业生涯，全国劳模、中交一航局三公司工程首席技能专家陈兆海十分感慨：测量就像是工程的“眼睛”，越是投入其中，越会觉得那些点和线已经融进了自己的生命。一个个大国工程的精准落成，让他丈量出的上百万个数据有了特别的意义。

3～5 cm，这是陈兆海眼中无数个不能超过偏差的数据。30 万吨级矿石码头、首座航母船坞、大连跨海大桥、大连湾海底隧道……人们眼中震撼人心的奇迹，在他眼中是无数个点线交织。0.5″，这是陈兆海所使用全站仪的精度。船上、桥上、隧道里，他习惯闭上左眼，用右眼观测数据，多年来成了“大小眼”。每个工程项目，他都是带着仪器第一个进现场做开工前施工放样，等到工程全部竣工验收合格了，最后离开。

2004 年，陈兆海参建的大连港 30 万吨级矿石码头工程进入大干阶段，当年还没有使用 GPS 技术，只能用“打水砣”的方式来检验基床平整度，为了在一个月仅有两次的大潮中安装更多沉箱，他常常一连几天吃住在海上，最长一次在沉箱上待了 26 个小时。40 多斤的“测深水砣”，每天要扔上百次，而且必须追着海流一路小跑出去。深冬，冰冷狂暴的海风打在身上，陈兆海的眉毛和胡子结满冰霜，溅起的海水将衣前襟冻成了“冰甲”。受水流、水深及尺深形变等因素影响，测深读数时间必须在配重触及海底的 2～3 s 内完成，最佳读数时间不足 1 s，常人根本来不及反应。不服输的陈兆海一练几个月，把所有工闲时间全部拿来练眼力和反应速度，硬是把一整套快速读数方法练成了肌肉记忆，靠人工测量将沉箱水下基床标高精度控制在 10 cm 以内。陈兆海为水下基础施工提供的准确数据，保证了沉箱安装的高效推进。该工程最终荣获中国土木工程詹天佑奖。

2018年年初，大连湾海底隧道项目启动，海况地质十分复杂，多礁石、多溶洞。作为我国在严寒海域建设的首条沉管隧道，要求超差精度为5 cm，而首次水下扫测数据与现有基床整平验收数据比对相差10 cm。“当时使用的是二维单波束测深系统，一条小鱼吐出的泡泡都会影响测深结果”。陈兆海前往设备生产厂家调研，到港珠澳大桥项目和深中通道项目现场学习。多方奔走后，引进了一套可以三维扫测的多波束设备。

有了“金刚钻”，陈兆海和工友们信心倍增。此时，新问题出现了，海底隧道施工环境远不如陆上安稳，风浪颠簸是常态，极大影响了多波束设备的精准度。“仪器不能自控水平，我们可以帮它‘长’出手脚”。受折叠伞启发，陈兆海提出为多波束系统的五个分部仪器定做连接架的想法。他拉着测量和机务班组分析换能器、姿态仪、主副天线和辅助传感器等仪器之间的几何关系，研究支架的长度和材质。4个月里，材质从角钢、镀锌铁管换到不锈钢方管；支架的长度从3 m换到2.7 m再换到2.5 m，多次改进后，终于研发出一款可拼接、适合任何船型的拆卸式连接器，让仪器长出了抓住船舷和站稳海底的“手脚”。

一路走来，陈兆海在平凡中创造着非凡，在非凡中演绎着感动。用工匠精神对待每一个微小的细节，持之以恒追逐匠梦、呕心沥血传授技艺，凭着对测量事业的执着与热爱，陈兆海将一团团永不熄灭的激情火焰点燃在无数的点与线之间，他所蕴藏的不竭奋斗与赤子情怀弥足珍贵，不仅照亮了自己别样的人生，也诠释出新时代央企工匠的风采与活力，更托起了辉煌的中国梦！

小结

本项目系统介绍了装配式建筑施工控制测量、构件安装测量、测量机器人快速施工放样及三维激光点云构件尺寸检测方法，让学生对智能测量技术在装配式建筑中的应用有了具体的认识。

习题

一、填空题

1. 装配式建筑场地平面控制网的形式有______、______、______和建筑方格网。

2. 采用设置轴线控制桩法引测轴线时，轴线控制桩一般设在开挖边线外______。

3. 采用GeoBIM-iConvertToPad软件进行BIM模型文件格式转换时，使用AutoDesk Revit打开需要转换的Revit模型文件，选择导出______格式。

4. 使用测量机器人进行BIM快速施工放样时测站的设置方法有______、后方交会两种方法。

5. 使用测量机器人进行后方交会设站需要______个已知目标点坐标数据。

二、选择题

1. 装配式建筑组成系统的说法不正确的是(　　)。

A. 结构系统　　B. 外围护系统　　C. 建筑系统　　D. 内装系统

2. 以下说法正确的是(　　)。

A. 装配式建筑不能完全解决传统建筑方式普遍存在的“质量通病”

B. 装配式高层建筑含精装修可在半年完成

C. 装配式建筑的一大变革是将农民工变成操作工人

D. 装配式建筑的现场用人少，时间短，综合本钱降低

3. 建筑工业化的核心是(　　)。

A. 构配件生产工厂化　　B. 施工装配化

C. 标准化的设计　　D. 装修一体化和管理信息化

4. 关于装配式混凝土建筑说法，下列正确的有(　　)。

A. 开展装配式建筑是为了建造更加豪华的建筑

B. 但凡有预制构件的混凝土构造建筑都叫装配式混凝土建筑

C. 装配式建筑就和搭积木一样将预制构件搭设成一栋建筑物

D. 装配式混凝土建筑比现浇混凝土建筑更加节省施工时间

5. 装配式混凝土建筑急需解决(　　)。

A. 预制件连接问题

B. 预制件生产问题

C. 预制件运输问题

D. 预制件吊装问题

6. 2016 年起，国家决定大力开展装配式建筑，推动产业构造调整升级，政府规定单体预制装配率不低于(　　)。

A. 45%　　B. 50%　　C. 40%　　D. 30%

三、判断题

1. 现浇湿作业少是最适合进展预制装配式的构造形式。(　　)

2. 装配式建筑的配件在工厂预制，由于环境因素可控，有利于保证产品质量，从而提升整体质量。(　　)

3. 与传统现浇混凝土建筑相比，装配式建筑是将建筑各个部件进展划分预制，在进展现场装配，没有什么优势。(　　)

4. 装配式建筑不能加快工程进度。(　　)

5. 装配式建筑有利于文明施工、平安管理。(　　)

四、简答题

1. 施工控制网的布设形式有哪几种?

2. 为什么要建立施工控制网?

3. 建筑基线的形式有哪几种?

4. 三维激光点云构件尺寸检测原理是什么?

参考文献

[1] 中华人民共和国住房和城乡建设部 . GB 50026—2020 工程测量标准[S]. 北京：中国计划出版社，2021.

[2] 李小敏. 建筑工程测量[M]. 杭州：浙江大学出版社，2016.

[3] 石东，陈向阳. 建筑工程测量[M]. 3 版. 北京：北京大学出版社，2023.

[4] 孔达. 工程测量[M]. 2 版. 北京：高等教育出版社，2017.

[5] 戴卿,常允艳，郭涛. 土木工程测量(智媒体版)[M]. 成都：西南交通大学出版社，2021.

[6] 覃辉. 建筑工程测量[M]. 重庆：重庆大学出版社，2014.

[7] 梅玉娥，郑持红. 建筑工程测量[M]. 3 版. 重庆：重庆大学出版社，2021.

[8] 胡伍生，潘庆林. 土木工程测量[M]. 5 版. 南京：东南大学出版社，2016.

[9] 覃辉,马超，朱茂栋. 建筑工程测量(MSMT 版)[M]. 重庆：重庆大学出版社，2019.

[10] 何保喜. 全站仪测量技术[M]. 3 版. 郑州：黄河水利出版社，2016.

[11] 张志强. 全站仪红外测距系统的研究[D]. 天津：天津大学，2007.

[12] 喻洪麟. 计量圆光栅的原理、制造及检测技术研究[D]. 重庆：重庆大学，2003.

[13] 谢宏全,谷风云. 地面三维激光扫描技术与应用[M]. 湖北：武汉大学出版社，2016.

[14] 金坚，钟振宇，马建勇，等. 建筑物 BIM 逆向建模技术[M]. 北京：北京大学出版社，2021.

[15] 国家测绘地理信息局. CH/Z 3017—2015 地面三维激光扫描作业技术规程[S]. 北京：测绘出版社，2021.

[16] 南京龙测. 法如 S350 三维激光扫描仪使用手册[S]. 南京：南京龙测测绘技术有限公司，2019.

[17] FARO. SCENE 7.0 经典用户手册[S]. 美国：法如科技有限公司，2017.

[18] 徐晓珂. 三维激光扫描技术在装配式建筑中的应用研究[C]//第五届工程建设计算机应用创新论坛文集. 2015：249-256.

[19] 杜永军，王新雅，吴文清，等. 激光点云用于预制构件尺寸检测的方法研究[J]. 现代交通技术，2022，19(4)：39-45.

[20] 王俊瑶. 基于三维扫描和 BIM 技术的混凝土构件尺寸检测技术研究[D]. 重庆：重庆大学，2021.

[21] 江宇. 基于三维扫描和 BIM 的装配式结构精度检测和预拼装[D]. 浙江：浙江大学，2022.

[22] 吴国强，俞家勇，刘叶伟，等. 基于三维激光扫描的桥梁钢构件质量检测方法[J]. 安徽工程大学学报，2023，38(1)：64-68.

[23] 秦世伟，赵玮，武亚军，等. 基于三维激光扫描的构件变形检测及数据处理[J]. 扬州大学学报(自然科学版)，2020，23(2)：15-18.

[24] 何光辉，李鑫奎. 基于点云技术的预制装配构件尺寸检测研究[J]. 建筑施工，2020，42(10)：1982-1984+1988.

[25] 中国科技产业化促进会. T/CSPSTC 64—2021 装配式建筑施工测量技术规范[S]. 北京：中国质量标准出版传媒有限公司，2021.

[26] 于欣洋. 基于 BIM 与三维激光扫描的装配式混凝土构件精度检测研究[D]. 北京：北京建筑大学，2022.

[27] 李艳，张秦罡. 无人机航空摄影测量数据获取与处理[M]. 成都：西南交通大学出版社，2022.

[28] 中华人民共和国自然资源部. CH/T 3021—2018 倾斜数字航空摄影技术规程[S]. 北京：测绘出版社，2021.

[29] 中华人民共和国住房和城乡建设部. CJJ/T 8—2011 城市测量规范[S]. 北京：中国建筑工业出版社，2012.